ZHUDONG PEIDIANWANG CHUNENG YOUHUA PEIZHI

主动配电网
储能优化配置

谢桦◎著

中国电力出版社
CHINA ELECTRIC POWER PRESS

内 容 提 要

分布式风、光发电接入配电网给用户侧储能带来了发展机遇和挑战。本书面向主动配电网不同应用场景下储能配置需求，理论结合实际，帮助读者了解储能技术发展现状、储能配置方案设计方法和储能配置应用效益实际案例。全书共6章，包括电力储能技术发展现状、分布式风光储系统优化配置、互联微网储能容量优化配置、区域综合能源系统储能优化配置、公交充电站储能优化配置、电力储能产业发展趋势展望。

本书可供电力储能规划的科技人员、储能相关技术的研发人员及高等学校相关专业师生参考阅读。

图书在版编目（CIP）数据

主动配电网储能优化配置/谢桦著 .—北京：中国电力出版社，2024.5
ISBN 978-7-5198-8948-7

Ⅰ.①主… Ⅱ.①谢… Ⅲ.①配电系统-储能-优化配置 Ⅳ.①TM727

中国国家版本馆CIP数据核字（2024）第105323号

出版发行：中国电力出版社
地　　址：北京市东城区北京站西街19号（邮政编码100005）
网　　址：http：//www. cepp. sgcc. com. cn
责任编辑：赵　杨（010－63412287）
责任校对：黄　蓓　常燕昆
装帧设计：张俊霞
责任印制：石　雷

印　　刷：北京雁林吉兆印刷有限公司
版　　次：2024年5月第一版
印　　次：2024年5月北京第一次印刷
开　　本：710毫米×1000毫米　16开本
印　　张：11.75
字　　数：214千字
定　　价：58.00元

前言

实现能源结构的清洁化转型日益成为我国乃至全球能源发展重点。由于风、光等自然资源的波动性和随机性特点突出，大规模风力发电和光伏发电并网运行给电力电量平衡调控带来了挑战，电力系统需要更多的灵活性资源。利用储能技术改善电能供需时空差异性问题，不仅可以平滑电力负荷、提高设备运行效率和经济性，而且有助于打破光伏发电、风电并网和消纳的瓶颈问题。 储能已然成为高渗透可再生能源接入系统中不可或缺的组成部分，在电力行业深度脱碳、节能提效等方面发挥着极其重要的作用。

在“碳达峰、碳中和”目标提出后，以风、光为代表的可再生能源开发利用再次呈现爆发式增长的态势。 其中风、光资源以分布式发电接入配电网侧特征明显。 一方面，配电网配置储能实现能量时空平移、多能源灵活转换和综合利用，拥有广泛的应用场景，将在未来能源体系中扮演重要角色，成为发展低碳或零碳能源系统的重要支撑。 另一方面，当前我国储能技术开发利用在发电侧和电网侧已达到了一定规模，配电网用户侧储能应用将成为促进储能成本下降和规模应用新的增长点和着力点，迫切需要培养用户侧储能大规模开发利用的专业技术人才。 这两方面的原因使作者开始了本书的撰写。

本书共 6 章，包括电力储能技术发展现状、分布式风光储系统优化配置、互联微网储能容量优化配置、区域综合能源系统储能优化配置、公交充电站储能优化配置、电力储能产业发展趋势展望，储能优化配置的应用场景涵盖微网、互联微网、工业园区和充电站。 储能装置类型包括短期储能和季节性储能，侧重于面向主动配电网不同应用场景的储能规划建模方法和储能应用效益分析，可为储能产业相关技术研发人员和项目投资商提供应用案例和决策参考，也可帮助读者了解电力储能技术及其应用现状和发展趋势，还可为其他行业人员提供设备规划建模和求解算法研究的创新思路。

本书的撰写得到了多位老师和同学的帮助，陈来军、许寅和祁继鹏等老师给予了技术路线方面的建设性指导，张艳杰、滕晓斐、王奕凡、亚夏尔、郭志星、王云嘉和陈鑫等同学为相关研究工作付出了艰辛努力，李凯、胡一菡同学和王鹏老师等提供了书写规范性方面的大力帮助，衷心感谢他们!

本书的读者对象主要为电力储能技术研发人员、电力储能配置方案设计人员、配电网规划和经营管理人员、可再生能源开发利用人员、电力大用户、其他储能产业相关专业人员和高等学校相关专业师生等。

由于作者时间和水平有限，书中难免存在错误和不当之处，恳请读者不吝赐正。欢迎读者就书中提及的研究内容进行探讨，作者联系方式为 hxie@bjtu. edu. cn。

作者

2024 年 5 月

目 录

1 电力储能技术发展现状

大力开发利用可再生能源建设绿色低碳零碳能源体系，是我国能源领域技术的战略方向。2023 年，我国可再生能源装机容量新增 2.976 亿 kW，其中，风力发电新增 7590 万 kW，太阳能发电新增 2.169 亿 kW。目前，我国可再生能源发电总装机容量已超过 14 亿 kW。其中，风力发电装机容量约为 4.04 亿 kW，光伏发电装机容量约为 5.36 亿 kW。高占比风光可再生能源发电的波动性和随机性给电力电量平衡调控带来困难。储能具有能源时空灵活分离的优势，可有效提升可再生能源发电的可控可调性。推动储能技术的高效化、多样化及规模化发展是大力发展可再生能源的迫切需要。

1.1 电力储能应用现状

近年来，全球储能产业发展迅速。2022 年，全球储能市场高速发展，新增投运电力储能项目装机规模 30.7GW，同比增长 98%。2023 年更是被多家机构称为全球储能产业爆发元年。据不完全统计，截至 2023 年底，全球已投运电力储能项目累计装机规模达 294.1GW，其中，中国电力储能累计装机规模达到 83.7GW。储能已成为构建新型能源系统的重要基础装备。

从全球装机容量上来看，抽水蓄能累计装机容量约 201.3GW，占比约为 68.4%，占据主导地位。但其建设周期长、初始投资成本高，特别是受制于地理资源条件，2022 年，抽水蓄能累计装机规模占比首次低于 80%，增长势头整体放缓。电化学储能安装灵活，成本持续下降，且与风光等可再生能源发电强波动性适配性较好，装机容量增长迅速，有望成为电力系统中应用最为广泛的储能技术。全球已投运的电化学储能项目，分布在 50 多个国家和地区。2022 年，全球电化学储能新增装机规模 10.1GW，累计装机规模 34.6GW。其中，锂离子电池占比为 86.8%，钠离子电池占比为 1.3%，铅蓄电池占比为 1.1%，液流电池占比为 0.9%。全球新增电化学储能约为 41.24GW，其中，排名前十的国家包括美国、澳大利亚、韩国、英国、中国、德国、加拿大、日本、荷兰和新西兰等。关于锂离子电池项目，美国以三元和磷酸铁锂电池为主，日本、韩国、德国、英国、澳大利亚等以三元锂电池为主，中国以磷酸铁锂为主。

从在运储能项目分布区域来看，主要集中在亚洲、欧洲和北美，累计占全球总量约 4/5。其中，亚洲以中国、日本、印度和韩国为主，欧洲以西班牙、德国、意大利、法国、奥地利等国家为主，北美以美国为主。据集邦咨询（Trendforce）全球储能产业装机需求数据库显示，2024 年，全球储能新增装机有望达到 74GW/173GWh，同比增长 33%/41%，中美欧将占全球总量的 85%。

欧洲将更多的可再生能源、更便宜的储能系统、更少的基本负荷以及在热力和运输领域实现电气化确定为能源发展方向。德国政府通过大量的电化学储能、储热、制氢与燃料电池研发和应用示范项目，将储能技术作为能源转型的支柱之一；英国政府推动储能相关政策和电力市场规则的修订，将储能定义为工业战略的重要组成部分。储能项目在包括德国、英国和荷兰等国家内纷纷部署大量的电化学储能、储热、储氢等研发、应用示范性项目，储能广泛应用于用户侧、可再生能源并网以及辅助服务等领域。

根据欧洲光伏协会数据和北京伊维碳科管理咨询有限公司（EV tank）显示，2022 年，欧洲户储新增装机容量约 5.7GWh，同比增加 147.6%；累计装机容量 11.1GWh，同比增加 105.2%。2022 年，德国以 1.54GWh，覆盖超过 20 万个家庭，位列欧洲户储新增装机容量排名第一。意大利、英国和奥地利，分别以 1.1、0.29GWh 和 0.22GWh 紧随其后。随着 2023 年光储成本降低，欧洲的地面光伏和大储将逐步打开市场，储能项目的项目规模将持续增加。此外，欧洲大储市场已初具规模，根据欧洲储能协会数据，2022 年，欧洲储能新增装机容量约 4.5GW，其中大储装机容量 2GW，功率规模占比 44%。其中，英国市场占比 42%，引领欧洲大储市场，爱尔兰、德国、法国装机占比分别为 16%、12%、11%。根据伍德麦肯兹咨询有限公司（Wood Mackenzie）预测，到 2031 年，欧洲大储累计装机容量将达到 42GW/89GWh，英国、意大利、德国、西班牙等国引领大储市场。欧洲率先提出 2050 年碳中和目标，新能源进一步开发利用，储能装机容量将有望快速增长。预计到 2040 年，欧洲将拥有 298GW 可再生能源发电，需要 118GW 的灵活性发电设施来平衡系统波动，届时，储能将发挥关键作用。

美国是储能领域的先行者，是目前全球最大、增速最快的储能市场，其示范项目数量约占全球总数的 50%。根据美国能源信息署（Energy Information Administration，EIA）数据，美国储能参与电力市场的应用场景多样，包括调频、爬坡/转动惯量、电压或无功支撑、负荷管理、峰谷套利、调峰、平滑风光出力、备用、降低新能源弃电等。美国储能的应用场景位居前四的是调频、峰谷套利、爬坡/转动惯量和平滑风光出力。此外，在偏远地区、岛屿和校园等用户侧大力发展光储共建项目，提高供电可靠性，促进可再生能源的利用，并能在极端天气下提供供电恢复支持。通过负荷聚合商整合小规模家用储能系统资源，探索集合小型家用储能为虚拟电厂参与市场交易，也走在世界前列。

美国储能装机分布与区域资源禀赋密切相关。新能源机组主要集中于美国西部的加州与南部的德州地区。根据加州能源委员会数据，截至2023年9月，加州光伏发电装机容量达17.09GW，风电装机容量达6.12GW，占加州总装机容量的比例分别为20.20%和7.23%。加州是美国最大的储能市场，占据全美超过60%，主要为电化学储能。德州ERCOT是北美相对比较独立的区域电网，且德州大规模的光伏电站和风电场布局多，德州是美国第二大储能市场。

依据EIA数据，2023年，美国储能新增装机容量17.3GW，其中，投运的大于1MW的储能规模为6.35GW，同比增长43%；大储装机以独立储能和光伏配储为主，占比达80%以上；户储装机容量293.2MW/769.4MWh，同比减少1.9%增加8.5%；工商业储能装机容量101.6MW/310.3MWh，同比增长14.3%/53.7%。随着并网改善、后续利率下行以及IRA等法案的推进，储能新增装机容量将呈现强劲增长态势，EIA最新预期2024年大储装机容量为15.2GW，同比增长140%。随着通胀削减法案细则逐步落实，5kWh以上的独立储能将被纳入ITC减免政策，预期储能市场将进一步释放。

近几年，我国储能技术得到快速发展，商业化程度的提高速度令人瞩目。依据《2024年中国新型储能产业发展白皮书》数据显示，2023年，中国储能累计装机功率约为83.7GW。其中，新型储能累计装机功率约为32.2GW，同比增长196.5%，占储能装机总量的38.4%；抽水蓄能累计装机功率约为50.6GW，同比增长10.6%，占储能装机总量的60.5%；蓄冷蓄热累计装机功率约为930.7MW，同比增长69.6%，占储能装机总量的1.1%。2023年，中国新增投运电力储能项目装机规模达到26.6GW，其中，抽水蓄能新增规模4.9GW；新型储能新增规模创历史新高，达到21.3GW；新型储能中，锂离子电池占据绝对主导地位，新增比重达97.5%，此外，压缩空气储能、液流电池、钠离子电池、飞轮等其他技术路线的项目，在规模上均有所突破，应用模式逐渐增多。据国家能源局相关数据，截至2023年底，新型储能累计装机规模排名前5的省区分别是：山东3.98GW、内蒙古3.54GW、新疆3.09GW、甘肃2.93GW、湖南2.66GW，装机规模均超过2GW，宁夏、贵州、广东、湖北、安徽、广西等6省区装机规模超过1GW。总体来说，西北和华北地区新型储能发展较快，装机占比超过全国50%，其中西北地区占29%，华北地区占27%。2023年，新增投运的新型储能项目中，电源侧投运储能项目共173个，占比约26.4%；电网侧投运储能项目共132个，占比约20.1%；用户侧投运储能项目最多，合计335

个，占比约53.5%。2024年，中国储能新增装机容量有望达到29.2GW/66.3GWh，户用、工商业、独立储能和共享储能将均有不同程度的发展，将成为亚太地区最主要的储能市场。

政府在储能领域的激励政策是促进我国储能行业快速发展的主要原因，也是储能部署的主要推动力。2019年2月，国家电网有限公司发布了《关于促进电化学储能健康有序发展的指导意见》。该意见明确了国家电网有限公司对储能的支持和发展方向。随后《关于促进电储能参与“三北”地区电力辅助服务补偿（市场）机制试点工作的通知》《完善电力辅助服务补偿（市场）机制工作方案》等政策相继发布，推动了储能与电力辅助服务及其他业务模式逐步融合。2023年，国家发展改革委、国家能源局等部门发布了多项关于电力市场机制相关政策推进电力现货市场的建设，有利于提高储能电力现货市场、辅助服务市场的收益，推动新型储能多元化、产业化发展。

1.2 电力储能技术发展现状

储能已然成为构建新型电力系统和智慧能源系统的重要组成部分，各类储能装置研发方兴未艾。按照能量储存方式，可将当前的储能技术分为物理储能、电磁储能、电化学储能和相变储能等四类。

1.2.1 物理储能

将机械化能量转换存储装置称为物理储能。抽水蓄能、压缩空气储能和飞轮储能是物理储能领域中应用最广泛的代表性技术。

1. 抽水蓄能

抽水蓄能电站在电网负荷低谷时段将水抽取到上游并储存于水库内，在负荷高峰时段释放上游水库中的水量进行发电。抽水蓄能是目前装机容量占比最大的储能技术，具有技术成熟、发电效率高、单站容量大且使用寿命长的优点，但是其选址受制于地理资源条件，初始投资很大。

1968年，我国第一台抽水蓄能电站河北岗南建成投产。20世纪90年代以后我国抽水蓄能电站迅速发展。2019年1月8日，国家电网有限公司宣布河北抚宁、吉林蛟河、浙江衢江、山东潍坊、新疆哈密等5座抽水蓄能电站工程开工，国家电网抽水蓄能电站在运、在建规模分别达到1923万、3015万kW，这使得我国抽水蓄能电站装机容量跃居世界第一。2023年3月，抽水蓄能总装机容量达4699万kW。2023年7月17日，国家能源局网站数据显示我国已建在建抽水蓄能装机规模达1.67亿kW，已纳入规划的抽水蓄能站点资源总量约8.23亿kW。可见，抽水蓄能技术未来发展潜力巨大。

我国装机容量最大的抽水蓄能电站是河北丰宁抽水蓄能电站，12台抽水蓄能发电机组总装机容量为360万kW，这也是全球最大装机容量的抽水蓄能电站。此外，典型工程还有700m级超高水头、单机容量40万千瓦级大容量的阳江抽水蓄能电站，额定水头世界第二、国内最高的长龙山抽水蓄能电站等。

2. 压缩空气储能

在负荷低谷期间，利用电能将高压空气密封存储于报废矿井、储气罐、山洞、过期油气井或新建的储气井中，在负荷高峰时段，通过释放储存的压缩空气来推动燃气汽轮机发电。压缩空气储能系统具有储能时间长、成本较低和对环境影响小等优点，但一般需要依赖于特殊的地理条件配套建设燃气轮机电站和大型储气室，储能效率有待进一步提高，在一定程度上影响了大型压缩空气储能的商业运营规模。

目前，压缩空气储能示范工程主要有非绝热式、补燃式、先进绝热式和恒温式等四种，储气装置有地下、管道和湖（海）底等方式，空气状态有气态、液态、超临界等。世界上第一座投入商业运行压缩空气储能电站是德国亨托夫（Huntorf）电站，发电机组的压缩机功率为60MW，释能输出功率为290MW。《2024中国压缩空气储能产业发展白皮书》统计显示，全球压缩空气储能装机集中在中国、美国和德国等。截至2023年底，国外已投运的压缩空气储能项目共16个，累计装机容量约2344.8MW，其中，美国累计装机量排名第一，约为1164MW，占比为46.0%；国内已投运的压缩空气储能项目共7个，累计装机量约182.5MW，占比为7.2%，位居全球第五。2023年，全球压缩空气储能累计装机量约为2527.3MW，其中，传统压缩空气储能装机量约为1522MW，占比约为60.2%；新型压缩空气储能装机量约为1005MW，占比约为39.8%。在新型压缩空气储能中，先进压缩空气储能装机量约为887MW，占全部压缩空气储能的比例约为35.1%；液态空气储能装机量约为113MW，占全部压缩空气储能的比例约为4.5%；蓄热式、等温式和超临界压缩空气储能装机量依次为2、1.5MW和1.5MW。《2024中国压缩空气储能产业发展白皮书》预计2027年全球投运的压缩空气储能累计装机容量将达到10.6GW/44.4GWh，中国投运的压缩空气储能累计装机容量将达到5.8GW/23.2GWh。新型压缩空气储能技术正在向着容量增大、成本降低和产业化方向逐步推进，有望成为储能领域最具潜力的技术之一。

3. 飞轮储能

飞轮储能通过加速飞轮将电能转化为动能储存在系统中，通过飞轮减速将动能转化为电能释放出来。目前飞轮储能技术可分为两类：一类是以接触式机械轴承为代表的大容量飞轮储能技术，充放电循环效率可以达到80%以上，一般用于短时大功率放电场景；另一类是以磁悬浮轴承为代表的中小容量飞轮储能技术，充放电循环效率可以达到 85%以上，一般用作不间断电源等。飞轮储能装置可实现毫秒级响应，充放电百万次以上，使用寿命 15～30 年，还具有维护成本非常低、工况适应性强和环境条件要求低等优点，但也存在能量密度相对较低，自放电率高等不足。大规模的飞轮储能技术在高速低损耗轴承、复合材料转子和内定外转结构等技术上还有待突破。

《2024 年中国新型储能产业发展白皮书》数据显示，2023 年全球新型储能新增装机量约 42.0GW，飞轮储能占比为 0.4%；中国新型储能新增装机量约 21.3GW，飞轮储能占比为 0.5%。国际上主要的飞轮储能厂商有微控能源公司（Vycon Power）、艾泰沃能源公司（Active Power）、贝肯能源公司（Beacon Power）、琵乐公司（Piller）等，国内有清华大学、北京航空航天大学、哈尔滨工业大学、中国科学院等高校和科研机构，以及十余家飞轮储能厂商。

飞轮储能属于功率型储能设备，适用于需要短时间、高功率输出或快速响应的应用场景，如在电力系统稳定性方面，飞轮储能装置快速响应可再生能源出力波动；在轨道交通领域，飞轮储能技术高效回收列车再生制动能量。2022 年 8 月 25 日，东方电气集团东方汽轮机有限公司厂区启动了全球首个二氧化碳＋飞轮储能示范项目。该项目综合了二氧化碳储能时间长、规模大、飞轮储能响应速度快的优势，储能规模 10MW/20MWh。2023 年 6 月，位于山西省长治市的中国首座电网级飞轮储能调频电站动工。该项目将为山西电网提供有功平衡等电力辅助服务，是全国首个、世界上最大规模独立飞轮参与电网调频的储能电站。据相关测算，飞轮储能电站参与国内电力辅助服务市场交易，投资回收期 5～7 年，在大规模可再生能源发电系统中应用前景广阔。

1.2.2 电磁储能

电磁储能是利用电磁感应原理将电能存储在电场中。电磁储能以超级电容器储能、超导储能为主要代表技术。

1. 超级电容器储能

超级电容器储能基于电双层效应和赫姆霍兹双层效应，电极表面采用高表面积材料，形成大面积的电容效应。在充电过程中，电荷从电源流向电极表面，通过电双层效应迅速存储电荷。放电时，电荷从电极表面释放，并提供电流给负载。超级电容器能够快速储存和释放大量电能的功率型器件，其生产、使用和回收过程均不会污染环境，是理想的环保能源。还具有响应速度很快、效率高、循环寿命长、温度范围宽、高可靠性等优良特性。超级电容器比普通电容器能量密度高，比电池功率密度高，适用于短时间、高功率和多次循环放电的应用场景，但其能量密度较低，通常需要与其他能量型储能装置协同应用。

能量密度较低、储能成本较高是限制超级电容大规模应用的两大因素。目前市场主流的超级电容类型为双电层超级电容，功率密度最高可达 40kW/kg，储能系统最大储能量达到 30MJ，充放电时间为秒级，充放电次数可达 100 万次以上，工作温度范围可宽至－40～85℃。具有更高能量密度的混合型超级电容是重要研究与发展方向。目前，混合型超级电容单体能量密度可达 80～160Wh/kg，系统能量密度已经突破 40Wh/kg。据美国航空航天局（National Aeronautics and Space Administration，NASA）预测，2025 年超级电容系统能量密度有望提升至 50～100Wh/kg，2030 年有望达到 100～200Wh/kg。

超级电容在电力系统领域有着独特的优势。三峡乌兰察布源网荷储技术项目配置 0.5MW/1MWh 锂离子电池和 1MW/0.1MWh 超级电容储能混合储能改善系统调峰调频性能；金湾发电有限公司 AGC 混合储能辅助调频项目配置 16MW/8MWh 磷酸铁锂和 4MW/0.67MWh 超级电容储能；南京江北新区 110kV 虎桥变电站投运超级电容微储能装置可以 12ms 内进入一次调频模式。国网江苏电力有限公司测算江苏省内变电站具有新增 200 万 kW 超级电容储能装机潜力。中科院山西煤化所测算南方电网控制区有超过 5 亿的配电终端用超级电容市场规模。超级电容产业联盟预测 2027 年全球超级电容市场规模将达 37 亿美元，中国市场将超 60 亿元。国家能源局 2022 年 1 月发布的《“十四五”新型储能发展实施方案》中将超级电容列入了新型储能核心技术装备中。在技术进步、成本降低和政策驱动等共同推动下，超级电容正在迎来加速发展的市场。

2. 超导储能

超导储能（superconducting magnetic energy storage，SMES）利用超导线圈将电磁能直接储存起来，需要时再将电磁能释放。超导储能的能量充放电速度为几毫秒至几十毫秒，存储效率可达 95%，寿命 30 年以上，已应用于提高供电电能质量，增加电力系统阻尼，提高电力系统稳定性能。但是，SMES 只能维持秒级的能量密度，超导材料价格昂贵，而且为了维持超导的低温运行需要消耗大量能量，维护复杂，这些缺点使得 SMES 还未大规模应用。为提升 SMES 技术性能和经济性能，降低材料成本和运维成本、提高储能线圈稳定性、加强失超保护等技术需要加强研发。

1983 年，采用单螺管 NbTi 线圈的 30MJ/10MW 超导储能应用于美国电网。由于磁体外部的磁场呈轴对称状分布在空气中，漏磁较大。多螺管平行排列、多螺管或线饼环形排列方案被提出，用于降低空心电抗器或储能线圈的空间漏磁、减小漏磁场引发的涡流损耗。1985 年，美国和日本开始研发基于环形螺管技术的 5000MWh/1000MW 的超导储能系统。日本九州电力公司完成了 1GJ 环形结构高温超导储能磁体的概念设计，韩国、印度分别进行了2.5、4.5MJ环形结构高温超导储能磁体概念设计，我国进行了10MJ储能磁体的概念设计。

降低成本和改善性能是实现SMES大规模应用的关键技术。相对于低温超导体，高温超导体通常在液氮温度以上的范围内可展现出超导性，这使得制冷需求相对较低，降低了超导技术的运行成本。由于高温超导线材昂贵，设计高温超导磁体时通常力求降低用量，减小磁体体积、减小杂散场对环境的影响等成为高温超导储能技术的重要研发方向。1996年，美国超导公司研发出世界第一台高温超导储能线圈，储能量5kJ，工作温度提高到25K。2004年，日本研发出了兆焦量级储能线圈样机。2008年，中国科学院电工研究所研制了1MJ/0.5MW高温超导储能线圈。2017年，中科院电工所与中国西电电气股份有限公司合作研制出1MJ/1MVA超导储能—限流系统样机，性能达到国际先进水平。中国电力科学研究院正在开展第二代高温超导带材——钇钡铜氧（YBa2Cu307）涂层导体SMES储能单元的研究。可以预见，随着高温超导材料技术的发展成熟，将极大降低SMES成本，极大简化SMES运行条件，提高其性能和寿命，SMES有望成为新型电力系统的基础应用装备之一。

1.2.3 电化学储能

电化学储能是通过化学能和电能的相互转换完成能量储存、释放。相比于物理储能，电化学储能具有安装便捷、运行方式灵活等优点。根据电池材料不同，主要可分为锂电池、钠硫电池和氢燃料电池等。

1. 锂电池

锂电池是通过锂离子（Li_+）在正极与负极之间移动实现充放电的一种二次电池，具有能量密度高、循环寿命长和无记忆效应等优点。按封装形式划分，锂离子电池可以分为软包电池、方形电池和圆柱电池；按正极材料划分，锂离子电池可以划分为三元锂电池、磷酸铁锂电池、锰酸锂电池、钴酸锂电池等。

全球锂电池的商业化应用的探索始于20世纪90年代初。21世纪早期进入了快速发展期。近年来，全球锂电池市场保持了快速增长的态势。根据印度莫多尔情报公司（Mordor Intelligence）数据，预计到2025年，锂电池在二次电池中的规模比例将超过70%。EV Tank预计到2025年和2030年全球锂离子电池的出货量将分别达到2211.8GWh和6080.4GWh，其复合增长率将达到22.8%。

我国于1998年引入锂电池相关技术，当前已形成了较完备的产业链与全球领先的市场规模。EV Tank发布的《中国锂离子电池行业发展白皮书（2023年）》数据显示，2022年全球锂电池总体出货量957.7GWh，同比增长70.3%；中国锂离子电池2022年出货量达到660.8GWh，同比增长97.7%，占全球锂离子电池总体出货量69.0%。

当前锂电池技术将新型的锂硫电池和固态电池作为重要的发展方向。其中，锂硫电池采用硫作为正极材料，锂作为负极材料，能够实现高能量密度和较长的续航里程，但在循环寿命和安全性方面需要进一步研究和改进；固态电池采用固态电解质代替传统的有机液体电解质，具有更好的热稳定性、安全性和耐高温性能，但在制造工艺和成本方面还需要进一步研究和发展。

锂电池作为一种高能量密度、高效率、长寿命的能源存储设备，已经在各个领域得到广泛应用，锂电池储能占据新型储能市场绝对主导地位，2022年，全球锂电池在新型储能累计装机规模占比达到94.4%，但在储能效率、技术成本、电池组寿命和应用安全性等方面亟待提升。

2. 钠硫电池

钠硫电池是通过钠离子在硫化物正极和金属钠负极之间的相互转移，实现电能的储存和释放。钠硫电池工作温度在300～350℃之间，循环寿命约为2500次，能量功率密度分别为150～240kWh/m^3和150～230W/kg，效率为75%～90%，可实现30s 6C放电，且原材料钠、硫比较容易获得。这些优势使得钠硫电池在同时需要高能量密度和功率密度的应用场景中占有独特优势。恒州诚思发布的2023钠硫电池市场报告表明，亚太地区是当前钠硫电池的最大市场；大于1000MWh的电池份额约为60%；工业、商业及住宅市场占有率约为50%；预计钠硫电池将持续保持平稳增长的态势，到2029年，市场规模将接近4.3亿元，未来六年复合年增长率达11.0%。

钠硫电池的主要缺点是需要热源维持系统温度，从而降低了电池的部分性能。此外，当前生产成本较高，约为2000元/kWh。特别是，钠硫电池的安全问题导致市场应用占比提升困难。《防止电力生产事故的二十五项重点要求（2022年版）（征求意见稿）》指出，中大型电化学储能电站不得选用钠硫电池。提升钠硫电池安全性是当前重点攻关的难题，包括研发更安全的电解质和材料、更有效的热管理系统等。

近年来，钠离子电池得到了政策大力支持。国家发改委和能源局2022年1月发布的《“十四五”可再生能源发展规划》指出，要积极研发储备钠离子电池等技术。大容量储能钠硫电池当前还处于示范阶段，其应用模式仍在摸索与调整的变化阶段。随着钠硫电池安全性提升、成本下降，钠硫电池行业未来发展前景光明，必将成为电力储能领域备受瞩目的选择。

3. 氢燃料电池

氢燃料电池是将氢气和氧气的化学能直接转换成电能的发电装置，发电效率可以达到50%以上，且具有清洁、绿色和低排放等优点。氢燃料电池主要由电堆和系统部件（空压机、增湿器、氢循环泵、氢瓶）组成。电堆是整个电池系统的核心，包括由膜电极、双极板构成的各电池单元以及集流板、端板、密封圈等。氢燃料电池主要分为质子交换膜燃料电池、固体氧化物燃料电池、碱性燃料电池、直接甲醇燃料电池等类型。

根据相关市场调查机构发布数据显示，全球氢燃料电池行业市场规模正在逐年增长，2021 年，全球市场规模接近 40 亿美元，较上年相比新增了约 13 亿美元，同比增长 48.2%；2022 年，氢燃料电池市场规模达到 56 亿美元左右，比 2021 年同期新增了约 16 亿美元，同比增长 40%；2023 年全球氢燃料电池市场规模达到了 120 亿美元，同比增长了 25%。可再生能源大规模开发利用，将带动全球氢燃料电池行业市场规模快速扩张，预计到 2025 年超过 160 亿美元。

《2023 年全球氢燃料电池市场报告》数据显示，亚洲地区占据了 60%的市场份额，主要有中国、日本和韩国等国家；欧洲和北美地区分别占据了 20%和 15%的市场份额，主要有德国、法国、英国和美国等国家；其余地区占据了 5%的市场份额，主要有澳大利亚、巴西和南非等国家。全球氢燃料电池市场的前五大企业分别是丰田汽车、现代汽车、普罗泰恩能源、巴拉德动力系统和普拉格燃料电池，它们的市场份额总和达到了 60%。

早在 2006 年，我国《“十一五”科学技术发展规划》将氢能与燃料电池技术列入超前部署的前沿技术，并开展重点研究。之后，在“十二五”“十三五”《国家战略性新兴产业发展规划》中多次提出将可再生能源制氢、燃料电池技术创新发展作为重点发展内容。随后氢能产业政策密集出台，工信部、国务院、发改委等多部门陆续发布支持、规范氢能产业的发展政策。《能源技术革命创新行动计划（2016—2030）》《汽车产业中长期发展规划》（2017 年）等国家政策文件均明确提出支持燃料电池汽车发展。2022 年 3 月，国家能源局发布《氢能产业发展中长期规划（2021—2035 年）》，再次部署推动氢能产业高质量发展的重要举措，助力氢能产业及氢燃料电池发展。国家能源局将氢能及燃料电池技术列为“十四五”时期能源技术装备重点任务。

氢燃料电池技术大规模商业化应用面临电解质、催化剂等基础材料低生产成本、结构紧凑性和系统耐久性等三大挑战。近年来，氢燃料电池技术研究集中在电堆、双极板、控制技术等方面。美国能源部计划在 2025 年实现氢燃料电池系统（功率为 80kW）成本目标 40 美元/kW，远期目标为 30 美元/kW。中国氢能联盟预测，2035 年我国氢燃料电池系统的生产成本将降至约 800 元/kW，到 2050 年降低至 300 元/kW。

1.2.4 相变储能

相变储能是利用材料在相变时吸热或放热来储能或释能的，包括冰蓄冷储能、相变储热储能等形式。

1. 冰蓄冷

冰蓄冷技术是电网谷荷时段制冰存储冷量，电网峰荷时段融冰将所蓄冰冷量释放用于供冷，具有等温性好、蓄冷密度大、体积小等优点。

冰蓄冷技术最早是 20 世纪初在美国研制应用，直到 20 世纪 80 年代世界性的能源危机，冰蓄冷的节能优势才被世人所熟知，从而得到广泛的推广使用。国内外建成的蓄冷工程中，75%以上采用冰蓄冷。例如，美国芝加哥市的一个冰蓄冷系统，蓄冷能力 125 000Rth，移峰能力 29 762kW。日本横滨市横滨港未来 21 区域冰蓄冷装置，蓄冷量高达 79 000Rth，移峰能力 17 556kW（按每天 6h 高峰用电）。国内方面，福州市海西高新区科技园项目占地 120 亩，夏季设计日尖峰冷负荷为 9600kW，夏季高峰时，可通过冰蓄冷技术补充供冷，最大释冷量为 3323kWh。西安咸阳国际机场 T3 航站楼占地 25 万 m^2，4 号制冷站采用冰蓄冷系统，总制冷量为 8350Rt，蓄冷量为 29 600Rth，包含 7 台离心式制冷机组。通过采用冰蓄冷技术，实现了电能削峰填谷，有助于平衡电网负荷；降低了制冷设备容量和配电容量，提升了系统的效能；降低了运行费用，延长了系统的使用寿命。冰蓄冷技术也适用于医院、机房和军事设备等特殊环境，可作为备用冷源。

当前，全国各地纷纷出台相关政策以促进蓄冷空调工程的发展，尤其是对与热泵结合的蓄能系统的研发给予大力支持。我国冰蓄冷空调技术正在逐步迎头赶上世界先进水平。

2. 相变储热

相变储热利用相变材料发生相变时吸收或放出热量来实现能量主动蓄释。根据材料的相变形式，相变储热分为固—固相变、固—液相变、液—气相变和固—气相变等四类。液—气相变和固—气相变在实际应用中产生大量气体，体积变化大，从而规模受到了限制。固—固相变和固—液相变具有蓄热密度大、相变温度范围广、传热效率高等优点。相变储热密度是显热储热的 5～10 倍，甚至更高，储存相同的电能使用相变材料作为介质的储热设备要比以水等其他介质做成的储热设备体积减少 40%～70%。相变储热储能周期为数小时至数周，成本 79～390 元/kWh。相变储热在电力负荷调节、太阳能利用、余热回收等领域应用广泛，是当前世界范围内的研究热点。

相变储热是蓄热储能的重要形式。根据使用温度范围的不同，相变蓄热可分为高、中、低温三种。低温相变蓄热材料主要有无机和有机两类无机相变材料，主要包括结晶水合盐、熔融盐、金属或合金等。中温相变蓄热材料主要包括极少部分石蜡、碳酸盐和氯化盐，大部分的多元醇，全部的硝酸盐和氢氧化物等。高温相变蓄热材料主要有高温熔化盐类 、混合盐类 、金属及合金等。国内外已在低温和高温相变蓄热材料研究方面取得丰硕成果，低温相变蓄热技术在太阳能热利用与建筑节能等领域具有广泛的应用前景；高温相变蓄热技术在高温工业炉蓄热室、工业余热回收以及太空应用发展迅速。近年来，中温相变蓄热技术研究得到逐步重视。提高相变储能材料的导热性、优化相变材料与容器的兼容性，以及增强相变材料的储能密度等是现阶段相变储能技术亟须解决的技术问题。

1.3 电力储能典型应用场景

储能技术作为能源结构调整与节能减排的支撑技术，在发输配电、电力需求侧、辅助服务以及新能源接入等领域有着广阔的应用前景。

1.3.1 储能在电力系统中的应用场景

国内外文献研究成果表明，储能可应用于多种场景，包括平抑功率波动、参与系统峰荷管理、提高电能质量、辅助系统调频、提升运行安全性等。

1. 平抑功率波动

高渗透率可再生能源接入系统会引起有功功率不平衡、功率波动等问题。配置超导储能、飞轮储能、电池储能、混合储能等，实现可再生能源准确跟踪发电，从而使得不可控的可再生能源变成可控可调资源。针对大规模风光并网联合系统，也有文献提出了基于储能电池荷电状态（state of charge，SoC）平抑输出功率波动的控制策略。此外，储能在平抑联络线及负荷功率上也有积极的作用。鉴于目前储能造价昂贵，国内外许多研究都提出在平抑联络线功率的基础上，兼顾经济性最优的原则进行储能配置。利用超级电容储能能够实现负荷波动或突变功率的快速补偿，有效改善负荷品质，提高电能质量。

考虑储能全生命周期内运行经济性，开展可再生能源发电厂站中储能配置及其控制策略研究具有重要的应用价值。

2. 参与系统峰荷管理

系统按照低谷负荷配置设备容量会导致电力需求高峰时段出现电力缺口，降低供电可靠性；按照高峰负荷配置设备容量又将在用电低谷时出现电力设备闲置，严重影响了投资经济性。储能技术可有效解决和改善上述问题。

当在负荷侧配置储能后，灵活控制储能的充放电大小和时段，可实现系统等效负荷优化调控。由于风电具有波动性与反调峰性，大规模风电接入会拉大负荷峰谷差，配置储能进行风储联合优化可有效平滑负荷曲线实现削峰填谷。抽水蓄能电站具有良好的储能能力及高度的调度灵活性，将风电场和抽水蓄能电站结合，形成风蓄联合系统，利用抽水蓄能将风电出力时空平移，使风电成为稳定可调可控电源，实现风蓄联合削峰也不失为一种有效的方法。

为了实现削峰填谷，需求侧响应策略是通过一定的经济激励手段来改变用户用电方式和习惯，从而调控负荷大小。研究需求侧管理策略和储能优化控制技术协同下的调度优化策略设计方法、需求侧响应配套政策以及分时电价制定方法等将促进提升储能配置的市场价值。

3. 改善电能质量

可再生能源发电出力剧烈波动可能导致并网点电压短时间内大幅下降，产生电压暂降问题。电压暂降将带给电力用户严重的电能质量问题，甚至可能将引发设备停止工作或造成所生产的产品质量下降。超级电容器作为储能单元，在改善电压暂降问题方面具有优势。大量文献设计了超级电容器储能的控制策略来达到支撑敏感负荷、补偿电压暂降的目的，如双闭环控制、前馈环节的闭环控制及小信号模型控制等。有文献提出了基于储能的有源电力滤波器（active power filter，APF）和虚拟电感联合补偿微电网电压暂降方法，可以根据造成微电网电压暂降的不同原因，分类进行补偿，补偿效率更高。

电力系统发生短路故障或进行开关操作、无功功率补偿装置和大型整流设备进行投切、功率冲击性波动负荷的工作状态变化以及间歇性分布式电源并网等情况下，系统会出现电压波动与闪变的问题。相比于传统的静止无功补偿器（static var compensator，SVC）、静止同步补偿装置（static synchronous compensator，STATCOM）等补偿设备，储能具有更好的补偿效果。在高渗透率风电接入系统中，设计风储联合系统来抑制电压波动，储能的充放电次数及功率容量需求、储能安装地点的估计扰动强度和平均风速均是需要考虑的因素。储能优化配置和控制是微网实现并离网灵活切换的保证。在孤岛运行方式下，无论是计划孤岛还是非计划孤岛，储能通常作为支撑电源来保障孤岛内负荷的供电质量，维持电压和频率偏差在合理范围内。

4. 辅助系统调频

可再生能源高渗透率接入增大了电力系统的调频压力。火电机组参与调频响应时滞长且受蓄热制约，水电机组参与调频的容量受地域与季节性制约，储能的快速响应能力和灵活的调控特性可弥补传统调频源的不足，储能辅助电网调频可有效改善系统运行性能。

储能的响应特性和充放电能力是储能参与调频的关键。文献研究表明，基于预测模型的储能一次调频控制器具有较好的控制效果。在参与二次调频时，明确控制约束条件非常重要。如风光储联合发电系统追求最小化弃风弃光量、降低充放电的频度与深度来延长电池寿命保证经济性等；含有电动汽车的微网中，需要考虑用车时间、用户需求，动力电池容量及充放电电流倍率等调频约束。可将调频需求分解为高频分量与低频分量，将低频分量分配给传统自动调频控制机组，将高频分量分配给储能装置，调频效率更高。

5. 提升电网运行安全性

储能在提升电网运行安全性方面具有重要作用。发电侧配置储能装置可有效改善系统机电稳定性；直流母线配置储能能有效维持直流母线电压稳定；风光发电机组配置储能能有效增强风光发电机组低电压穿越能力；储能可充当备用电源及黑启动电源，在电源侧和电网侧为系统提供紧急有功和无功支撑。此外，在输电网络排除故障与恢复供电的过程中，分布式电源与储能装置协调控制可实现配电网供电快速恢复。储能通过充当微网应急电源、优化恢复路径以及实现微电网互联，均可以提升系统的故障恢复能力，提高系统运行可靠性。

全球范围内极端天气发生日益频繁，自然灾害引发的大型停电事故故障时间长、影响范围大，不仅可能造成极大经济损失，而且会威胁社会生活正常进行及人身安全。储能联合可再生能源能够最大限度地辅助灾后供电恢复，可减小停电损失，提升电网韧性。基于储能装置对电网有功、无功的快速支撑能力，优化配电网故障恢复策略来提升电网应对自然灾害的能力是近年来的研究热点之一。

1.3.2 我国典型示范工程

储能在电网中的应用，按安装位置可分为发电侧、电网侧和用户侧三大应用场景。其中，发电侧主要侧重于辅助系统调频、促进新能源消纳、提升电能质量等应用；电网侧主要关注于提高电网的稳定性、平滑网络需求、降低电网投资等功能；用户侧储能则是在削峰填谷、需求侧响应，或是后备电源等方面发挥作用。根据中国储能网相关报道，2023 年上半年我国新增储能项目数量及其应用场景分布比例如图 1-1 所示。

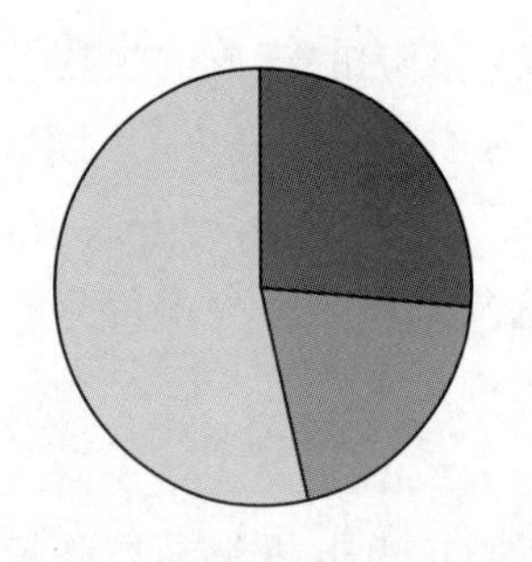

图 1-1　我国 2023 年新增储能项目应用场景分布

1. 发电侧

发电侧储能一般作为各类发电厂（机组）的配套

设施，可改善发电厂（机组）的调节性能，提升系统的运行稳定性和经济性。

（1）张北风光储输示范工程。位于河北省张北县大河乡的国家风光储输示范工程是目前全球最大可再生能源可控可调项目。该工程是全球最大的集风电、光伏发电、储能和输电为一体的可再生能源项目。风电、光伏和储能系统接入35kV母线，再通过220kV智能变电站连接智能电网。一期工程包括风电98.5MW、光伏40MW、储能20MW和220kV智能变电站，总投资32.26亿元；二期工程建设风力发电400MW、光伏发电60MW和化学储能装置50MW，总投资约60亿元。该工程在储能技术支撑下具有平滑风光发电出力，风光发电跟踪调度计划、辅助系统调频、削峰填谷等功能，特别是首次成功探索了电化学储能在新能源领域的黑启动功能。该工程在储能领域具有显著示范作用，标志着我国风光储协调优化控制技术、大容量电池储能系统电站化集成技术等领域关键技术的突破和提升。

（2）陕煤电力运城火储联调项目。该项目位于山西省运城市芮城县风陵渡经济开发区西侧。2×600MW直接空冷燃煤发电机组和18MW/6.672MWh钛酸锂系统，形成火储联调参与电力系统二次调频服务。电储能调频项目钛酸锂电池舱、储能变流器及升压一体机等主要设备已于2023年12月底顺利吊装完成。该项目将实现2台600MW火电机组灵活参与电力现货市场，预计可实现年产值5000万元，取得可观的经济效益和社会效益。

2. 电网侧

电网侧储能有助于平衡发电、分配和使用的供需关系，提高发电设备的利用效率，减少电网建设投资，从而为电力系统安全稳定运行提供强有力的保证。

（1）深圳宝清储能电站。南方电网深圳宝清储能电站位于深圳市龙岗区，是我国首座兆瓦级电池储能电站。建设规模为6MW/18MWh。一期建设规模为4MW/16MWh，分为8个500kW储能分系统，共安装磷酸铁锂电池34 560只，以2回10kV电缆分别接入深圳电网110kV碧岭站2段10kV母线，采用单极/双极式能量转换系统。二期建设规模为2MW/2MWh，单机容量2000kW，通过钛酸锂电池进行储能，无变压器直挂10kV电网，采用级联式H桥结构能量转换系统。宝清储能电站用于电网削峰填谷，保证供电可靠性和电能质量，同时提高大容量间歇性可再生能源发电的可调控能力，标志着我国电网侧储能技术发展取得了新的突破。

（2）大连液流电池储能示范项目。大连液流电池储能示范项目总建设规模为200MW/800MWh，一期工程规模为100MW/400MWh。该电站于2022年10

月正式并网，是国家能源局批准建设的首个百兆瓦级全钒液流电池储能项目，是迄今全球功率最大、容量最大的液流电池储能调峰电站，为电网提供调峰、调频等辅助服务，提升了可再生能源消纳能力，提高了可再生能源占比系统的安全稳定性，体现了我国在液流电池储能领域的国际领先地位。

3. 用户侧

用户侧加装储能可以帮助用户实现峰谷套利、应急供电等，有助于分布式可再生能源高渗透率接入系统在低压侧形成缓冲层，便于电网调度部门灵活调控潮流，提升系统运行稳定性。

（1）江苏星洲工业园储能系统项目。星洲工业园位于江苏省无锡新吴区，面积 $2.8km^2$，聚集了 100 多家集成电路、高端电子零部件和精密机械等战略性新兴产业相关高科技制造业企业。该园区建立了全国首个用户侧接入电网的大规模电池储能互动调度平台。电池储能电站在电网负荷低谷时段充电，负荷高峰时段放电，可提供 20 000kVA 的调节能力，通过负荷削峰填谷，降低了工业园区变电站变压器的负载率，延缓了对区域输配电网的扩容投资，推动了清洁能源就地消纳，提高了能源综合利用效率。园区提出了“2026 年实现碳达峰，2046 年实现碳中和”的“双碳”目标，2022 年统计数据表明，单位工业增加值能耗约 0.072t 标准煤/万元，单位工业增加值碳排放 0.4t/万元，为无锡市最低水平。

（2）南京南钢储能电站。南钢储能电站由南京钢铁股份有限公司与江苏省综合能源公司、三峡电能有限公司携手建设。电站装机容量 61MW/123MWh，于 2024 年 1 月 15 日投运，可根据尖峰电价政策，灵活变换充放电模式，最大可降低电网负荷 6.1 万 kW，转移峰荷 8000 万 kWh/年，预计全生命周期发电量将达到 10 亿 kWh，预计减少碳排放 100 万 t，降低能源成本 1.7 亿元。该电站不仅大力缓解南京地区迎峰度夏、迎峰度冬调峰压力，而且大幅度提高电力系统运行效率和供电稳定性。这是国内单体容量最大的用户侧储能项目，也是全国采用先进组串式储能系统的最大工商业储能项目，将打造成为国内最高标准、最高安全等级、最高系统效率的全国储能电站标杆项目。

1.4 小结

研发不同类型的储能装置和技术并探索其适合的应用范围是当今能源领域科技核心。各类型储能技术均具有不同的特点。物理储能中，抽水蓄能电站技术成熟，但其依赖地理资源，建设工期长、成本高。相比之下，压缩空气储能在建设成本和发电成本上较为经济，但储气空洞的建设受到地质条件的限制。飞轮储能具备循环寿命长、能量转换效率高、建设周期短、占地面积小等优点，但大规模飞轮储能技术还不成熟。电磁储能中，超导储能因其高效、大容量和长循环寿命而备受关注，但高昂的构造成本和维护成本使得难以在短期内得到广泛应用。超级电容器相对于传统电容器拥有更高的介电常数、更大的储能容量和更高的耐压能力，但是能量密度较低仍然是超级电容器的最大短板。电化学储能中，电池储能技术成熟、可靠性高、能量密度高、响应速度快及能量转换效率高等特点使其在实际工程中应用广泛。锂离子动力电池和氢燃料电池已成为储能电池的主要发展方向。相变储能凭借高储能密度的特点及近似等温的储放能过程，未来具有显著的研究与应用价值。总之，各类储能装置运行性能有所不同，应用场景适用性也有所差异。

储能调控对象可以是某个节点，也可以是整个系统，应依据系统或节点的调控需求，选取合适的储能类型以及性能指标。表 1-1 给出了储能在高渗透率可再生能源接入系统不同应用场景下的储能选型及性能指标要求。

表 1-1　储能在不同应用场景下的类型及性能要求

应用场景	调控对象		储能类型		性能要求			
	系统	节点	能量型	功率型	系统	节点	能量型	放电时长
平抑波动	√	√		√	超短期			1s～30min
峰荷管理	√	√	√		中长期	大	大	2～6h
提高传输能力	√		√		中长期	大	大	2～4h
提高电能质量	√	√		√	短期			1s～30min
参与调频	√			√	超短期/短期		大	15min～2h
提升运行安全性	√		√	√	超短期/短期		大	15min～2h

从储能技术的发展及其应用现状可以看出，单一的储能技术很难同时满足各类场景的需求，应向融合多能源＋新型用电等多元复合功能过渡，推动储能在电力系统中的应用场景日益丰富。

储能装置的经济性是系统经济性达到最优的必要条件，储能装置的价格居高不下是储能系统成本高的主要原因，也是限制储能发展的主要因素。目前以电池储能为代表的电化学储能是最具技术研究价值与市场开发价值的储能技术。储能的商业模式制定是真正实现储能在电力系统中广泛应用的关键，开发健全的市场机制和创新的商业模式将为储能大规模应用带来积极影响。

囿于篇幅，本书将针对主动配电网中分布式发电系统、互联微网、园区综合能源系统和公交充电站等四类应用场景探讨储能优化配置方法。

2 分布式风光储系统优化配置

在一些偏远山区或高海拔地区，风光资源丰富，但输电通道建设难度大、成本高。在用户附近建设分布式发电系统，安装灵活且成本不高，就近消纳可再生能源，不需要建配电站，降低了输配电成本，具有很好的环境效益和社会效益。2023 年前三季度我国分布式光伏新增装机容量 6714 万 kW，占全部光伏新增装机容量的 52%，成为大电网的有力补充。分布式发电已成为电力系统中不可忽视的一部分。在分布式发电系统中合理配置储能装置，进一步提升系统运行经济性，并定量分析从规划到运行的全链条中系统经济运行的积极因素和消极因素，是具有重要理论意义和工程应用价值的课题。

2.1 分布式发电系统

20 世纪 80 年代，燃煤型热电联产机组作为分布式电源技术引入我国。在 2010 年之后我国开始陆续发布关于分布式光伏、分布式风电、新能源微电网等一系列相关产业政策及措施。国家能源局 2018 年 3 月发布的《分布式发电管理办法（征求意见稿）》给出了分布式发电的定义。分布式发电是接入配电网运行，发电量就近消纳的中小型发电设施，以及有电力输出的能源综合利用系统。

2.1.1 分布式发电系统结构

分布式发电系统典型结构示意图如图 2-1 所示，系统通过变压器与上级电网相连，包含风电发电单元、光伏发电单元、储能单元及负荷等。风光发电分布式电源的安装位置受到风光自然条件及地理条件等因素的限制。其中，储能单元多选用电池储能装置。

2.1.2 风光发电出力特性

风力发电量和光伏发电量大小与该地区的地理位置、气候条件和地形地貌等多种因素有关。

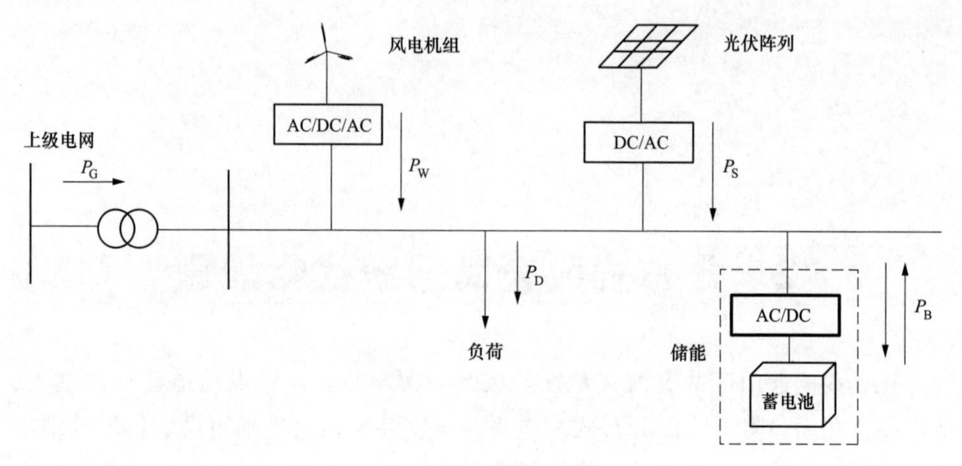

图 2-1 分布式发电系统典型结构示意图

我国风能资源最丰富的区域在东南沿海及其附近岛屿，其次是新疆北部、内蒙古、甘肃北部，风能较好的地区有黑龙江、吉林东部、河北北部及辽东半岛。在我国大多数地区，风资源存在显著的季节性特征。如我国华北地区纬度较高，处于西风带控制，同时冬季又受到北方高压冷气团影响，主风向为西风和西北风，风力强度大，持续时间长，同时这些地区海拔较高，风能衰减小。整体上属暖温带季风气候，四季变化明显。当然，华北地区不同的省市风光资源的分布有不同的特点。河北省风资源主要分布在张家口、承德坝上地区，秦皇岛、唐山、沧州沿海地区以及太行山、燕山山区。风速的年变化均以冬春季最大，秋季次之，夏季最小，冬夏风向有明显的季节转换。河北省近海海域年有效风能密度可达 300～350W/m^2，有效风小时数累计数大于 6000h，年平均风速基本在 6.5～8m/s 之间，属于风能资源丰富区。山东省大部分地区全年为南风以及偏南风，长岛、胶东半岛东部沿岸、胶南至日照、鲁西南部以及鲁南南部盛行北风以及偏北风。全省年有效风功率密度最高值为 474W/m^2，大部分的山东半岛沿海地区年有效风功率密度都在 100～300W/m^2，有效风时在 5000～7000h，龙口地区达到了 7500h。

我国光伏资源丰富，总体呈“高原大于平原、西部干燥区大于东部湿润区”的分布特点。其中，青藏高原最为丰富，年总辐射量超过 1800kWh/m^2，部分地区甚至超过 2000kWh/m^2。四川盆地资源相对较低，存在低于 1000kWh/m^2 的区域。整体光照资源季节性规律明显，夏季光照较好，冬季光照较弱。我国华北地区年均降水量为 600～800mm，大部分全年平均日照时数为 2300～2800h。河北省光资源呈现出由南向北递增的趋势。其中，北部张家口、承德一带资源条件最好，在 1500kWh/m^2 以上，西北部的康保、尚义、沽源县超过

1600kWh/m²。北部地区年日照小时数平均为 3000～3200h，中东部地区为 2200～3000h，分别为太阳能资源二类和三类地区。山东年平均日照时数的分布大致呈西南—东北走向，半岛的中东部和鲁北的大部分地区在 2400～2800h 之间；鲁南最少，多数在 2200～2400h 之间变化，其他地区多在 2400～2600h 之间。

我国整体上具备地面电站、农光互补、光电建筑一体化等多种形式的分布式发电开发条件，有较大的开发利用潜力。图 2-2 为我国南方某地区以 1h 为时间尺度采集的 2022 年风速值。图 2-3 为该地区以 1min 为时间尺度采集的 2022 年 12 月两个不同日实时风电场出力。可以看出，风资源不同季节具有不同分布的波动性，而且同一季节不同日内风电出力变化也很大，随机性很强。

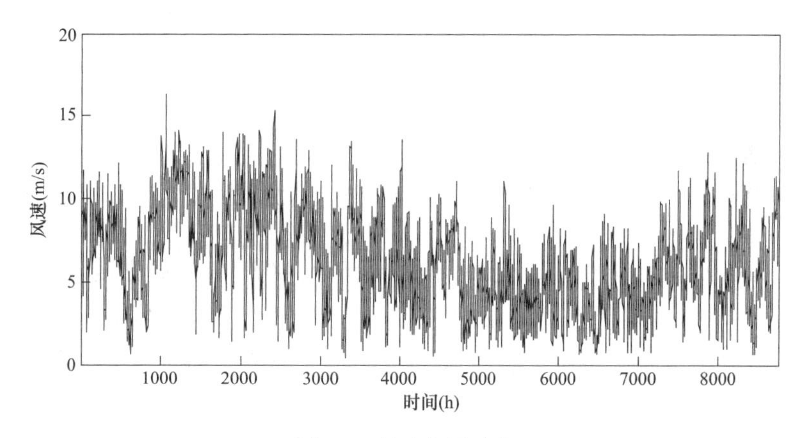

图 2-2　某地年风速值

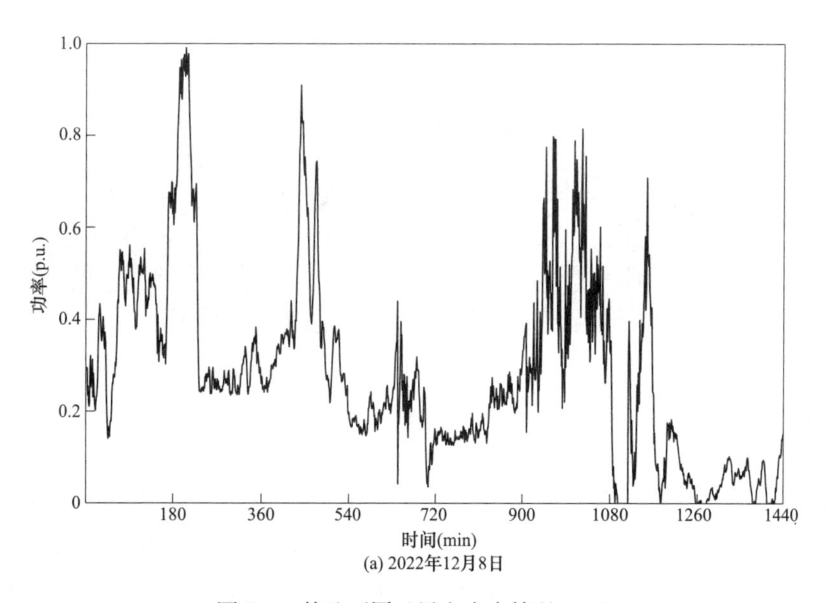

图 2-3　某地不同日风电出力情况（一）

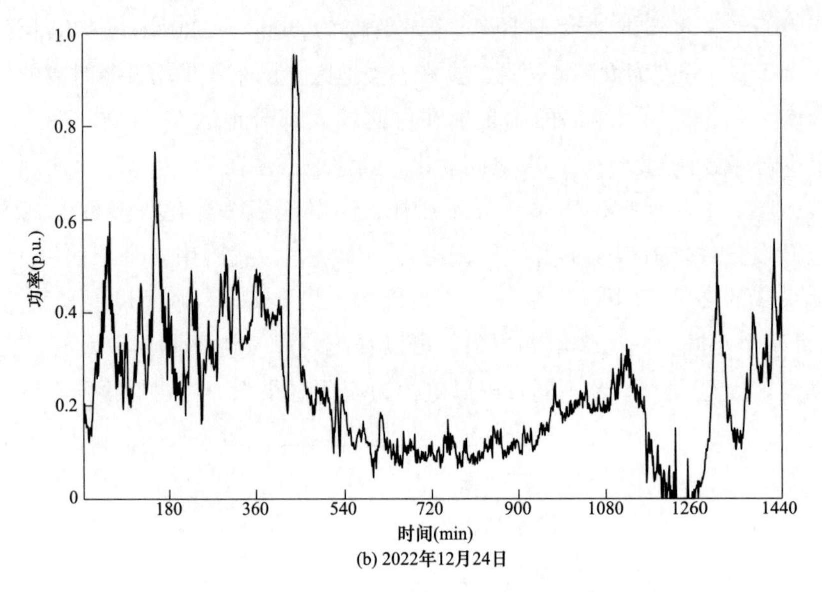

(b) 2022年12月24日

图 2-3 某地不同日风电出力情况（二）

图 2-4 展示了该地区以 1h 为时间尺度采集的 2022 年辐照强度，图 2-5 给出了该地区以 5min 为时间尺度采集的 2022 年 2 月两个不同日实时光伏电站出力情况。可以看出，光伏资源具有季节性，且同一季节不同日内光伏出力变化很大，具有随机性。

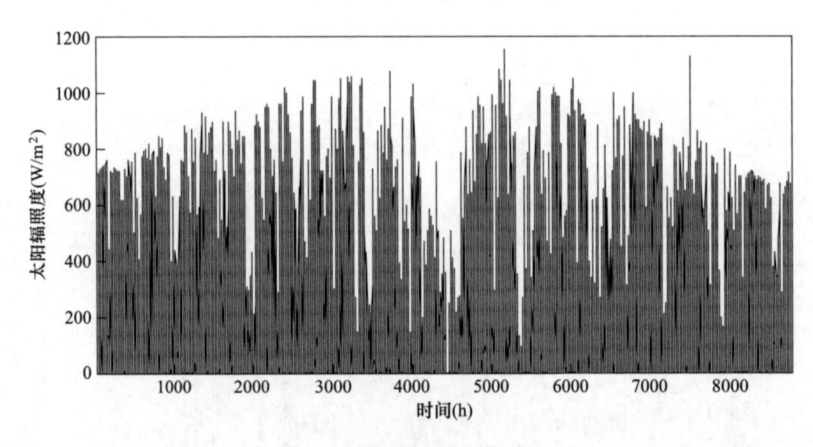

图 2-4 某地年光照强度值

由此可见，风光资源的波动性和随机性明显，导致风光发电输出功率也呈现强波动性和随机性。构建风光出力场景是开展储能优化配置的关键步骤。

K-means 算法常被用于生成风光发电典型出力曲线。基于风光发电出力历史数据集，从数据样本属性和分布情况出发，寻找能够适应该类样本的最佳聚类

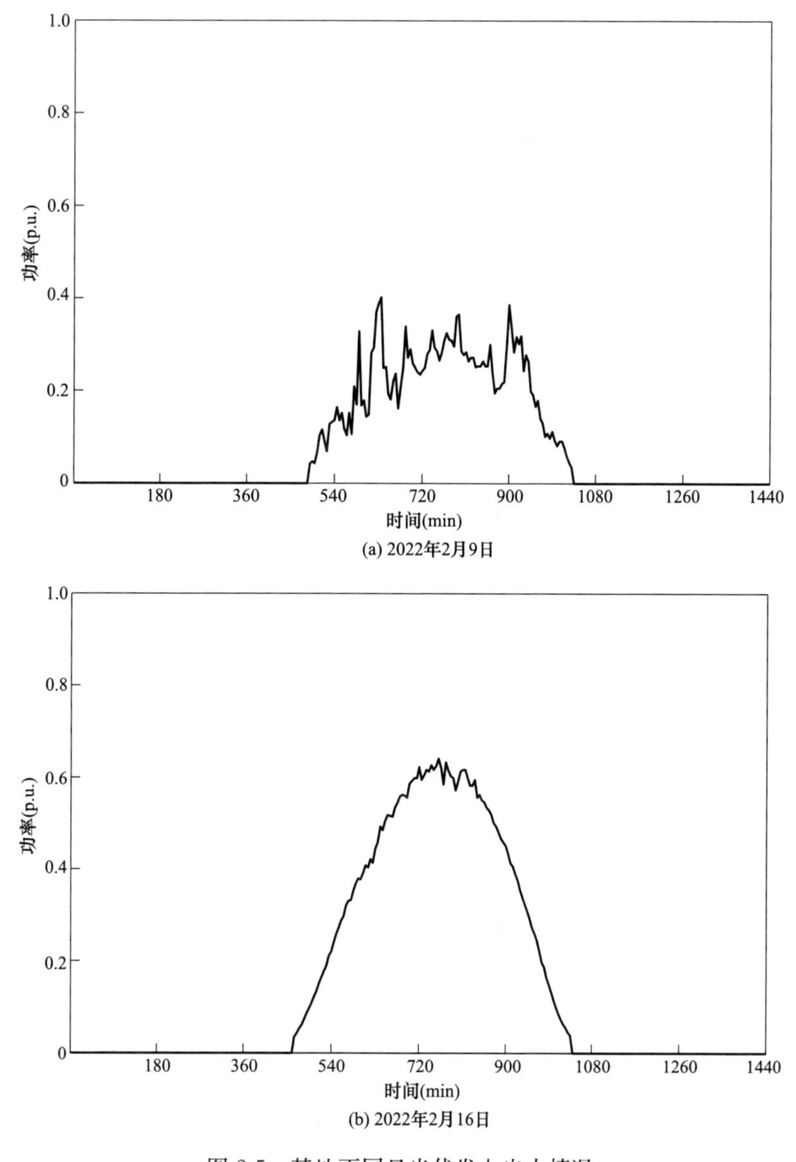

图 2-5 某地不同日光伏发电出力情况

簇数，使得簇内样本要具备尽可能大的相似性以及簇间样本具备尽可能大的差异性，从而将大量样本中属性相似的样本聚集为簇，以簇为单位开展样本属性近似代替，可有效提高计算效率。引入误差平方和（sum of squared error，SSE）指标，即

$$\mathrm{SSE}=\sum_{i=1}^{k_{\mathrm{a}}}\sum_{j=1}^{N_i}\|S_{ij}-S_{i0}\|_2^2 \tag{2-1}$$

式中 k_{a}——聚类簇数；

N_i ——簇 i 内样本个数；

S_{ij} ——簇 i 内第 j 个样本；

S_{i0} ——簇 i 内样本的均值。

SSE 越小，表示每簇样本越接近其质心，聚类效果越好。明显地，聚类簇数越多，SSE 越小。但过多的聚类簇数会影响分布式发电系统的相关分析计算速度。所以应合理确定样本聚类簇数，使随机潮流计算精度和速度达到最优状态下的平衡。

定义样本 S_a与其所在簇内其他样本的平均欧氏距离，计算式为

$$a(S_a)=\frac{1}{N_i-1}\sum_{j=1}^{N_i}\|S_a-S_j\|_2 \quad S_j\in\Phi_i \tag{2-2}$$

式中 Φ_i ——簇 i 的样本空间；

N_i ——簇 i 内样本个数；

S_j ——簇 i 内任意样本。

$a(S_a)$ 数值越小，则表示该样本与簇心之间的相似性越高。

定义样本 S_a 距离最近的簇 j 内样本的平均欧氏距离计算式为

$$b(S_a)=\frac{1}{N_j-1}\sum_{t=1}^{N_j}\|S_a-S_t\|_2 \\ S_a\in\Phi_i, S_t\in\Phi_j \tag{2-3}$$

式中 Φ_j——与样本 S_a 距离最近的簇空间；

S_t——簇 j 内任意样本；

N_j——簇 j 内样本个数。

$b(S_a)$ 数值越大，表示该样本聚类的差异性越大。

为评定整体数据的聚类可信度，以样本聚类的相似度和差异度为基础，定义平均轮廓系数（average silhouette coefficient，ASC）计算式为

$$\mathrm{ASC}=\frac{1}{N}\sum_{a=1}^{N}\frac{b(S_a)-a(S_a)}{\max[b(S_a),a(S_a)]} \tag{2-4}$$

式中 N——整体样本数据个数。

对于风光出力样本集，ASC 数值越大，则聚类效果越好。

综合考虑 SSE 和 ASC 两个指标，当 SSE 取值较小且 ASC 取值较大时，对应的聚类簇数即为最佳聚类簇数，记为 k_m。由此，可选取 k_m 个聚类簇中心作为风光发电出力的典型场景。

2.1.3 电池储能系统运行特性

如前所述，分布式发电系统一般选择配置电池储能。综合考虑电池寿命、

购置价格及运维成本等因素，锂离子电池储能应用普遍。锂离子电池储能系统依据并网接口装置结构不同，有单级式与双级式两种典型结构，如图 2-6 所示。单级式结构主拓扑简单，效率和可靠性较高，但缺乏对大容量电池储能的设计与考虑；双级式结构的显著优点是直流母线工作电压稳定，可避免电池并联带来的环流问题，但损耗和成本增加，且 DC/DC 和 DC/AC 两级变流器需协调控制，才能保证稳态抗干扰能力，抑制暂态直流母线电压波动。

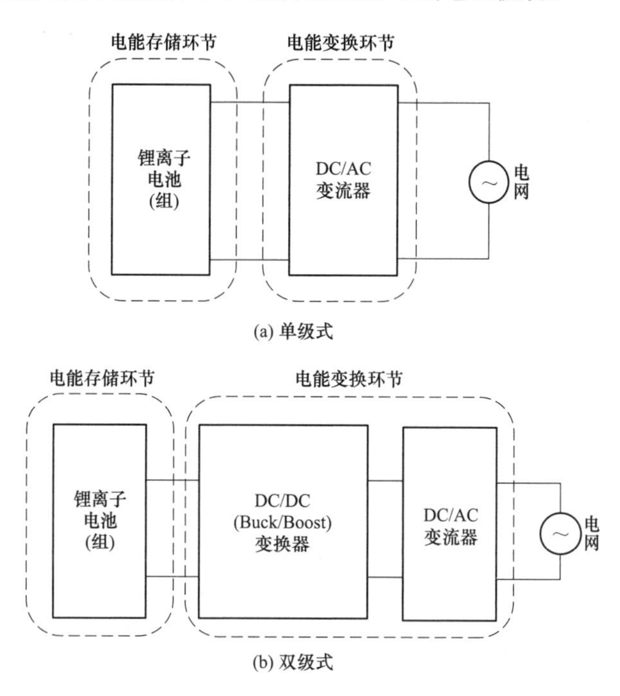

图 2-6 双级式锂离子电池储能典型结构示意图

分布式发电系统通过变压器与上级电网连接。风光资源特性决定了风电和光伏发电出力的波动性、随机性，电池储能装置通过快速充放电调控分布式发电系统风光发电机组、电网之间的功率平衡和电量平衡。电池的购置成本高和循环寿命较小是限制电池储能大规模应用的重要因素。过充、过放会加速储能电池的老化，引起电池可用容量衰退和等效循环次数减少。为此，工程应用中一般设置荷电状态上限 $\overline{\mathrm{SoC}}$ 和下限 $\underline{\mathrm{SoC}}$，要求电池 SoC 位于 [$\underline{\mathrm{SoC}}$, $\overline{\mathrm{SoC}}$]，如图 2-7 所示。为避免过充或过放造成电

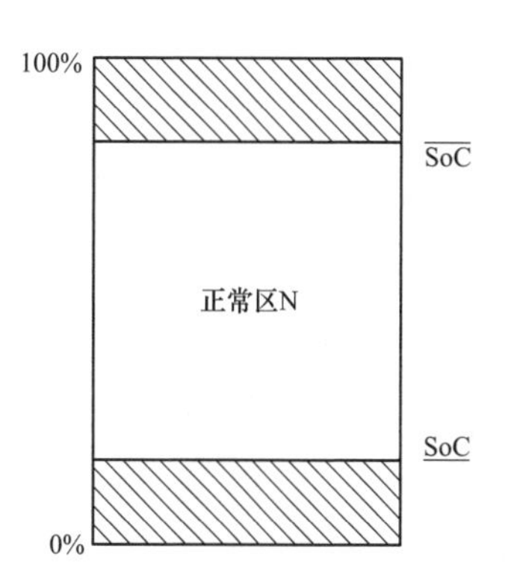

图 2-7 储能电池荷电状态区域划分

池寿命快速下降，$\underline{\text{SoC}}$设为0.1、$\overline{\text{SoC}}$设为0.9。为保证系统运行的连续性，储能电池初始荷电状态设定为0.5。充电站根据储能电池的实时SoC状态进行电池储能系统充、放电控制。

雨流计数法是一种用于储能电池不同放电深度下等效循环次数折算的方法，电池SoC时间曲线如图2-8所示。

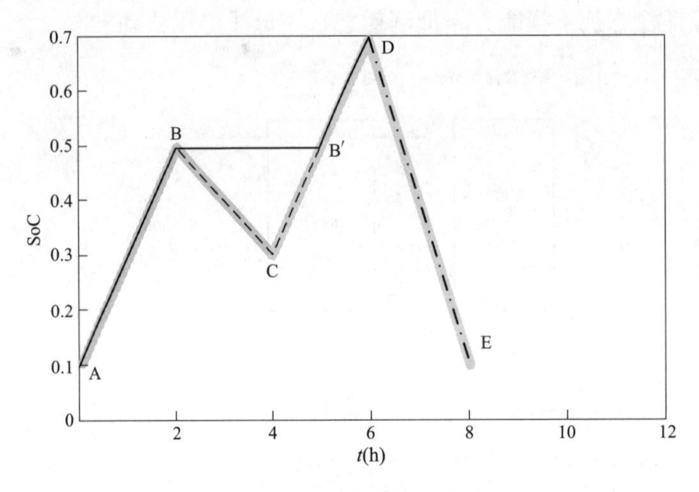

图2-8　电池SoC时间曲线

图2-8中灰色粗实线代表不同时刻储能电池的SoC状态。设想图2-8向右旋转90°，得到类似于斜面屋顶的图形。雨滴从起始点开始沿斜面向下流动，当雨滴到达图中B点，此时有两个可能的流动方向：①垂直下滴落到图中B′点，继续向下流到图中D点，完成A—B—B′—D半个循环，形成A—B—B′—D为充电深度为0.6的半循环、D—E为放电深度为0.6的半循环，二者结合，完成一个充放电深度为0.6的循环；②沿着BC斜面继续流动到B′点，构成B—C—B′一个循环，形成B—C—B′为充放电深度为0.2的循环。将所有循环逐一记录下来，就可以得到一段时间内电池的所有充放电循环次数。

定义电池放电深度为1时的循环寿命为$N_{\text{ctf}}(1)$，通常作为额定循环寿命，用N_{B}表示。储能充放电深度为d_k时充放电次数为$N_{\text{ctf}}(d)$，可依据雨流计数法折算为放电深度为1的等效循环次数$N_{\text{ctf}}(d_k)$。统计储能电池在一个工作周期内充放电n次及其不同放电深度d_k，则在一个工作周期内的等效循环次数N_{E}为

$$N_{\text{E}}=\sum_{k=1}^{n}\frac{N_{\text{ctf}}(1)}{N_{\text{ctf}}(d_k)} \tag{2-5}$$

一个运行周期内储能电池寿命衰减率可以表示为

$$k_{\mathrm{BDE}}=\frac{N_{\mathrm{B}}}{N_{\mathrm{E}}} \tag{2-6}$$

当储能系统电池达到其寿命，则电池储能系统应更换电池。某品牌磷酸铁锂电池充放电循环次数达到3000次后退役。因此，在规划周期内运行成本中应该考虑电池更新置换成本。

在每个运行周期内第 t 个时间段充电过程结束时，储能电池的剩余电量为

$$E_{\mathrm{B}}(t)=E_{\mathrm{B}}(t-1)+P_{\mathrm{B}}(t)\Delta t\eta_{\mathrm{BC}} \tag{2-7}$$

在每个运行周期内第 t 个时间段放电过程结束时，储能电池的剩余电量为

$$E_{\mathrm{B}}(t)=E_{\mathrm{B}}(t-1)+P_{\mathrm{B}}(t)\Delta t/\eta_{\mathrm{BD}} \tag{2-8}$$

$$P_{\mathrm{BCA}}(t)=\min\left\{P_{\mathrm{Bn}},\frac{E_{\mathrm{Bmax}}-E_{\mathrm{B}}(t-1)}{\Delta t\eta_{\mathrm{BC}}}\right\} \tag{2-9}$$

$$P_{\mathrm{BDA}}(t)=\min\left\{P_{\mathrm{Bn}},\frac{[E_{\mathrm{B}}(t)-E_{\mathrm{Bmin}}]\eta_{\mathrm{BD}}}{\Delta t}\right\} \tag{2-10}$$

$$E_{\mathrm{Bmin}}\leqslant E_{\mathrm{B}}(t)\leqslant E_{\mathrm{Bmax}} \tag{2-11}$$

式中 P_{Bn}——储能电池额定功率；

$E_{\mathrm{B}}(t)$——第 t 个时间段结束时储能电池的剩余电量；

$E_{\mathrm{B}}(t-1)$——第 $t-1$ 个时间段结束时储能电池的剩余电量；

$P_{\mathrm{B}}(t)$——第 t 个时间段的储能平均充电或放电功率，$P_{\mathrm{B}}(t)$ 为正值时表示充电状态，为负值时表示放电状态；

η_{BC}——储能电池充电效率；

η_{BD}——储能电池放电效率；

E_{Bmin}——储能电池的最小剩余电量；

E_{Bmax}——储能电池的最大剩余电量；

$P_{\mathrm{BCA}}(t)$——第 t 时间段内储能电池所能承受的最大充电功率；

$P_{\mathrm{BDA}}(t)$——第 t 时间段内储能电池所能放电的最大功率。

2.2 分布式发电系统运行控制

在分布式发电系统运行过程中，风机出力、光伏出力以及负荷需求单向流动且实时变化，储能装置和电网双向交换功率，通过充电消纳风光发电的剩余功率或放电补充负荷功率缺额。

2.2.1 系统功率平衡模型

设分布式发电系统与上级电网间联络线传输容量上限为 $P_{\mathrm{T}}^{\max}$，t 时间段内负

荷功率为 $P_D(t)$，风电机组发电功率为 $P_W(t)$，光伏阵列发电功率为 $P_S(t)$，定义系统不平衡功率 $\Delta P(t)$ 为

$$\Delta P(t)=P_W(t)+P_S(t)-P_D(t) \tag{2-12}$$

当分布式发电系统发电功率大于负荷需求时，即 $\Delta P(t)>0$，将首先通过储能装置消纳，若储能装置不能完全消纳，仍有剩余功率，设剩余功率为 $\Delta P_3(t)$，则通过联络线传输到电网。若 $\Delta P_3(t)\leqslant P_T^{max}$，则分布式发电系统发出的电量被完全利用。若 $\Delta P_3(t)>P_T^{max}$，分布式发电系统发出的电量没有被完全利用，产生剩余功率 $\Delta P_4(t)$，此时需要切除部分风机或光伏阵列，以满足系统功率平衡。剩余功率和剩余能量的计算如下

$$\Delta P_3(t)=\begin{cases}\Delta P(t)-P_{BCA}(t), & \Delta P(t)>P_{BCA}(t)\\ 0, & \Delta P(t)\leqslant P_{BCA}(t)\end{cases} \tag{2-13}$$

$$\Delta P_4(t)=\begin{cases}\Delta P_3(t)-P_T^{max} & \Delta P_3(t)>P_T^{max}\\ 0 & \Delta P_3(t)\leqslant P_T^{max}\end{cases} \tag{2-14}$$

$$P_{SUR}(t)=\begin{cases}\Delta P_4(t) & \Delta P_4(t)>0\\ 0 & \Delta P_4(t)\leqslant 0\end{cases} \tag{2-15}$$

$$E_{SUR}=\sum_{t=1}^{8760}P_{SUR}(t) \tag{2-16}$$

式中　$P_{SUR}(t)$——系统 t 时间段内过剩功率；

　　　E_{SUR}——系统全年过剩能量。

当分布式发电系统发电功率小于负荷功率需求时，即 $\Delta P(t)<0$，需要首先由储能装置放电，电网通过联络线补偿功率差额。若 $|\Delta P(t)|\leqslant P_{BDA}(t)$，则储能装置放电可以满足负荷功率差。若 $|\Delta P(t)|>P_{BDA}(t)$，则储能装置放电不能满足负荷功率差，需要向上级电网买电来补偿功率缺额 $\Delta P_5(t)$。若 $|\Delta P_5(t)|\leqslant P_T^{max}$，则电网可以完全补偿负荷功率缺额，系统能够完全供电。若 $|\Delta P_5(t)|>P_T^{max}$，则系统不能完全供电，产生功率缺额 $\Delta P_6(t)$，此时需要切除部分负荷。缺额功率和缺额能量计算如下

$$\Delta P_5(t)=\begin{cases}\Delta P(t)+P_{BDA}(t) & |\Delta P(t)|>P_{BDA}(t)\\ 0 & |\Delta P(t)|\leqslant P_{BDA}(t)\end{cases} \tag{2-17}$$

$$\Delta P_6(t)=\begin{cases}\Delta P_5(t)+P_T^{max} & |\Delta P_5(t)|>P_T^{max}\\ 0 & |\Delta P_5(t)|\leqslant P_T^{max}\end{cases} \tag{2-18}$$

$$P_{VAC}(t)=\begin{cases}|\Delta P_6(t)| & \Delta P_6(t)<0\\ 0 & \Delta P_6(t)\geqslant 0\end{cases} \tag{2-19}$$

$$E_{VAC}=\sum_{t=1}^{8760}P_{VAC}(t) \tag{2-20}$$

式中 $P_{\mathrm{VAC}}(t)$ ——t 时间段内系统停电功率；

E_{VAC} ——微网全年负荷停电总量。

无论系统是有过剩功率还是有功率缺额，在任意时刻 t ，整个系统都满足功率平衡，即

$$P_{\mathrm{W}}(t)+P_{\mathrm{S}}(t)+P_{\mathrm{T}}(t)+\delta P(t)=P_{\mathrm{D}}(t)+P_{\mathrm{B}}(t) \tag{2-21}$$

$$\delta P(t)=\begin{cases}P_{\mathrm{VAC}}(t) & \delta P(t)>0\\ -P_{\mathrm{SUR}}(t) & \delta P(t)<0\end{cases} \tag{2-22}$$

式中 $\delta P(t)$ ——第 t 时间段内系统的剩余功率或者功率缺额；

$P_{\mathrm{T}}(t)$ ——t 时刻的联络线的传输功率，当 $P_{\mathrm{T}}(t)$ 为正值时，表示功率由电网流向负荷，分布式发电系统从电网购电；当 $P_{\mathrm{T}}(t)$ 为负值时，表示功率由风光互补系统流向电网，分布式发电系统向电网售电。

2.2.2 系统控制策略

对于弱联络线的并网型风光分布式发电系统，考虑到电池储能系统价格较高，且循环寿命有限，首先应优先考虑由风机系统和光伏系统对负荷进行供电，其次由电网来补充或消纳风、光系统与负荷的功率差额，最后再由储能装置补充或消纳风、光、电网与负荷的功率差额。整个系统的调度策略如下：

1. 当 $\Delta P(t)>0$ 时

风机和光伏组件发电量大于负荷需求量，优先考虑通过储能系统消纳多余功率，其次再考虑将剩余功率通过联络线输送到电网。

(1) $\mathrm{SoC}(t)\geqslant\overline{\mathrm{SoC}}$，此时储能装置处于荷电状态上限，不能消纳剩余功率，剩余功率通过联络线送到电网，即

$$P_{\mathrm{T}}(t)=\begin{cases}\Delta P(t), & \Delta P(t)<P_{\mathrm{T}}^{\max}\\ -P_{\mathrm{T}}^{\max}, & \Delta P(t)\geqslant P_{\mathrm{T}}^{\max}\end{cases} \tag{2-23}$$

第 t 个时间段内风电平均售电功率 $P_{\mathrm{WSEL}}(t)$ 为

$$P_{\mathrm{WSEL}}(t)=\begin{cases}P_{\mathrm{W}}(t), & P_{\mathrm{D}}(t)+P_{\mathrm{S}}(t)<P_{\mathrm{D}}(t)+P_{\mathrm{T}}(t)\\ P_{\mathrm{D}}(t)-P_{\mathrm{SUR}}(t), & P_{\mathrm{S}}(t)<P_{\mathrm{D}}(t)+P_{\mathrm{T}}(t)\&P_{\mathrm{W}}(t)+\\ & P_{\mathrm{S}}(t)>P_{\mathrm{D}}(t)+P_{\mathrm{T}}(t)\\ 0, & P_{\mathrm{S}}(t)>P_{\mathrm{D}}(t)+P_{\mathrm{T}}(t)\end{cases} \tag{2-24}$$

第 t 个时间段内光伏发电平均售电功率 $P_{\mathrm{SSEL}}(t)$ 为

$$P_{\mathrm{SSEL}}(t)=\begin{cases}P_{\mathrm{S}}(t), & P_{\mathrm{S}}(t)\leqslant P_{\mathrm{D}}(t)+P_{\mathrm{T}}^{\max}\\ P_{\mathrm{D}}(t)+P_{\mathrm{T}}(t), & P_{\mathrm{S}}(t)>P_{\mathrm{D}}(t)+P_{\mathrm{T}}^{\max}\end{cases} \tag{2-25}$$

(2) $\underline{\mathrm{SoC}} < \mathrm{SoC}(t) < \overline{\mathrm{SoC}}$，此时储能荷电状态处于正常区域，可以消纳功率，即

$$P_{\mathrm{B}}(t)=\begin{cases}\Delta P(t), & \Delta P(t) < P_{\mathrm{BCA}}(t)\\ P_{\mathrm{BCA}}(t), & \Delta P(t) \geqslant P_{\mathrm{BCA}}(t)\end{cases} \tag{2-26}$$

若储能装置能够完全消纳剩余功率，则联络线传输功率为0；若装置没有完全消纳剩余功率，则联络线传输功率为

$$P_{\mathrm{T}}(t)=\begin{cases}-[\Delta P(t)-P_{\mathrm{B}}(t)], & \Delta P(t)-P_{\mathrm{B}}(t) < P_{\mathrm{T}}^{\max}\\ -P_{\mathrm{T}}^{\max}, & \Delta P(t)-P_{\mathrm{B}}(t) \geqslant P_{\mathrm{T}}^{\max}\end{cases} \tag{2-27}$$

具体充电控制流程图如图 2-9 所示。

2. 当 $\Delta P(t) < 0$ 时

风机和光伏发电系统发电功率不能满足负荷需求，需要由储能装置和电网协调配合补充功率缺额。

(1) $\mathrm{SoC}(t) \leqslant \underline{\mathrm{SoC}}$，此时储能荷电状态处于荷电状态下限，因此，储能装置不能放电，缺额功率由电网提供，即

$$P_{\mathrm{T}}(t)=\begin{cases}|\Delta P(t)|, |\Delta P(t)| < P_{\mathrm{T}}^{\max}\\ P_{\mathrm{T}}^{\max}, |\Delta P(t)| \geqslant P_{\mathrm{T}}^{\max}\end{cases} \tag{2-28}$$

(2) $\underline{\mathrm{SoC}} < \mathrm{SoC}(t) < \overline{\mathrm{SoC}}$，此时储能荷电状态处于正常区域，可以放电，即

$$P_{\mathrm{B}}(t)=\begin{cases}\Delta P(t), & |\Delta P(t)| < P_{\mathrm{BDA}}(t)\\ -P_{\mathrm{BDA}}(t), & \Delta P(t) \geqslant P_{\mathrm{BDA}}(t)\end{cases} \tag{2-29}$$

若储能装置能够完全补充缺额功率，则联络线传输功率为0；若储能装置不能够补充缺额功率，则联络线传输功率如下

$$P_{\mathrm{T}}(t)=\begin{cases}|(\Delta P(t)|+P_{\mathrm{B}}(t), & |\Delta P(t)|+P_{\mathrm{B}}(t) < P_{\mathrm{T}}^{\max}\\ P_{\mathrm{T}}^{\max}, & |\Delta P(t)|-P_{\mathrm{B}}(t) \geqslant P_{\mathrm{T}}^{\max}\end{cases} \tag{2-30}$$

具体放电控制流程图如图 2-10 所示。

2.2.3 系统运行评价指标

分布式风光储系统优化配置应兼顾经济效益和社会效益。

1. 负荷停电率

风光发电出力具有间歇性和波动性，同时上级电网的购电功率受联络线容量约束，故在风光储系统规划和运行过程中需要着重关注供电可靠性水平。以分布式系统年负荷停电率 R_{LPSP} 为衡量运行年限内的供电可靠性的评价指标为

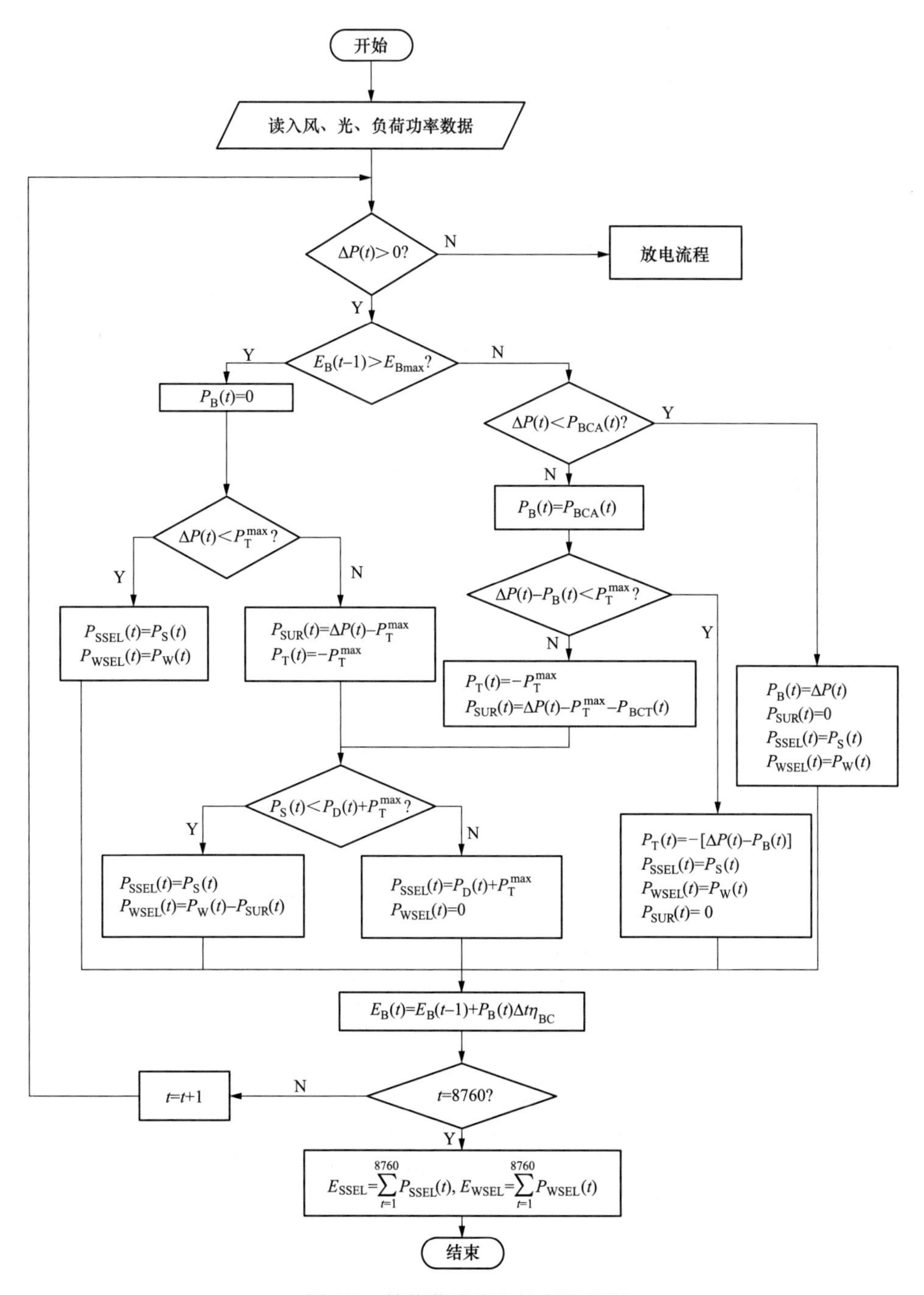

图 2-9　储能装置充电控制流程图

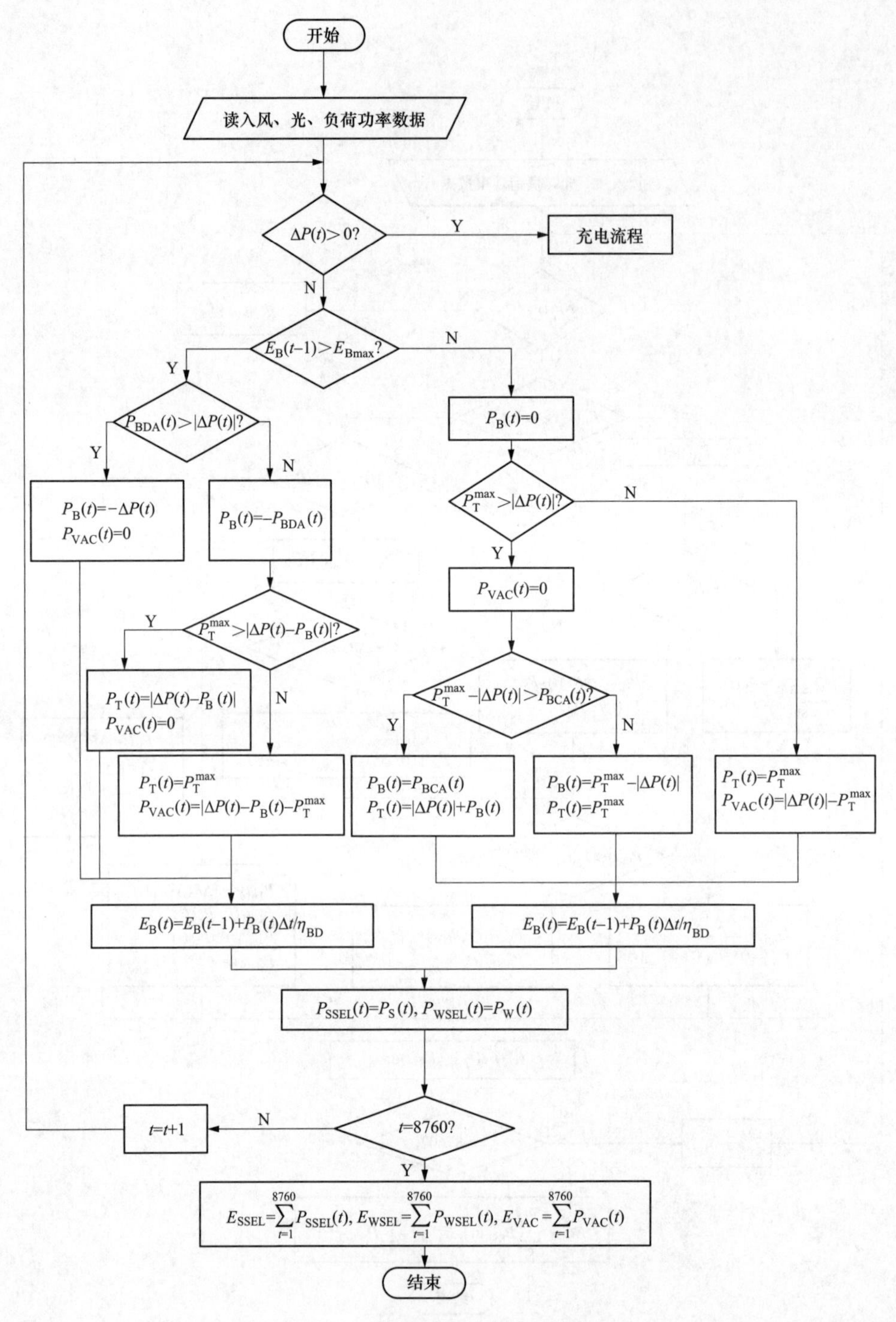

图 2-10　储能装置放电控制流程图

$$R_{\mathrm{LPSP}}=\sum_{t=1}^{8760}P_{\mathrm{VAC}}(t)/\sum_{t=1}^{8760}P_{\mathrm{D}}(t) \tag{2-31}$$

2. 风光发电利用率

风光发电带来的低碳效益和环境效益显著，应尽可能多消纳风光发电量，减少弃风、弃光总量。选取风力发电利用率α_{W}、光伏发电利用率α_{S}为衡量分布式发电系统对可再生能源发电的消纳能力的评价指标。

$$\alpha_{\mathrm{W}}=\sum_{t=1}^{8760}P_{\mathrm{WSEL}}(t)/\sum_{t=1}^{8760}P_{\mathrm{W}}(t) \tag{2-32}$$

$$\alpha_{\mathrm{S}}=\sum_{t=1}^{8760}P_{\mathrm{SSEL}}(t)/\sum_{t=1}^{8760}P_{\mathrm{S}}(t) \tag{2-33}$$

3. 联络线负载率

在当前电力市场的背景下，当分布式发电系统内发电单元输出功率不能满足负荷需求时，为了达到一定的供电可靠性水平，需从上级电网购电；当分布式发电系统内发电单元输出功率过剩，可将多余功率倒送至上级电网。分布式发电系统与上级电网间可以进行双向能量交换，为了提高分布式发电系统的运行经济性，应尽量提高联络线负载率β_{T}，即

$$\beta_{\mathrm{T}}=\frac{\sum_{t=1}^{8760}[P_{\mathrm{PUR}}(t)+P_{\mathrm{W}}(t)+P_{\mathrm{S}}(t)]}{8760\times P_{\mathrm{T}}^{\max}} \tag{2-34}$$

式中　$P_{\mathrm{PUR}}(t)$——t时段分布式发电系统向上级电网购电功率。

2.3　分布式风光储系统优化配置模型

以提升分布式发电系统运行经济性为目标，在分析分布式风光储系统成本和收益的基础上，建立分布式风光储系统容量规划模型。

2.3.1　系统成本模型

分布式发电系统成本包括分布式发电系统各单元投资建设成本和运行维护成本、分布式发电系统从上级电网购电成本和分布式发电系统供能不足导致切负荷的惩罚成本。

1. 风电机组及其变流器年等值成本

$$C_{\mathrm{WA}}=\frac{P_{\mathrm{W}}U_{\mathrm{W}}r\ (1+r)^{L_{\mathrm{W}}}}{(1+r)^{L_{\mathrm{W}}}-1}+P_{\mathrm{W}}M_{\mathrm{W}} \tag{2-35}$$

式中　P_{W}——规划中的风电机组额定装机容量，kW；

U_{W}——风电机组单位容量装机成本，元/kW；

L_{W}——风电机组的全生命周期，年；

r——资金贴现率；

M_{W}——风电机组单位年运行维护成本，元/(kW/年)。

$$C_{\mathrm{WCON}}=\frac{P_{\mathrm{W}}U_{\mathrm{WCON}}r\ (1+r)^{L_{\mathrm{WCON}}}}{(1+r)^{L_{\mathrm{WCON}}}-1}+P_{\mathrm{W}}M_{\mathrm{WCON}} \tag{2-36}$$

式中 U_{WCON}——风电变流器单位装机成本，元/kW；

L_{WCON}——风电机组变流器运行寿命，年；

M_{WCON}——风电变流器年单位运行维护成本，元/(kW/年)。

2. 光伏阵列及其变流器年等值成本

$$C_{\mathrm{SA}}=\frac{P_{\mathrm{S}}U_{\mathrm{S}}r\ (1+r)^{L_{\mathrm{S}}}}{(1+r)^{L_{\mathrm{S}}}-1}+P_{\mathrm{S}}M_{\mathrm{S}} \tag{2-37}$$

式中 P_{S}——规划中的光伏额定装机容量，kW；

U_{S}——光伏的单位装机成本，元/kW；

L_{S}——光伏阵列运行寿命，年；

M_{S}——光伏单元的年单位运行维护成本，元/(kW/年)。

$$C_{\mathrm{SCON}}=\frac{P_{\mathrm{S}}U_{\mathrm{SCON}}r\ (1+r)^{L_{\mathrm{SCON}}}}{(1+r)^{L_{\mathrm{SCON}}}-1}+P_{\mathrm{S}}M_{\mathrm{SCON}} \tag{2-38}$$

式中 U_{SCON}——光伏变流器单位装机成本，元/kW；

L_{SCON}——光伏变流器的全生命周期，年；

M_{SCON}——光伏变流器年单位运行维护成本，元/(kW/年)。

3. 储能装置及其变流器年等值成本

储能年等值投资成本为 C_{BA}

$$C_{\mathrm{BA}}=\frac{(U_{\mathrm{BP}}P_{\mathrm{B}}+U_{\mathrm{BE}}E_{\mathrm{B}})r\ (1+r)^{k_{\mathrm{BDE}}}}{(1+r)^{k_{\mathrm{BDE}}}-1}+P_{\mathrm{B}}M_{\mathrm{B}} \tag{2-39}$$

式中 P_{B}——规划中的储能单元额定功率，kW；

E_{B}——规划中的储能单元额定容量，kWh；

U_{BP}——储能单元单位功率装机成本，元/(kW/年)；

U_{BE}——储能单元单位容量装机成本，元/(kWh/年)；

M_{B}——储能单元单位年运行维护成本，元/(kW/年)。

$$C_{\mathrm{BCON}}=\frac{P_{\mathrm{B}}U_{\mathrm{BCON}}r\ (1+r)^{L_{\mathrm{BCON}}}}{(1+r)^{L_{\mathrm{BCON}}}-1}+P_{\mathrm{B}}M_{\mathrm{BCON}} \tag{2-40}$$

式中 U_{BCON}——储能变流器单位装机成本，元/kW；

L_{BCON}——储能变流器运行寿命，年：

M_{BCON}——储能变流器年单位运行维护成本，元/(kW/年)。

4. 分布式发电系统并网等值成本

分布式发电系统接入上级电网时，需要配置相适应的变电站容量，即

$$C_{TA}=\frac{P_{T}^{max}U_{T}r\ (1+r)^{L_{T}}}{(1+r)^{L_{T}}-1}+P_{T}^{max}M_{T} \tag{2-41}$$

式中 U_T——变电站单位装机成本，元/kW；

L_T——变电站的全生命周期，年；

M_T——变电站年单位运行维护成本，元/(kW/年)。

5. 向上级电网购电成本

$$E_{PUR}=\sum_{t=1}^{8760}P_{PUR}(t)\cdot\Delta t(\Delta t=1h) \tag{2-42}$$

$$C_{PUR}=E_{PUR}R_{PUR} \tag{2-43}$$

式中 E_{PUR}——系统全年的上级电网购电量，kWh；

R_{PUR}——单位购电成本，元/kWh。

6. 负荷停电惩罚成本

联络线传输容量限制和可再生能源发电单元出力波动等因素可能造成分布式发电系统内负荷停电，为此需支付费用给用户以弥补停电损失，即

$$E_{VAC}=\sum_{t=1}^{8760}P_{VAC}(t)\cdot\Delta t(\Delta t=1h) \tag{2-44}$$

$$C_{VAC}=E_{VAC}R_{VAC} \tag{2-45}$$

式中 R_{VAC}——单位切负荷惩罚成本，元/kWh。

2.3.2 系统收益模型

系统收益主要考虑风电机组、光伏单元的发电售电收益、环境收益和退役时的残值收益。

1. 风光发电的售电收益

风电机组和光伏单元都能通过向微网内用户或上级电网售电获取售电收益和发电补贴收益。由于当前光伏单位售电电价和政府补贴收益较高，将光伏单元作为优先售电单元。当光伏的发电功率难以满足负荷需求时，再启用风电机组发电或从上级电网购电。

风电机组售电收入表示为

$$E_{W}=\sum_{t=1}^{8760}P_{WSEL}(t) \tag{2-46}$$

$$I_{WSEL}=E_{W}(R_{WSEL}+k_{W}) \tag{2-47}$$

式中 E_W——风机总售电量，kWh；

I_{WSEL}——风力发电售电收入，元；

R_{WSEL}——风力发电上网电价，元/kWh；

k_W——风力发电政府补贴，元/kWh。

光伏发电售电收入表示为

$$E_S = \sum_{t=1}^{8760} P_{SSEL}(t) \tag{2-48}$$

$$I_{SSEL} = E_S(R_{SSEL} + k_S) \tag{2-49}$$

式中 E_S——光伏总售电量，kWh；

I_{SSEL}——光伏发电售电收入，元；

R_{SSEL}——光伏发电上网电价，元/kWh；

k_S——光伏发电政府补贴，元/kWh。

2. 风光发电带来的环境效益

风光发电降低了从上级电网购电电量，可以看作风光发电量一定程度上替代了部分传统火电机组，减少了温室气体和污染物的排放，即配置风光发电单元带来了环境收益 I_{ENV} ，即

$$I_{ENV} = (E_W + E_S)R_{ENV} \tag{2-50}$$

式中 R_{ENV}——风光发电单元的单位环境收益，元/kWh。

3. 风光发电装置等值残值收益

当分布式发电系统中设备退役后可通过回收利用获得一定经济效益，即装置的残值收益。调研发现当前储能电池的梯次利用和回收过程的成本很高，在此只考虑风机和光伏组件退役后的残值收益，而不考虑储能单元的残值收益。

风机年等值残值收益 I_{WDA} 为

$$I_{WDA} = P_W D_W \frac{r}{(1+r)^{L_W} - 1} \tag{2-51}$$

式中 D_W——风电机组的单位残值收益，元/kW。

光伏组件年等值残值收益 I_{SDA} 为

$$I_{SDA} = P_S D_S \frac{r}{(1+r)^{L_S} - 1} \tag{2-52}$$

式中 D_S——光伏的单位残值收益，元/kW。

2.3.3 系统规划经济性优化模型

将分布式发电系统的年净收益定义为全年内各项收益与成本之差。要想实现分布式发电系统运行的经济性，就要使得系统的净收益达到最大化。以分布式发电系统年净收益最优为目标，以风电机组、光伏发电单元、电池储能装置的配置容量作为优化变量，建立系统规划经济性模型。

1. 目标函数

以年净收益 I_{SYS} 最优，建立目标函数如下

$$\max I_{SYS}=I_{WSEL}+I_{SSEL}+I_{WDA}+I_{SDA}+I_{ENV}-C_{WA}-C_{WCON}-C_{SA}-C_{SCON}-C_{BA}-C_{BCON}-C_{PUR}-C_{VAC}-C_{TA} \tag{2-53}$$

2. 约束条件

(1) 储能装置运行约束。

$$s.t.\ E_B(t)=E_B(t-1)+P_B(t) \tag{2-54}$$

$$P_B(t)=P_{BC}(t)\Delta t\eta_{BC}+P_{BD}(t)\Delta t/\eta_{BD} \tag{2-55}$$

$$0\leqslant P_{BC}(t)\leqslant P_{BCA}(t) \tag{2-56}$$

$$-P_{BDA}(t)\leqslant P_{BD}(t)\leqslant 0 \tag{2-57}$$

$$P_{BCA}(t)=\min\left\{P_B,\frac{E_B\overline{\mathrm{SoC}}-E_B(t-1)}{\Delta t\eta_{BC}}\right\} \tag{2-58}$$

$$P_{BDA}(t)=\min\left\{P_B,\frac{[E_B(t-1)-E_B\underline{\mathrm{SoC}}]\eta_{BD}}{\Delta t}\right\} \tag{2-59}$$

$$\underline{\mathrm{SoC}}\leqslant E_B(t)/E_B\leqslant\overline{\mathrm{SoC}} \tag{2-60}$$

(2) 系统功率平衡约束。

$$P_W(t)+P_S(t)+P_T(t)+\Delta P(t)=P_D(t)+P_B(t) \tag{2-61}$$

$$\Delta P(t)=\begin{cases}P_{VAC}(t)\Delta P(t)>0\\-P_{SUR}(t)\Delta P(t)<0\end{cases} \tag{2-62}$$

(3) 系统微网与上级电网间交换功率约束。

$$-P_T^{max}\leqslant P_T(t)\leqslant P_T^{max} \tag{2-63}$$

(4) 系统供电可靠性约束。

$$0\leqslant R_{LPSP}\leqslant R_{LPSP}^{max} \tag{2-64}$$

式中 R_{LPSP}^{max}——系统供电可靠性指标 R_{LPSP} 的上限值。

分布式发电系统规划模型式 (2-53)～式 (2-64) 中含风光储容量配置的多个变量、多个等式和不等式多种约束条件，在后续的算例分析中将采用 PSO 算法对该模型进行求解，得到风光储优化配置方案。

2.4 分布式发电系统经济性的影响因素

影响分布式发电系统经济性的因素有很多，总体可以分为规划层面和运行层面两个层面。

2.4.1 规划层面影响因素

在规划层面，影响系统经济性的因素包括各单元的投资建设成本和运行维护成本。其中，投资建设成本不仅包括配置风电机组、光伏、储能单元及其变流器装置所需的前期一次性购买成本，还包括风电机组、光伏、储能单元建设过程中的土建成本、采购成本、运输成本和配套安装成本等；运行维护成本是为了维护风光储系统正常稳定运行所需要投入的日常性人力、物力、财力，与风光储微网建成规模、相关配套设备的便利程度和维护人力投入量有关。

各设备的单位容量投资成本、资金贴现率和设备的使用寿命决定了其等值投资成本，各设备的单位容量运行维护成本决定了其年运行维护成本。对于储能单元，不同放电深度对其寿命影响不同，储能的等值投资成本还由其等效循环寿命、额定循环寿命决定。

1. 风力发电

（1）风力发电收益。风力发电的收益主要来自风电的售电收益、环境收益和残值收益。

风力发电售电收益 I_{WSEL} 由风电上网电价收入和发电补贴收入两部分组成，分别与售电量 E_W、上网电价 R_{WSEL} 和发电补贴 k_W 有关。

风力发电的环境收益 I_{ENV} 是指消纳的风电等效减少的发电污染物处理成本。计算环境收益时，按照传统火力发电每度电的污染物处理成本计算。影响环境收益的因素为总售电量 E_W 和单位发电量收益系数 R_{ENV}。

风机残值收益 I_{WDA} 可以理解为设备报废所得的收入，也可以理解为设备设计寿命终止时仍然可以正常工作创造的收益。每年的残值收入需要根据风机总的残值按照等年值折算。风机残值收益影响因素包括风机的单位容量残值 D_W、使用年限 L_W 和折算利率 r 产生。

（2）风力发电成本。风力发电成本主要考虑风电机组初始投资成本 C_{WINV}、配套变流器成本 C_{WCON} 和发电系统运行维护成本 C_{WOM}。各项成本与风机额定容量 P_W 有关。这里将风机组的购置成本、运输成本、安装成本等统一归为初始投资成本。影响风力发电机发电成本的因素有单位容量风机的投资成本为 U_W、单位容量变流器成本 U_{WCON} 和发电系统单位容量运行维护成本 M_W。将初始投资成本折算为年等值投资成本 C_{WA}，影响因素有设备使用寿命 L_W 和贴现率 r。

2. 光伏发电

（1）光伏发电收益。光伏发电的收益主要来自光伏发电的售电收益、环境收益和残值收益。

光伏发电的售电收益 I_{SSEL} 包括光伏发电上网电价收入和发电补贴收入，售电量 E_S、上网电价 R_{SSEL} 和发电补贴 k_S 的改变都会对光伏发电收益产生影响。

光伏发电的环境收益 I_{ENV} 是指消纳的光伏发电量等效减少的发电污染物处理成本。计算环境收益时，按照传统火力发电每度电的污染物处理成本计算。影响光伏发电的环境收益因素主要有总售电量 E_W 和单位发电量收益系数

R_{ENV}。

光伏组件残值收益 I_{SDA} 可根据光伏组件总的残值按照等年值折算。光伏的单位容量残值 D_S、使用年限 L_S 和折算利率 r 会对光伏残值收益产生影响。

（2）光伏发电成本。光伏发电的成本，包括光伏组件的初始投资成本 C_{SINV}、运行维护成本 C_{SOM} 和配套变流器的成本 C_{SCON}，各项成本与光伏组件安装额定容量 P_S 有关。影响光伏发电成本的因素包括单位容量光伏组件的投资成本 U_S、单位容量运行维护成本 M_S、单位容量光伏变流器成本 U_{SCON}。资金的时间价值不可忽视，将光伏发电系统组件的各项初始投资成本折算到年等值投资成本 C_{SA}，需要考虑组件使用寿命 L_S 和贴现率 r。

3. 储能装置

储能装置规划成本包括电池初始投资成本 C_{BINV}、双向变流器的初始投资成本 C_{BCON} 和储能系统运行维护成本 C_{BOM}。电池初始投资成本包括能量成本和功率成本，分别与额定容量 E_B 和额定功率 P_B 相关。储能系统运行维护成本只与额定功率 P_B 相关。电池初始投资成本折算到等效年投资成本 C_{BA} 时要根据储能电池的额定循环寿命 N_B 与年等效循环次数 N_E 进行折算。影响电池规划成本的因素包括电池单位容量成本 U_{BE}、电池单位功率成本 U_{BP}、等效循环次数 N_E、单位功率运行维护成本 M_B、电池额定循环寿命 N_B。影响变流器投资成本的因素包括使用年限 L_{BCON}、折算利率 r。

4. 系统接入电网成本

分布式发电系统通过联络线连接电网。电网接入成本 C_T 为一次性投资成本。将其折算到年等值投资成本 C_{TA}，影响接入成本的因素为单位容量接入费用 U_T、寿命 L_T、贴现率 r。

5. 系统向上级电网购电成本

分布式发电系统发出的电量优先供本地负荷使用，当分布式电源发出的电量不能满足负荷需求时，需要从电网购电，即产生购电成本 C_{PUR}。影响购电成本的因素有购电量 E_{PUR} 和购电单价 R_{PUR}。

6. 用户供电可靠性需求

分布式发电系统与电网的联络线传输容量有限，而风光发电出力受到风光资源影响不可控，导致系统可能会出现供电功率不足的情况，降低用户供电可靠性。在此设置了供电功率不足导致的切负荷惩罚成本 C_{VAC}，影响停电惩罚成本的因素有停电量 E_{VAC} 和单位停电量惩罚成本 R_{VAC}。

2.4.2 运行层面影响因素

在运行层面，考虑风电机组、光伏单元出力具有波动性和间歇性，同时微网从上级电网购电功率受联络线容量约束。将微网从上级电网购电成本和切负荷惩罚成本作为运行成本；将风电机组、光伏单元的售电收益、残值收益和风电机组、光伏发电带来的环境收益作为运行收益。

1. 风力发电

在规划层面已经确定了风力发电机组配置容量，在运行层面影响系统收益的是风力发电售电收益 I_{WSEL} 和环境收益 I_{ENV}。通过优化系统控制，可以提高风电的售电量 E_W，从而提高风电收益。风电售电量 E_W、上网电价 R_{WSEL}、发电补贴 k_W 和单位发电量收益系数 R_{ENV} 的改变会对风电收益产生影响。

2. 光伏发电

在规划层面已经确定了光伏组件的容量配置，在运行层面影响光伏发电收益是光伏发电的售电收益 I_{SSEL} 和环境收益 I_{ENV}。通过优化运行，提高光伏发电售电量 E_S，从而提高光伏发电收益。光伏发电收益与光伏发电售电量 E_S、光伏上网电价 R_{SSEL}、发电补贴 k_S 和单位发电量收益系数 R_{ENV} 有关。

3. 储能装置

在运行层面，主要是通过优化储能充放电策略，提高电池循环寿命 N_E，从而降低电池年均投资成本 C_{BA}。电池年均投资成本 C_{BA} 与电池等效循环次数 N_E、储能额定循环次数 N_B、单位容量成本 U_{BE}、电池单位功率成本 U_{BP} 有关。

4. 用户供电可靠性需求

在运行层面，主要是通过改善系统的供电可靠性，降低系统停电量 E_{VAC}，从而减小系统停电惩罚成本 C_{VAC}。影响用户失电惩罚成本的因素主要有总停电量 E_{VAC} 和单位停电量惩罚成本 R_{VAC}。

5. 系统向上级电网购电需求

通过优化系统运行控制，降低系统从上级电网的购电量，从而降低系统购电成本，提高收益。影响购电成本的因素为购电量 E_{PUR} 和购电单价 R_{PUR}。

2.5 影响因素灵敏度分析

为了量化分析各因素对分布式发电系统规划经济性的影响程度，引入影响因子量化各影响因素对系统净收益影响程度。

设某系统输入量 $X_{in}=[x_1, x_2, \cdots, x_m]^T$，输出量 $F(X_{in})=[f_1(X_{in}), f_2(X_{in}), \cdots, f_n(X_{in})]^T$，定义影响因子 K 表示 X_{in} 变化时引起 $F(X_{in})$ 的变化程度。

$$K=\frac{dF(X_{in})}{F(X_{in})} / \frac{dX_{in}}{X_{in}} \tag{2-65}$$

则有

$$\frac{\mathrm{d}f_j(X_{\mathrm{in}})}{f_j(X_{\mathrm{in}})}=\sum_{i=1}^{m}k_{ij}\frac{\mathrm{d}x_i}{x_i}(j=1,2,3,\cdots,n) \tag{2-66}$$

式中 k_{ij}——输出量 $f_j(X_{\mathrm{in}})$ 对变量 x_i 的灵敏度，其取值大小表示变量 x_i 的单位变化量对输出量 $f_j(X_{\mathrm{in}})$ 的影响程度。当 k_{ij} 的取值为正时，表示输出量 $f_j(X_{\mathrm{in}})$ 对 x_i 的单位变化量呈正相关，反之则呈负相关；$|k_{ij}|$ 越大时，表示输入量 x_i 的单位变化量对输出量 $f_j(X_{\mathrm{in}})$ 的影响程度也就越大。

将风光储微网的年净收益表达式展开后，可得

$$\begin{aligned}I_{\mathrm{SYS}}&=I_{\mathrm{WS}}+I_{\mathrm{SS}}+I_{\mathrm{WD}}+I_{\mathrm{SD}}+I_{\mathrm{EN}}-C_{\mathrm{WA}}-C_{\mathrm{WC}}-C_{\mathrm{SA}}-C_{\mathrm{SC}}-C_{\mathrm{BA}}\\&\quad-C_{\mathrm{BC}}-C_{\mathrm{P}}-C_{\mathrm{V}}-C_{\mathrm{TA}}\\&=E_{\mathrm{W}}(R_{\mathrm{WS}}+k_{\mathrm{W}})+E_{\mathrm{S}}(R_{\mathrm{SS}}+k_{\mathrm{S}})+\frac{P_{\mathrm{W}}D_{\mathrm{W}}r}{(1+r)^{L_{\mathrm{W}}}-1}+\frac{P_{\mathrm{S}}D_{\mathrm{S}}r}{(1+r)^{L_{\mathrm{S}}}-1}\\&\quad+(E_{\mathrm{W}}+E_{\mathrm{S}})R_{\mathrm{EN}}-\frac{P_{\mathrm{W}}U_{\mathrm{W}}r\,(1+r)^{L_{\mathrm{W}}}}{(1+r)^{L_{\mathrm{W}}}-1}-\frac{P_{\mathrm{S}}U_{\mathrm{S}}r\,(1+r)^{L_{\mathrm{S}}}}{(1+r)^{L_{\mathrm{S}}}-1}\\&\quad-\frac{(U_{\mathrm{BP}}P_{\mathrm{B}}+U_{\mathrm{BE}}E_{\mathrm{B}})r\,(1+r)^{\frac{N_{\mathrm{B}}}{N_{\mathrm{E}}}}}{(1+r)^{\frac{N_{\mathrm{B}}}{N_{\mathrm{E}}}}-1}-\frac{P_{\mathrm{W}}U_{\mathrm{WC}}r\,(1+r)^{L_{\mathrm{WC}}}}{(1+r)^{L_{\mathrm{WC}}}-1}\\&\quad-\frac{P_{\mathrm{S}}U_{\mathrm{SC}}r\,(1+r)^{L_{\mathrm{SC}}}}{(1+r)^{L_{\mathrm{SC}}}-1}-\frac{P_{\mathrm{B}}U_{\mathrm{BC}}r\,(1+r)^{L_{\mathrm{BC}}}}{(1+r)^{L_{\mathrm{BC}}}-1}-\frac{P_{\mathrm{T}}^{\max}U_{\mathrm{T}}r\,(1+r)^{L_{\mathrm{T}}}}{(1+r)^{L_{\mathrm{T}}}-1}\\&\quad-P_{\mathrm{W}}M_{\mathrm{W}}-P_{\mathrm{S}}M_{\mathrm{S}}-P_{\mathrm{B}}M_{\mathrm{B}}-P_{\mathrm{W}}M_{\mathrm{WC}}-P_{\mathrm{S}}M_{\mathrm{SC}}-P_{\mathrm{B}}M_{\mathrm{BC}}\\&\quad-P_{\mathrm{T}}^{\max}M_{\mathrm{T}}-E_{\mathrm{P}}R_{\mathrm{P}}-E_{\mathrm{V}}R_{\mathrm{V}}\end{aligned} \tag{2-67}$$

对年净收益式中的各项经济性影响因素，计算影响因子，即

$$\begin{aligned}\frac{\mathrm{d}I_{\mathrm{SYS}}}{I_{\mathrm{SYS}}}&=\frac{E_{\mathrm{W}}R_{\mathrm{WS}}}{I_{\mathrm{SYS}}}\frac{\mathrm{d}R_{\mathrm{WS}}}{R_{\mathrm{WS}}}+\frac{E_{\mathrm{W}}k_{\mathrm{W}}}{I_{\mathrm{SYS}}}\frac{\mathrm{d}k_{\mathrm{W}}}{k_{\mathrm{W}}}+\frac{(R_{\mathrm{WS}}+k_{\mathrm{W}}+R_{\mathrm{EN}})E_{\mathrm{W}}}{I_{\mathrm{SYS}}}\frac{\mathrm{d}E_{\mathrm{W}}}{E_{\mathrm{W}}}+\frac{E_{\mathrm{S}}R_{\mathrm{SS}}}{I_{\mathrm{SYS}}}\frac{\mathrm{d}R_{\mathrm{SS}}}{R_{\mathrm{SS}}}\\&\quad+\frac{E_{\mathrm{S}}k_{\mathrm{S}}}{I_{\mathrm{SYS}}}\frac{\mathrm{d}k_{\mathrm{S}}}{k_{\mathrm{S}}}+\frac{(R_{\mathrm{SS}}+k_{\mathrm{S}}+R_{\mathrm{EN}})E_{\mathrm{S}}}{I_{\mathrm{SYS}}}\frac{\mathrm{d}E_{\mathrm{S}}}{E_{\mathrm{S}}}+\frac{(E_{\mathrm{W}}+E_{\mathrm{S}})R_{\mathrm{EN}}}{I_{\mathrm{SYS}}}\frac{\mathrm{d}R_{\mathrm{EN}}}{R_{\mathrm{EN}}}\\&\quad+\frac{P_{\mathrm{W}}D_{\mathrm{W}}\phi_{L_{\mathrm{W}}}}{I_{\mathrm{SYS}}}\frac{\mathrm{d}D_{\mathrm{W}}}{D_{\mathrm{W}}}+\frac{P_{\mathrm{S}}D_{\mathrm{S}}\phi_{L_{\mathrm{S}}}}{I_{\mathrm{SYS}}}\frac{\mathrm{d}D_{\mathrm{S}}}{D_{\mathrm{S}}}-\frac{P_{\mathrm{W}}U_{\mathrm{W}}\psi_{L_{\mathrm{W}}}}{I_{\mathrm{SYS}}}\frac{\mathrm{d}U_{\mathrm{W}}}{U_{\mathrm{W}}}-\frac{P_{\mathrm{S}}U_{\mathrm{S}}\psi_{L_{\mathrm{S}}}}{I_{\mathrm{SYS}}}\frac{\mathrm{d}U_{\mathrm{S}}}{U_{\mathrm{S}}}\\&\quad-\frac{E_{\mathrm{B}}U_{\mathrm{BE}}\psi_{N_{\mathrm{B}}/N_{\mathrm{E}}}}{I_{\mathrm{SYS}}}\frac{\mathrm{d}U_{\mathrm{BE}}}{U_{\mathrm{BE}}}-\frac{P_{\mathrm{B}}U_{\mathrm{BP}}\psi_{N_{\mathrm{B}}/N_{\mathrm{E}}}}{I_{\mathrm{SYS}}}\frac{\mathrm{d}U_{\mathrm{BP}}}{U_{\mathrm{BP}}}-\frac{P_{\mathrm{W}}U_{\mathrm{WC}}\psi_{L_{\mathrm{WC}}}}{I_{\mathrm{SYS}}}\frac{\mathrm{d}U_{\mathrm{WC}}}{U_{\mathrm{WC}}}\\&\quad-\frac{P_{\mathrm{S}}U_{\mathrm{SC}}\psi_{L_{\mathrm{SC}}}}{I_{\mathrm{SYS}}}\frac{\mathrm{d}U_{\mathrm{SC}}}{U_{\mathrm{SC}}}-\frac{P_{\mathrm{B}}U_{\mathrm{BC}}\psi_{L_{\mathrm{BC}}}}{I_{\mathrm{SYS}}}\frac{\mathrm{d}U_{\mathrm{BC}}}{U_{\mathrm{BC}}}-\frac{P_{\mathrm{W}}M_{\mathrm{W}}}{I_{\mathrm{SYS}}}\frac{\mathrm{d}M_{\mathrm{W}}}{M_{\mathrm{W}}}-\frac{P_{\mathrm{S}}M_{\mathrm{S}}}{I_{\mathrm{SYS}}}\frac{\mathrm{d}M_{\mathrm{S}}}{M_{\mathrm{S}}}\\&\quad-\frac{P_{\mathrm{B}}M_{\mathrm{B}}}{I_{\mathrm{SYS}}}\frac{\mathrm{d}M_{\mathrm{B}}}{M_{\mathrm{B}}}-\frac{P_{\mathrm{W}}M_{\mathrm{WC}}}{I_{\mathrm{SYS}}}\frac{\mathrm{d}M_{\mathrm{WC}}}{M_{\mathrm{WC}}}-\frac{P_{\mathrm{S}}M_{\mathrm{SC}}}{I_{\mathrm{SYS}}}\frac{\mathrm{d}M_{\mathrm{SC}}}{M_{\mathrm{SC}}}-\frac{P_{\mathrm{B}}M_{\mathrm{BC}}}{I_{\mathrm{SYS}}}\frac{\mathrm{d}M_{\mathrm{BC}}}{M_{\mathrm{BC}}}\\&\quad-\frac{P_{\mathrm{T}}^{\max}M_{\mathrm{T}}}{I_{\mathrm{SYS}}}\frac{\mathrm{d}M_{\mathrm{T}}}{M_{\mathrm{T}}}-\frac{E_{\mathrm{P}}R_{\mathrm{P}}}{I_{\mathrm{SYS}}}\frac{\mathrm{d}R_{\mathrm{P}}}{R_{\mathrm{P}}}-\frac{E_{\mathrm{P}}R_{\mathrm{P}}}{I_{\mathrm{SYS}}}\frac{\mathrm{d}E_{\mathrm{P}}}{E_{\mathrm{P}}}-\frac{E_{\mathrm{V}}R_{\mathrm{V}}}{I_{\mathrm{SYS}}}\frac{\mathrm{d}R_{\mathrm{V}}}{R_{\mathrm{V}}}-\frac{R_{\mathrm{V}}E_{\mathrm{V}}}{I_{\mathrm{SYS}}}\frac{\mathrm{d}E_{\mathrm{V}}}{E_{\mathrm{V}}}\\&\quad+\frac{P_{\mathrm{W}}D_{\mathrm{W}}\phi_{L_{\mathrm{W}}}}{I_{\mathrm{SYS}}}\frac{\mathrm{d}\phi_{L_{\mathrm{W}}}}{\phi_{L_{\mathrm{W}}}}+\frac{P_{\mathrm{S}}D_{\mathrm{S}}\phi_{L_{\mathrm{S}}}}{I_{\mathrm{SYS}}}\frac{\mathrm{d}\phi_{L_{\mathrm{S}}}}{\phi_{L_{\mathrm{S}}}}-\frac{P_{\mathrm{W}}U_{\mathrm{W}}\psi_{L_{\mathrm{W}}}}{I_{\mathrm{SYS}}}\frac{\mathrm{d}\psi_{L_{\mathrm{W}}}}{\psi_{L_{\mathrm{W}}}}-\frac{P_{\mathrm{S}}U_{\mathrm{S}}\psi_{L_{\mathrm{S}}}}{I_{\mathrm{SYS}}}\frac{\mathrm{d}\psi_{L_{\mathrm{S}}}}{\psi_{L_{\mathrm{S}}}}\end{aligned}$$

$$-\frac{(P_{\mathrm{B}}U_{\mathrm{BP}}+E_{\mathrm{B}}U_{\mathrm{BE}})\psi_{N_{\mathrm{B}}/N_{\mathrm{E}}}}{I_{\mathrm{SYS}}}\frac{\mathrm{d}\psi_{N_{\mathrm{B}}/N_{\mathrm{E}}}}{\psi_{N_{\mathrm{B}}/N_{\mathrm{E}}}}-\frac{P_{\mathrm{W}}U_{\mathrm{WC}}\psi_{L_{\mathrm{WC}}}}{I_{\mathrm{SYS}}}\frac{\mathrm{d}\psi_{L_{\mathrm{WC}}}}{\psi_{L_{\mathrm{WC}}}}-\frac{P_{\mathrm{S}}U_{\mathrm{SC}}\psi_{L_{\mathrm{SC}}}}{I_{\mathrm{SYS}}}$$

$$\frac{\mathrm{d}\psi_{L_{\mathrm{SC}}}}{\psi_{L_{\mathrm{SC}}}}-\frac{P_{\mathrm{B}}U_{L_{\mathrm{BC}}}\psi_{L_{\mathrm{BC}}}}{I_{\mathrm{SYS}}}\frac{\mathrm{d}\psi_{L_{\mathrm{BC}}}}{\psi_{L_{\mathrm{BC}}}}-\frac{P_{\mathrm{T}}^{\max}U_{\mathrm{T}}\psi_{L_{\mathrm{T}}}}{I_{\mathrm{SYS}}}\frac{\mathrm{d}\psi_{L_{\mathrm{T}}}}{\psi_{L_{\mathrm{T}}}} \tag{2-68}$$

资金时间价值的资金偿还系数 ϕ_a 表达式见式（2-69）；资金收回系数 ψ_b 表达式为

$$\phi_a=\frac{r}{(1+r)^a-1} \tag{2-69}$$

$$\psi_b=\frac{r(1+r)^b}{(1+r)^b-1} \tag{2-70}$$

式中 a——代表风电机组或光伏单元；

b——代表风电机组、光伏单元、储能装置、风电机组变流器、光伏变流器、储能变流器、变电站。

推导资金偿还系数 ϕ_a 和资金收回系数 ψ_b 微分表达式得到式（2-71）、式（2-72）。

$$\mathrm{d}\phi_a=\frac{r\{[(1+r)^a-1]-ra\ (1+r)^{a-1}\}}{[(1+r)^a-1]^2}\mathrm{d}r+\frac{-ra\ (1+r)^a\ln(1+r)}{[(1+r)^a-1]^2}\mathrm{d}a \tag{2-71}$$

$$\begin{aligned}\mathrm{d}\psi_b=&\left(\frac{r\ (1+r)^b}{(1+r)^b-1}+\frac{br^2\ (1+r)^{b-1}}{(1+r)^b-1}-\frac{br^2\ (1+r)^{2b-1}}{[(1+r)^b-1]^2}\right)\mathrm{d}r\\&+\left(\frac{rb\ln(r+1)\ (1+r)^b}{(1+r)^b-1}-\frac{rb\ln(r+1)\ (1+r)^{2b}}{[(1+r)^b-1]^2}\right)\mathrm{d}b\end{aligned} \tag{2-72}$$

式中 $\mathrm{d}x_k/x_k$——影响因素 x_k 的变化率；

K_{x_k}——影响因素 x_k 的影响因子，用于衡量 x_k 单位变化量对总体净收益值 I_{SYS} 的影响程度大小。

将表达式（2-69）～式（2-72）代入式（2-68），整理为

$$\frac{\mathrm{d}I_{\mathrm{SYS}}}{I_{\mathrm{SYS}}}=\frac{E_{\mathrm{W}}R_{\mathrm{WS}}}{I_{\mathrm{SYS}}}\frac{\mathrm{d}R_{\mathrm{WS}}}{R_{\mathrm{WS}}}+\frac{E_{\mathrm{W}}k_{\mathrm{W}}}{I_{\mathrm{SYS}}}\frac{\mathrm{d}k_{\mathrm{W}}}{k_{\mathrm{W}}}+\frac{(R_{\mathrm{WS}}+k_{\mathrm{W}}+R_{\mathrm{EN}})E_{\mathrm{W}}}{I_{\mathrm{SYS}}}\frac{\mathrm{dE_W}}{E_{\mathrm{W}}}$$

$$+\frac{E_{\mathrm{S}}R_{\mathrm{SS}}}{I_{\mathrm{SYS}}}\frac{\mathrm{d}R_{\mathrm{SS}}}{R_{\mathrm{SS}}}+\frac{E_{\mathrm{S}}k_{\mathrm{S}}}{I_{\mathrm{SYS}}}\frac{\mathrm{d}k_{\mathrm{S}}}{k_{\mathrm{S}}}+\frac{(R_{\mathrm{SS}}+k_{\mathrm{S}}+R_{\mathrm{EN}})E_{\mathrm{S}}}{I_{\mathrm{SYS}}}\frac{\mathrm{d}E_{\mathrm{S}}}{E_{\mathrm{S}}}$$

$$
+\frac{(E_{\mathrm{W}}+E_{\mathrm{S}})R_{\mathrm{EN}}}{I_{\mathrm{SYS}}}\frac{\mathrm{d}R_{\mathrm{EN}}}{R_{\mathrm{EN}}}+\frac{P_{\mathrm{W}}D_{\mathrm{W}}\phi_{L_{\mathrm{W}}}}{I_{\mathrm{SYS}}}\frac{\mathrm{d}D_{\mathrm{W}}}{D_{\mathrm{W}}}+\frac{P_{\mathrm{S}}D_{\mathrm{S}}\phi_{L_{\mathrm{S}}}}{I_{\mathrm{SYS}}}\frac{\mathrm{d}D_{\mathrm{S}}}{D_{\mathrm{S}}}
$$

$$
-\frac{P_{\mathrm{W}}U_{\mathrm{W}}\psi_{L_{\mathrm{W}}}}{I_{\mathrm{SYS}}}\frac{\mathrm{d}U_{\mathrm{W}}}{U_{\mathrm{W}}}-\frac{P_{\mathrm{S}}U_{\mathrm{S}}\psi_{L_{\mathrm{S}}}}{I_{\mathrm{SYS}}}\frac{\mathrm{d}U_{\mathrm{S}}}{U_{\mathrm{S}}}-\frac{E_{\mathrm{B}}U_{\mathrm{BE}}\psi_{N_{\mathrm{B}}/N_{\mathrm{E}}}}{I_{\mathrm{SYS}}}\frac{\mathrm{d}U_{\mathrm{BE}}}{U_{\mathrm{BE}}}
$$

$$
-\frac{P_{\mathrm{B}}U_{\mathrm{BP}}\psi_{N_{\mathrm{B}}/N_{\mathrm{E}}}}{I_{\mathrm{SYS}}}\frac{\mathrm{d}U_{\mathrm{BP}}}{U_{\mathrm{BP}}}-\frac{P_{\mathrm{W}}U_{\mathrm{WC}}\psi_{L_{\mathrm{WC}}}}{I_{\mathrm{SYS}}}\frac{\mathrm{d}U_{\mathrm{WC}}}{U_{\mathrm{WC}}}-\frac{P_{\mathrm{S}}U_{\mathrm{SC}}\psi_{L_{\mathrm{SC}}}}{I_{\mathrm{SYS}}}\frac{\mathrm{d}U_{\mathrm{SC}}}{U_{\mathrm{SC}}}
$$

$$
-\frac{P_{\mathrm{B}}U_{\mathrm{BC}}\psi_{L_{\mathrm{BC}}}}{I_{\mathrm{SYS}}}\frac{\mathrm{d}U_{\mathrm{BC}}}{U_{\mathrm{BC}}}-\frac{P_{\mathrm{W}}M_{\mathrm{W}}}{I_{\mathrm{SYS}}}\frac{\mathrm{d}M_{\mathrm{W}}}{M_{\mathrm{W}}}-\frac{P_{\mathrm{S}}M_{\mathrm{S}}}{I_{\mathrm{SYS}}}\frac{\mathrm{d}M_{\mathrm{S}}}{M_{\mathrm{S}}}
$$

$$
-\frac{P_{\mathrm{B}}M_{\mathrm{B}}}{I_{\mathrm{SYS}}}\frac{\mathrm{d}M_{\mathrm{B}}}{M_{\mathrm{B}}}-\frac{P_{\mathrm{W}}M_{\mathrm{WC}}}{I_{\mathrm{SYS}}}\frac{\mathrm{d}M_{\mathrm{WC}}}{M_{\mathrm{WC}}}-\frac{P_{\mathrm{S}}M_{\mathrm{SC}}}{I_{\mathrm{SYS}}}\frac{\mathrm{d}M_{\mathrm{SC}}}{M_{\mathrm{SC}}}-\frac{P_{\mathrm{B}}M_{\mathrm{BC}}}{I_{\mathrm{SYS}}}\frac{\mathrm{d}M_{\mathrm{BC}}}{M_{\mathrm{BC}}}
$$

$$
-\frac{P_{\mathrm{T}}^{\max}M_{\mathrm{T}}}{I_{\mathrm{SYS}}}\frac{\mathrm{d}M_{\mathrm{T}}}{M_{\mathrm{T}}}-\frac{E_{\mathrm{P}}R_{\mathrm{P}}}{I_{\mathrm{SYS}}}\frac{\mathrm{d}R_{\mathrm{P}}}{R_{\mathrm{P}}}-\frac{R_{\mathrm{P}}E_{\mathrm{P}}}{I_{\mathrm{SYS}}}\frac{\mathrm{d}E_{\mathrm{P}}}{E_{\mathrm{P}}}-\frac{E_{\mathrm{V}}R_{\mathrm{V}}}{I_{\mathrm{SYS}}}\frac{\mathrm{d}R_{\mathrm{V}}}{R_{\mathrm{V}}}-\frac{R_{\mathrm{V}}E_{\mathrm{V}}}{I_{\mathrm{SYS}}}\frac{\mathrm{d}E_{\mathrm{V}}}{E_{\mathrm{V}}}
$$

$$
+\Bigg(-\frac{P_{\mathrm{W}}U_{\mathrm{W}}\psi_{L_{\mathrm{W}}}}{I_{\mathrm{SYS}}}\left\{\frac{rL_{\mathrm{W}}\ln(r+1)\ (1+r)^{L_{\mathrm{W}}}}{(1+r)^{L_{\mathrm{W}}}-1}-\frac{rL_{\mathrm{W}}\ln(r+1)\ (1+r)^{2L_{\mathrm{W}}}}{[(1+r)^{L_{\mathrm{W}}}-1]^{2}}\right\}
$$

$$
+\frac{P_{\mathrm{W}}D_{\mathrm{W}}\phi_{L_{\mathrm{W}}}}{I_{\mathrm{SYS}}}\frac{-rL_{\mathrm{W}}\ (1+r)^{L_{\mathrm{W}}}\ln(1+r)}{[(1+r)^{L_{\mathrm{W}}}-1]^{2}}\Bigg)\frac{\mathrm{d}L_{\mathrm{W}}}{L_{\mathrm{W}}}
$$

$$
+\Bigg(-\frac{P_{\mathrm{S}}U_{\mathrm{S}}\psi_{L_{\mathrm{S}}}}{I_{\mathrm{SYS}}}\left\{\frac{rL_{\mathrm{S}}\ln(r+1)\ (1+r)^{L_{\mathrm{S}}}}{(1+r)^{L_{\mathrm{S}}}-1}-\frac{rL_{\mathrm{S}}\ln(r+1)\ (1+r)^{2L_{\mathrm{S}}}}{[(1+r)^{L_{\mathrm{S}}}-1]^{2}}\right\}
$$

$$
+\frac{P_{\mathrm{S}}D_{\mathrm{S}}\phi_{L_{\mathrm{S}}}}{I_{\mathrm{SYS}}}\frac{-rL_{\mathrm{S}}\ (1+r)^{L_{\mathrm{S}}}\ln(1+r)}{[(1+r)^{L_{\mathrm{S}}}-1]^{2}}\Bigg)\frac{\mathrm{d}L_{\mathrm{S}}}{L_{\mathrm{S}}}-\frac{(P_{\mathrm{B}}U_{\mathrm{BP}}+E_{\mathrm{B}}U_{\mathrm{BE}})\psi_{N_{\mathrm{B}}/N_{\mathrm{E}}}}{I_{\mathrm{SYS}}}
$$

$$
\left\{\begin{aligned}&\frac{rN_{\mathrm{B}}/N_{\mathrm{E}}\ln(r+1)\ (1+r)^{N_{\mathrm{B}}/N_{\mathrm{E}}}}{(1+r)^{N_{\mathrm{B}}/N_{\mathrm{E}}}-1}\\&-\frac{rN_{\mathrm{B}}/N_{\mathrm{E}}\ln(r+1)\ (1+r)^{2N_{\mathrm{B}}/N_{\mathrm{E}}}}{[(1+r)^{N_{\mathrm{B}}/N_{\mathrm{E}}}-1]^{2}}\end{aligned}\right\}\left(\frac{\mathrm{d}N_{\mathrm{B}}}{N_{\mathrm{E}}N_{\mathrm{B}}}-\frac{N_{\mathrm{B}}\mathrm{d}N_{\mathrm{E}}}{N_{\mathrm{E}}^{3}}\right)+\frac{P_{\mathrm{W}}U_{\mathrm{WC}}\psi_{L_{\mathrm{WC}}}}{I_{\mathrm{SYS}}}
$$

$$
\left\{\frac{rL_{\mathrm{WC}}\ln(r+1)\ (1+r)^{L_{\mathrm{WC}}}}{(1+r)^{L_{\mathrm{WC}}}-1}-\frac{rL_{\mathrm{WC}}\ln(r+1)\ (1+r)^{2L_{\mathrm{WC}}}}{[(1+r)^{L_{\mathrm{WC}}}-1]^{2}}\right\}\frac{\mathrm{d}L_{\mathrm{WC}}}{L_{\mathrm{WC}}}+\frac{P_{\mathrm{S}}U_{\mathrm{SC}}\psi_{L_{\mathrm{SC}}}}{I_{\mathrm{SYS}}}
$$

$$
\left\{\frac{rL_{\mathrm{SC}}\ln(r+1)\ (1+r)^{L_{\mathrm{SC}}}}{(1+r)^{L_{\mathrm{SC}}}-1}-\frac{rL_{\mathrm{SC}}\ln(r+1)\ (1+r)^{2L_{\mathrm{SC}}}}{[(1+r)^{L_{\mathrm{SC}}}-1]^{2}}\right\}\frac{\mathrm{d}L_{\mathrm{SC}}}{L_{\mathrm{SC}}}+\frac{P_{\mathrm{B}}U_{\mathrm{BC}}\psi_{L_{\mathrm{BC}}}}{I_{\mathrm{SYS}}}
$$

$$
\left\{\frac{rL_{\mathrm{BC}}\ln(r+1)\ (1+r)^{L_{\mathrm{BC}}}}{(1+r)^{L_{\mathrm{BC}}}-1}-\frac{rL_{\mathrm{BC}}\ln(r+1)\ (1+r)^{2L_{\mathrm{BC}}}}{[(1+r)^{L_{\mathrm{BC}}}-1]^{2}}\right\}\frac{\mathrm{d}L_{\mathrm{BC}}}{L_{\mathrm{BC}}}
$$

$$
+\frac{P_{\mathrm{T}}^{\max}U_{\mathrm{T}}\psi_{L_{\mathrm{T}}}}{I_{\mathrm{SYS}}}\left\{\frac{rL_{\mathrm{T}}\ln(r+1)\ (1+r)^{L_{\mathrm{T}}}}{(1+r)^{L_{\mathrm{T}}}-1}-\frac{rL_{\mathrm{T}}\ln(r+1)\ (1+r)^{2L_{\mathrm{T}}}}{[(1+r)^{L_{\mathrm{T}}}-1]^{2}}\right\}\frac{\mathrm{d}L_{\mathrm{T}}}{L_{\mathrm{T}}}
$$

$$+\left\{\begin{aligned}&\frac{P_{\mathrm{W}}D_{\mathrm{W}}\phi_{L_{\mathrm{W}}}}{I_{\mathrm{SYS}}}\frac{r\{[(1+\mathrm{r})^{L_{\mathrm{W}}}-1]-rL_{\mathrm{W}}(1+\mathrm{r})^{L_{\mathrm{W}}-1}\}}{[(1+\mathrm{r})^{L_{\mathrm{W}}}-1]^{2}}+\frac{P_{\mathrm{S}}D_{\mathrm{S}}\phi_{L_{\mathrm{S}}}}{I_{\mathrm{SYS}}}\\&\frac{r\{[(1+r)^{L_{\mathrm{S}}}-1]-rL_{\mathrm{S}}(1+\mathrm{r})^{L_{\mathrm{S}}-1}\}}{[(1+\mathrm{r})^{L_{\mathrm{S}}}-1]^{2}}\\&+\frac{P_{\mathrm{W}}U_{\mathrm{W}}\psi_{L_{\mathrm{W}}}}{I_{\mathrm{SYS}}}\left\{\frac{r(1+r)^{L_{\mathrm{W}}}}{(1+r)^{L_{\mathrm{W}}}-1}+\frac{L_{\mathrm{W}}r^{2}(1+r)^{L_{\mathrm{W}}-1}}{(1+r)^{L_{\mathrm{W}}}-1}-\frac{L_{\mathrm{W}}r^{2}(1+r)^{2L_{\mathrm{W}}-1}}{[(1+r)^{L_{\mathrm{W}}}-1]^{2}}\right\}\\&+\frac{P_{\mathrm{S}}U_{\mathrm{S}}\psi_{L_{\mathrm{S}}}}{I_{\mathrm{SYS}}}\left\{\frac{r(1+r)^{L_{\mathrm{S}}}}{(1+r)^{L_{\mathrm{S}}}-1}+\frac{L_{\mathrm{S}}r^{2}(1+r)^{L_{\mathrm{S}}-1}}{(1+r)^{L_{\mathrm{S}}}-1}-\frac{L_{\mathrm{S}}r^{2}(1+r)^{2L_{\mathrm{S}}-1}}{[(1+r)^{L_{\mathrm{S}}}-1]^{2}}\right\}\\&+\frac{P_{\mathrm{W}}U_{\mathrm{WC}}\psi_{L_{\mathrm{WC}}}}{I_{\mathrm{SYS}}}\left\{\frac{r(1+r)^{L_{\mathrm{WC}}}}{(1+r)^{L_{\mathrm{WC}}}-1}+\frac{L_{\mathrm{WC}}r^{2}(1+r)^{L_{\mathrm{WC}}-1}}{(1+r)^{L_{\mathrm{WC}}}-1}-\frac{L_{\mathrm{WC}}r^{2}(1+r)^{2L_{\mathrm{WC}}-1}}{[(1+r)^{L_{\mathrm{WC}}}-1]^{2}}\right\}\\&+\frac{P_{\mathrm{S}}U_{\mathrm{SC}}\psi_{L_{\mathrm{SC}}}}{I_{\mathrm{SYS}}}\left\{\frac{r(1+r)^{L_{\mathrm{SC}}}}{(1+r)^{L_{\mathrm{SC}}}-1}+\frac{L_{\mathrm{SC}}r^{2}(1+r)^{L_{\mathrm{SC}}-1}}{(1+r)^{L_{\mathrm{SC}}}-1}-\frac{L_{\mathrm{SC}}r^{2}(1+r)^{2L_{\mathrm{SC}}-1}}{[(1+r)^{L_{\mathrm{SC}}}-1]^{2}}\right\}\\&+\frac{P_{\mathrm{B}}U_{\mathrm{BC}}\psi_{L_{\mathrm{BC}}}}{I_{\mathrm{SYS}}}\left\{\frac{r(1+r)^{L_{\mathrm{BC}}}}{(1+r)^{L_{\mathrm{BC}}}-1}+\frac{L_{\mathrm{BC}}r^{2}(1+r)^{L_{\mathrm{BC}}-1}}{(1+r)^{L_{\mathrm{BC}}}-1}-\frac{L_{\mathrm{BC}}r^{2}(1+r)^{2L_{\mathrm{BC}}-1}}{[(1+r)^{L_{\mathrm{BC}}}-1]^{2}}\right\}\\&+\frac{P_{\mathrm{T}}^{\max}U_{\mathrm{T}}\psi_{L_{\mathrm{T}}}}{I_{\mathrm{SYS}}}\left\{\frac{r(1+r)^{L_{\mathrm{T}}}}{(1+r)^{L_{\mathrm{T}}}-1}+\frac{L_{\mathrm{T}}r^{2}(1+r)^{L_{\mathrm{T}}-1}}{(1+r)^{L_{\mathrm{T}}}-1}-\frac{L_{\mathrm{T}}r^{2}(1+r)^{2L_{\mathrm{T}}-1}}{[(1+r)^{L_{\mathrm{T}}}-1]^{2}}\right\}\\&+\frac{(P_{\mathrm{B}}U_{\mathrm{BP}}+E_{\mathrm{B}}U_{\mathrm{BE}})\psi_{N_{\mathrm{B}}/N_{\mathrm{E}}}}{I_{\mathrm{SYS}}}\left\{\frac{r(1+r)^{N_{\mathrm{B}}/N_{\mathrm{E}}}}{(1+r)^{N_{\mathrm{B}}/N_{\mathrm{E}}}-1}+\frac{N_{\mathrm{B}}/N_{\mathrm{E}}r^{2}(1+r)^{N_{\mathrm{B}}/N_{\mathrm{E}}-1}}{(1+r)^{N_{\mathrm{B}}/N_{\mathrm{E}}}-1}\right.\\&\left.-\frac{N_{\mathrm{B}}/N_{\mathrm{E}}r^{2}(1+r)^{2N_{\mathrm{B}}/N_{\mathrm{E}}-1}}{[(1+r)^{N_{\mathrm{B}}/N_{\mathrm{E}}}-1]^{2}}\right\}\end{aligned}\right\}\frac{\mathrm{d}r}{r}$$

(2-73)

将式（2-73）简化表达为式（2-74）的形式，即

$$\begin{aligned}\frac{\mathrm{d}I_{\mathrm{SYS}}}{I_{\mathrm{SYS}}}=&k_{R_{\mathrm{WS}}}\frac{\mathrm{d}R_{\mathrm{WS}}}{R_{\mathrm{WS}}}+k_{k_{\mathrm{W}}}\frac{\mathrm{d}k_{\mathrm{W}}}{k_{\mathrm{W}}}+k_{E_{\mathrm{W}}}\frac{\mathrm{d}E_{\mathrm{W}}}{E_{\mathrm{W}}}+k_{R_{\mathrm{SS}}}\frac{\mathrm{d}R_{\mathrm{SS}}}{R_{\mathrm{SS}}}+k_{k_{\mathrm{S}}}\frac{\mathrm{d}k_{\mathrm{S}}}{k_{\mathrm{S}}}\\&+k_{E_{\mathrm{S}}}\frac{\mathrm{d}E_{\mathrm{S}}}{E_{\mathrm{S}}}+k_{R_{\mathrm{ENV}}}\frac{\mathrm{d}R_{\mathrm{EN}}}{R_{\mathrm{EN}}}+k_{D_{\mathrm{W}}}\frac{\mathrm{d}D_{\mathrm{W}}}{D_{\mathrm{W}}}+k_{D_{\mathrm{S}}}\frac{\mathrm{d}D_{\mathrm{S}}}{D_{\mathrm{S}}}+k_{U_{\mathrm{W}}}\frac{\mathrm{d}U_{\mathrm{W}}}{U_{\mathrm{W}}}\\&+k_{U_{\mathrm{S}}}\frac{\mathrm{d}U_{\mathrm{S}}}{U_{\mathrm{S}}}+k_{U_{\mathrm{BE}}}\frac{\mathrm{d}U_{\mathrm{BE}}}{U_{\mathrm{BE}}}+k_{U_{\mathrm{BP}}}\frac{\mathrm{d}U_{\mathrm{BP}}}{U_{\mathrm{BP}}}+k_{N_{\mathrm{B}}}\frac{\mathrm{d}N_{\mathrm{B}}}{N_{\mathrm{B}}}+k_{N_{\mathrm{E}}}\frac{\mathrm{d}N_{\mathrm{E}}}{N_{\mathrm{E}}}\\&+k_{U_{\mathrm{WC}}}\frac{\mathrm{d}U_{\mathrm{WC}}}{U_{\mathrm{WC}}}+k_{U_{\mathrm{SC}}}\frac{\mathrm{d}U_{\mathrm{SC}}}{U_{\mathrm{SC}}}+k_{U_{\mathrm{BC}}}\frac{\mathrm{d}U_{\mathrm{BC}}}{U_{\mathrm{BC}}}+k_{M_{\mathrm{W}}}\frac{\mathrm{d}M_{\mathrm{W}}}{M_{\mathrm{W}}}\\&+k_{M_{\mathrm{S}}}\frac{\mathrm{d}M_{\mathrm{S}}}{M_{\mathrm{S}}}+k_{M_{\mathrm{B}}}\frac{\mathrm{d}M_{\mathrm{B}}}{M_{\mathrm{B}}}+k_{M_{\mathrm{T}}}\frac{\mathrm{d}M_{\mathrm{T}}}{M_{\mathrm{T}}}+k_{M_{\mathrm{WC}}}\frac{\mathrm{d}M_{\mathrm{WC}}}{M_{\mathrm{WC}}}\\&+k_{M_{\mathrm{SC}}}\frac{\mathrm{d}M_{\mathrm{SC}}}{M_{\mathrm{SC}}}+k_{M_{\mathrm{BC}}}\frac{\mathrm{d}M_{\mathrm{BC}}}{M_{\mathrm{BC}}}+k_{R_{\mathrm{P}}}\frac{\mathrm{d}R_{\mathrm{P}}}{R_{\mathrm{P}}}+k_{E_{\mathrm{P}}}\frac{\mathrm{d}E_{\mathrm{P}}}{E_{\mathrm{P}}}+k_{R_{\mathrm{V}}}\frac{\mathrm{d}R_{\mathrm{V}}}{R_{\mathrm{V}}}\\&+k_{E_{\mathrm{V}}}\frac{\mathrm{d}E_{\mathrm{V}}}{E_{\mathrm{V}}}+k_{L_{\mathrm{W}}}\frac{\mathrm{d}L_{\mathrm{W}}}{L_{\mathrm{W}}}+k_{L_{\mathrm{S}}}\frac{\mathrm{d}L_{\mathrm{S}}}{L_{\mathrm{S}}}+k_{L_{\mathrm{WC}}}\frac{\mathrm{d}L_{\mathrm{WC}}}{L_{\mathrm{WC}}}+k_{L_{\mathrm{SC}}}\frac{\mathrm{d}L_{\mathrm{SC}}}{L_{\mathrm{SC}}}\end{aligned}$$

$$+k_{L_{BC}}\frac{dL_{BC}}{L_{BC}}+k_{L_T}\frac{dL_T}{L_T}+k_r\frac{dr}{r} \tag{2-74}$$

整理风光储分布式发电系统中风电、光伏、储能及并网运行各影响因素的影响因子如表 2-1 所示。

表 2-1　　经济性影响因素的影响因子

元素	影响因子	
风力发电	$K_{R_{WS}}=R_{WS}E_W/I_{SYS}$	$K_{k_W}=k_WE_W/I_{SYS}$
	$K_{EW}=E_W(R_{WS}+k_W+R_{EN})/I_{SYS}$	
	$K_{D_W}=D_WP_W\phi_{LW}/I_{SYS}$	$K_{\phi_{LW}}=P_WD_W\phi_{LW}/I_{SYS}$
	$K_{U_W}=-P_WU_W\psi_{LW}/I_{SYS}$	$K_{\psi_{LW}}=-P_WU_W\psi_{L_W}/I_{SYS}$
	$K_{U_{WC}}=-P_WU_{WC}\psi_{L_{WC}}/I_{SYS}$	$K_{M_{WC}}=-P_WM_{WC}/I_{SYS}$
	$K_{\phi_{LW}}=P_WD_W\phi_{L_W}/I_{SYS}$	$K_{\psi_{L_{WC}}}=-P_WU_{WC}\psi_{L_{WC}}/I_{SYS}$
	$K_{M_W}=-P_WM_W/I_{SYS}$	$K_{M_{WC}}=-P_WM_{WC}/I_{SYS}$
光伏发电	$K_{R_{SS}}=E_SR_{SS}/I_{SYS}$	$K_{k_S}=k_SE_S/I_{SYS}$
	$K_{E_S}=E_S(R_{SS}+k_S+R_{EN})/I_{SYS}$	
	$K_{D_S}=P_SD_S\phi_{LS}/I_{SYS}$	$K_{\psi_{LS}}=-P_SU_S\psi_{LS}/I_{SYS}$
	$K_{U_S}=-P_SU_S\psi_S/I_{SYS}$	$K_{M_{SC}}=-P_SM_{SC}/I_{SYS}$
	$K_{U_{SC}}=-P_SU_{SC}\psi_{L_{SC}}/I_{SYS}$	$K_{R_{EN}}=(E_W+E_S)R_{EN}/I_{SYS}$
	$K_{\phi_{L_S}}=P_SD_S\phi_{L_S}/I_{SYS}\ K_{M_{SC}}=-P_SM_{SC}/I_{SYS}$	
	$K_{M_S}=-P_SM_S/I_{SYS}$	$K_{\psi_{L_{SC}}}=-P_SU_{SC}\psi_{LSC}/I_{SYS}$
并网运行	$K_{\psi_{L_T}}=-P_T^{max}U_T\psi_{L_T}/I_{SYS}$	$K_{R_P}=-E_PR_P/I_{SYS}$
	$K_{E_P}=-R_PE_P/I_{SYS}$	$K_{R_V}=-E_VR_V/I_{SYS}$
	$K_{E_V}=-R_VE_V/I_{SYS}$	$K_{M_T}=-P_T^{max}M_T/I_{SYS}$
储能	$K_{U_{BP}}=-\psi_{k_{BDE}}P_BU_{BP}/I_{SYS}$	$K_{U_{BE}}=-\psi_{k_{BDE}}E_BU_{BE}/I_{SYS}$
	$K_{U_{BP}}=-\psi_{k_{BDE}}P_BU_{BP}/I_{SYS}$	$K_{U_{BC}}=-P_BU_{BC}\psi_{L_{BC}}/I_{SYS}$
	$K_{\psi L_{BC}}=-P_BU_{BC}\psi_{L_{BC}}/I_{SYS}$	$K_{M_{BC}}=-P_BM_{BC}/I_{SYS}$
	$K_{\psi_{k_{BDE}}}=-\psi_{k_{BDE}}(P_BU_{BP}+E_BU_{BE})/I_{SYS}$	
	$K_{MB}=-P_BM_B/I_{SYS}$	

2.6 算例分析

以某地实际风光储系统工程为算例，采用前述提出的分布式风光储系统规划经济性优化模型及其求解算法，设计风光储容量配置方案，分析影响系统运行经济性的影响因素。

2.6.1 算例系统

依据某实际工程设置相关参数，如表 2-2 所示。

表 2-2　　某地实际微网工程算例参数

参数名称	数值	参数名称	数值	参数名称	数值
U_W（元/kW）	11 000	$L_W/L_S/L_T$（年）	15	C_{SOC}^{max}	0.9
U_S（元/kW）	7000	r	0.05	C_{SOC}^{min}	0.1
M_W[元/(kW/年)]	100	U_T（元/kW）	20 000	M_{WC}[元/(kW/年)]	1
M_S[元/(kW/年)]	20	R_{EN}（元/kW）	0.77	M_{SC}[元/(kW/年)]	1
U_{WC}（元/kW）	500	D_W（元/kW）	1000	M_{BC}[元/(kW/年)]	1
U_{SC}（元/kW）	450	D_S（元/kW）	500	R_{LPSP}^{max}	3%
N_B（次）	550	R_{WS}（元/kWh）	0.61	M_B（元/kW）	100
U_{BP}（元/kW）	1550	k_W（元/kWh）	0.1	R_P（元/kWh）	0.48
U_{BE}（元/kWh）	1190	R_{SS}（元/kWh）	1	R_V（元/kWh）	12
U_{BC}（元/kW）	1650	k_S（元/kWh）	0.42	P_T^{max}（kW）	4000
P_D^{max}（kW）	10 000	$L_{WC}/L_{SC}/L_{BC}$（年）	15		

负荷功率如图 2-11 所示，风光机组单元输出功率曲线如图 2-12 所示。

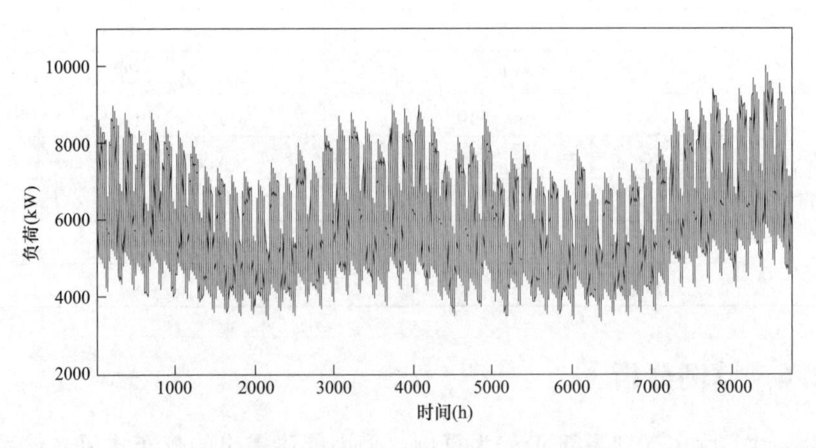

图 2-11　某地实际微网工程负荷功率

工程中选用某型号的铅酸电池配置电池储能系统，该型号电池在不同放电深度下对应的循环寿命如表 2-3 所示。

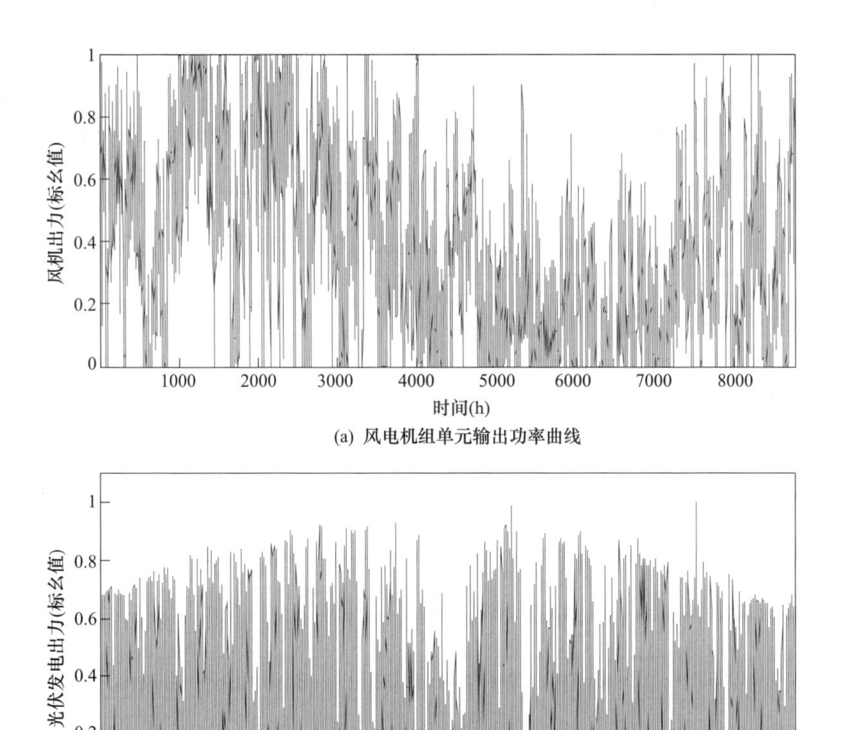

(a) 风电机组单元输出功率曲线

(b) 光伏机组单元输出功率曲线

图 2-12　风光机组单元输出功率曲线

表 2-3　　某型号铅酸储能电池充放电深度与循环寿命的对应关系

放电深度	循环寿命	放电深度	循环寿命
0.1	3800	0.6	900
0.2	2850	0.7	750
0.3	2050	0.8	650
0.4	1300	0.9	600
0.5	1050	1.0	550

采用幂函数拟合可得到该电池放电深度与其循环寿命的关系式如下

$$N_{ctf}=3297DoD^{-0.3136}-2885 \tag{2-75}$$

2.6.2　容量优化配置结果

采用PSO算法求解模型式（2-53）～式（2-64），得到风光储分布式系统内风电机组配置 21 507kW、光伏发电单元配置 28 080kW、储能单元配置

2075kW/ 15 516kWh。为表述方便，将未配置储能的分布式发电系统简称为风光互补系统，将配置储能的分布式发电系统简称为风光储微网。基于上述配置方案，计算得到风光互补系统和风光储微网的运行评价和经济性指标如表 2-4 所示。

表 2-4　　配置储能对运行评价和经济性指标的影响

项目	参数	风光互补系统	风光储微网	差值
运行评价指标	R_{LPSP}	2.69%	1.59%	−1.10%
	α_W	53.92%	54.50%	0.58%
	α_S	74.89%	77.39%	2.50%
	β_T	84.58%	77.03%	−7.55%
成本与收益（元）	I_{SYS}	5.03×10^7	5.35×10^7	0.32×10^7
	I_{WSEL}	2.69×10^7	2.71×10^7	0.02×10^7
	I_{SSEL}	4.39×10^7	4.53×10^7	0.14×10^7
	I_{ENV}	5.29×10^7	5.40×10^7	0.11×10^7
	C_{PUR}	3.19×10^6	2.46×10^6	-0.73×10^6
	C_{VAC}	1.73×10^7	1.02×10^7	-0.71×10^7

由表 2-4 可以看出分布式发电系统中增设储能，虽然在系统总投资中增加了储能的投资、运行维护成本，但风光发电单元的售电收益、环境收益得以提升，上级电网购电成本和停电惩罚成本下降，因而系统的年净收益得以提升。相比风光互补系统，风光储微网通过增设储能，将风光出力高峰时段的过剩功率进行储存，降低了系统弃风光发电量，风电机组发电利用率、光伏单元发电利用率均大幅提高；在系统出现功率缺额时段储能放出储存电能为负荷供电，使微网的年电能缺失率降低，供电可靠性提升；配置储能后微网与上级电网间交换功率下降后，微网与上级电网的联络线利用率降低。

内部收益率（internal rate of return，IRR）是项目投资者决策是否投资的重要依据。上述算例中风光互补系统和风光储微网运行年限内的内部收益率测算结果分别为 17%、18%。无论是风光互补系统，还是风光储微网，IRR 都高于 r，这表明均可以在运行年限内收回成本并获取收益，是值得投资的项目；而且在风光互补系统内增设储能装置后，IRR 均有所提高。

2.6.3　系统经济性影响因素分析

经济性影响因素的影响因子可正可负。当影响因子取正值时，定义该因素为积极因素，积极因素表示随着影响因素取值增大，系统净收益增大，反之系统净收益降低；当影响因子取负值时，定义该因素为消极因素，消极因素表示随着影响因素绝对值减小，系统净收益增大，反之系统净收益降低。根据影响因子绝对值又可将影响因素分为三类：①将影响因子绝对值大于 1 的影响因素划为关键因素；②绝对值在 0.1 和 1 之间的影响因素划为次关键因素；③绝对值在 0.1 以下的影响因素划为非关键因素。图 2-13 给出了风光互补系统和风光储微网规划层的积极和消极影响因素，图 2-14 给出了风光互补系统和风光储微网运行层的积极和消极影响因素。

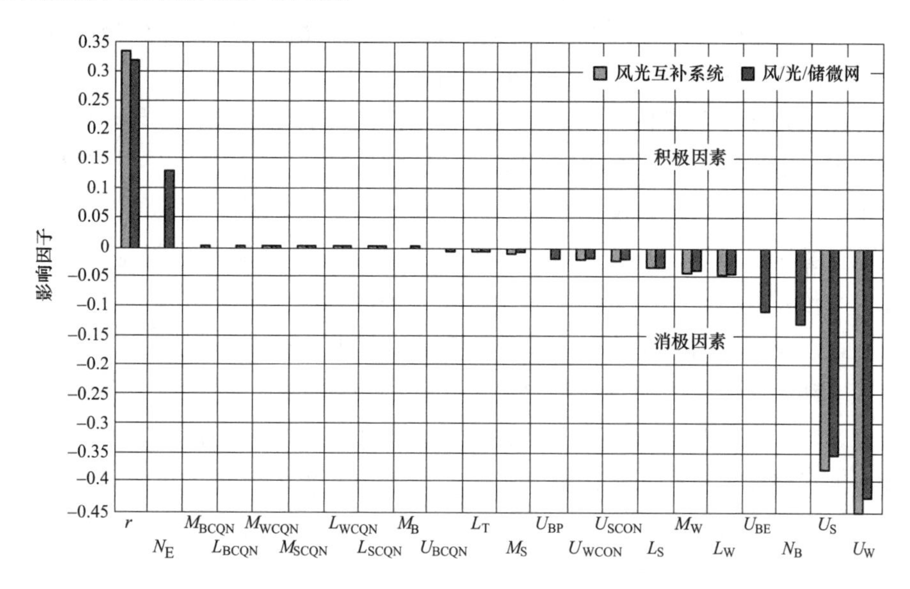

图 2-13 风光互补系统和风光储微网中规划层因素的影响

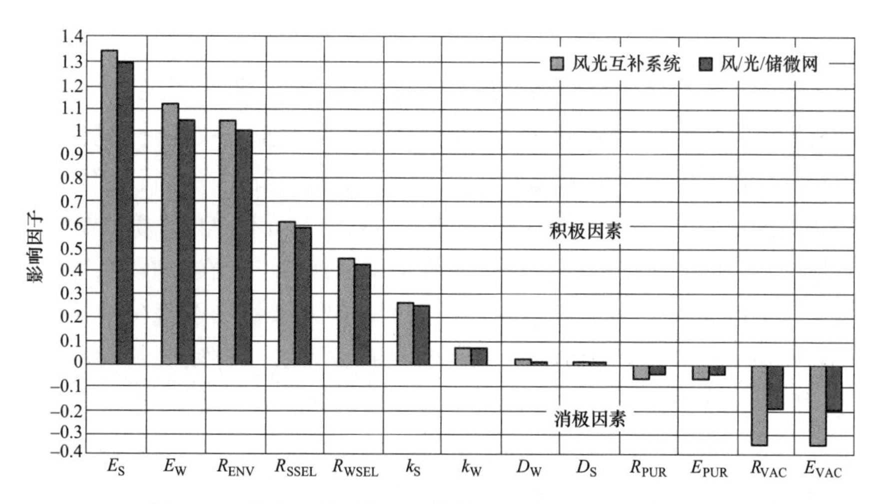

图 2-14 风光互补系统和风光储微网中运行层因素的影响

对于风光互补系统，需要关注的关键因素为：风电、光伏单元售电电量，风光发电单元的单位环境收益；次关键因素为：风电、光伏单元的单位售电电价、单位功率装机成本，光伏单元的单位政府补贴收益，贴现率，单位切负荷惩罚成本和切负荷功率；剩余的其他因素为非关键因素。

对于风光储微网系统，需要关注的关键因素为：风电、光伏单元售电电量，风光发电单元的单位环境收益；次关键因素为：风电、光伏单元的单位售电电价、单位功率装机成本，光伏单元的单位政府补贴收益，贴现率，单位切负荷惩罚成本和切负荷功率，储能单位容量装机成本，储能的年额定循环次数和年等效循环次数；剩余的其他因素为非关键因素。

对比风光互补系统和风光储微网系统经济性影响因子计算结果，风电、光伏单元售电电量、风光发电单元的单位环境收益是一直需要重点关注的影响因素。由于风光互补系统增设储能后年净收益大幅增长，影响因子绝对值取值普遍降低。相比风机单元，由于光伏的单位售电电价和政府补贴收益相对更高，因此，光伏发电的消纳率更高，光伏单元经济性影响因子取值普遍更高。在规划层面，涉及微网内各单元的容量配置问题，因此，贴现率、风光单元的单位装机成本和储能单元的循环次数是需要关注的规划层面经济性影响因素；在运行层面，由于微网经济收益主要来源风光售电收益、政府补贴和环境收益，同时停电惩罚成本占比较重，因此，可再生能源单元售电电量、售电单价、单位环境收益、单位政府补贴收益、单位切负荷惩罚成本和切负荷电量是需要关注的运行层经济性影响因素。

2.7 小结

本章构建了风光储微网规划经济性优化配置模型，提出了经济性影响因素量化分析方法。算例分析结果表明，在规划层面需要重点关注的影响因素为储能等效循环次数、风光发电单元的装机成本和贴现率等；在运行层面需要重点关注的影响因素为风光发电单元的售电电量、售电单价和单位环境收益等。

总体来看，即使在当前储能投资成本高昂的现状下，在分布式发电系统中配置储能，虽然增加了投资成本和运行成本，但可以提高系统经济运行收益、供电可靠性和风光发电消纳能力，系统配置储能提升了经济效益和社会效益。随着政府优惠政策的引导、储能技术快速发展以及民众环保意识不断增强，风光储分布式发电系统的经济性将进一步提升。特别是，实现运行风险可控条件下分布式发电系统参与电力交易的规划经济性最优，将进一步促进分布式风光发电技术开发利用，推动低碳节能智慧能源系统加速发展。

3　互联微网储能容量优化配置

微电网（microgrid，MG）的概念于21世纪初期由美国维斯康兴大学罗伯特·拉塞特教授等人提出。GB/T 36274—2018《微电网能量管理系统技术规范》定义微电网由分布式电源、用电负荷、监控、保护和自动化装置等组成（必要时含储能装置），是一个能够基本实现内部电力电量平衡的小型供电网络。以微型、清洁、自治和友好为基本特征的微电网，被看成未来电力系统中输电网、配电网之后的第三级电网结构，已成为世界各国能源战略的重要组成部分。然而，单一微电网对提高系统运行经济性与可再生能源就地消纳率的能力有限。在先进通信技术的支撑下，将多个微电网互联运行构成互联微电网，简称互联微网（networked microgrids，NMGs），扩展微电网能量流动空间，将为提升系统可再生能源消纳能力、运行经济性和资源灵活性等提供更多的优化手段和更强的调控能力。

3.1　应用背景

MG通过公共连接点与上级电网连接，随着上级电网状态变化MG可实现并离网切换，既可以运行于并网模式下，也可以工作于离网模式下。当处于并网模式下，MG的能量优化调度与第2章的分布式发电系统没有严格区别。当处于离网模式下，MG要求满足内部功率和能量的平衡，保障关键负荷的供电。MG中分布式可再生能源就地开发利用，可节省投资，降低能耗。MG中优化配置储能，储能装置具有响应快速和灵活充放电的优势，进一步提高了可再生能源发电消纳能力、分布式发电资源可调度性、极端灾害发生时负荷恢复能力。由分布式电源、储能装置和负荷构建的小型自治发供电系统，在促进可再生能源就地消纳、提升系统能源利用效率和保障关键负荷经济可靠供电等方面发挥了重要作用，推动形成了集中与分散相协调的新一代电网发展模式。

在节能降碳目标引领下，分布式可再生能源开发利用技术发展迅猛，可再生能源发电渗透率越来越大，提高系统对高渗透率可再生能源发电消纳能力是现代能源系统的突出问题。同时，随着社会经济的发展，用户对电能质量和供电可靠性的要求日益提高，增强系统应对源荷双向不确定性带来的运行风险能力是迫切需要解决的问题。将地理位置相近多个 MG 互联运行构成 NMGs，是扩展 MG 在消纳风光可再生能源发电和电力电量平衡等方面的优化手段和调控空间的有效解决方案。

基于某种协议构建的 NMGs 可能是单一投资主体，也可能是多个投资主体。先进的通信技术、分布式电源的互补性和负荷的时空差异性为构建 NMGs 提供了技术可行性。在系统运行过程中，邻近 MG 间能量互济过程中能量传输损耗较小，通过改变开关状态来改变 MG 间的连接拓扑，在更大的范围内通过更多资源协同运行和灵活调度来应对可再生能源波动性和随机性，并可以使系统负荷恢复能力得到进一步提升。从投资者角度看，通过协调不同运行场景下各微网内的分布式电源出力和储能单元充放电运行，能够降低分布式电源和储能配置，节省初期投资成本和运行维护成本。从用户角度看，在运行过程中有效组织集群内清洁能源和可调节资源，扩大能量交易自由度，MG 间通过优化能量调度策略互为电能支撑，将进一步提高系统经济性、灵活性、可靠性和韧性。

极端自然灾害引发的大规模电力系统故障带来了巨大的经济损失和恶劣的社会影响。2012 年 10 月飓风“桑迪”袭击美国东部地区，导致 24 个州的 800 万用户供电受到影响，新泽西州 65%的电力负荷在高峰时段中断，经历了 6 天才使 84%的电力供应得以恢复，造成经济损失约 650 亿美元。由此可见，构建配置有储能的微网及互联微网提升供电可靠性和灾变韧性具有很高的应用价值。美国伊利诺伊理工大学校园供电系统是全美首个建成运营的校园微电网，含有 3 个小微网，闭环连接，开环运行，峰值负荷 12MW，平均负荷 8MW，分布式能源包括 8MW 燃气轮机、375kW 光伏发电、10kW 风力发电、1500kWh 储能系统。在极端情况下，3 个小微电网形成互联微网，NMGs 内 MG 间共享分布式电源和储能配置容量，保障应急供电，极具战略意义。

国家发展改革委 2022 年 4 月发布 50 号令《电力可靠性管理办法（暂行）》，强调指出“能源安全事关国家经济社会发展全局，电力供应保障是能源安全的重要组成部分。”随着社会经济不断发展，供电可靠性和韧性要求已成为 MG 规划和运行决策的重要指标。目前微电网规划和运行主要以提高系统运行经济性和降低弃风弃光率为目标，较少同时将供电可靠性和韧性予以考虑。本章将研究可提升微网运行经济性、供电可靠性和灾变韧性的互联微网储能容量配置方法。

3.2 互联微网运行场景分析

按系统运行过程中是否遭受到故障，将微网运行场景分为正常运行场景和故障场景。正常运行场景下以互联微网运行经济性为运行性能要求，故障场景下以互联微网的供电可靠性和韧性为运行性能要求。

对于正常运行场景，将运行经济性作为微网规划和控制的运行性能要求，当前较多的文献从经济性最优角度出发建立目标函数，常用的目标函数包括配置储能后的微网系统总成本最低、净收益最大和可再生能源发电消纳率最高等。还有文献在经济性目标的基础上，计及储能削峰填谷、提升电能质量、减少环境污染等作用构建多目标优化配置模型。

对于故障运行场景，根据故障持续时间、严重程度和发生地点的不同分为一般故障场景和极端故障场景两类。在一般故障场景下，将供电可靠性作为互联微网规划和控制的运行性能要求。在极端故障场景下，将韧性作为互联微网规划和控制的运行性能要求。两类故障场景的特征如表 3-1 所示。

表 3-1　　一般故障和极端故障场景的对比

对比内容	一般故障场景	极端故障场景
评价指标	可靠性指标	韧性指标
故障地点	单点故障	多点故障
故障持续时间	持续时间短	持续时间长
停电范围	停电范围较小	大范围的负荷停电
备用电源运行情况	发电量可满足需求	发电量受燃料可用量限制
与上级电网连接状态	与上级电网正常连接正常运行	与上级电网断开，形成孤岛
负荷恢复方式	负荷转供	互联微网进行电能互济

供电可靠性是指供电系统持续供电的能力，反映系统电能质量水平。《中国电力百科全书》定义电力系统可靠性为“电力系统按可接受的质量标准和所需数量不间断地向电力用户供电的能力的度量，包括充裕度和安全性两个方面”。充裕度描述系统考虑元件计划和非计划停运，满足用户需求电力和电量的能力；安全性描述系统遭受突然扰动后，向电力用户提供不间断电力和电量的能力。常用的供电可靠性指标包括负荷损失期望（loss of load expectation，LOLE）、电量不足期望（expected energy not supplied，EENS）、系统平均停电持续时间（system average interruption duration index，SAIDI）、系统平均停电次数（system average interruption freguency index，SAIFI）等；或将负荷停电惩罚成本和负荷恢复收益加入经济性目标函数中进行优化。

韧性是指供电系统灾变恢复能力，反映系统应对极端灾害时负荷恢复能力。关于电力系统韧性的明确定义，在 2009 年发布的美国能源部发布《智能电网报告》中首次提出，强调智能电网在面对自然灾害、蓄意攻击、设备故障和人为失误时应该具有韧性。2017 年，美国国家工程院发布《提升国家电力系统韧性》报告中将电力系统韧性定义为能够认识到长时间、大面积停电事故发生的可能性，事故前充分预备，事故发生时最小化其影响，事故发生后快速恢复，并且能从事故中获取经验从而自我提升的能力。2015 年，清华大学陈颖教授定义配电网韧性为"配电网是否可以采取主动措施保证灾害中的关键负荷供电，并迅速恢复断电负荷的能力"。在本章中，设定极端故障场景为上级电网遭受了极端灾害导致配电网长时间无法为互联微网提供电能。互联微网中储能作为极端故障发生时的应急电源，协同可再生能源恢复微网及配电网馈线上直接接入的关键负荷，因而可以缩短关键负荷停电时间，使故障恢复的迅速性得以提升。在很多文献汇总，考虑各级关键负荷权重，将关键负荷停电时间期望值作为韧性的指标。

由此可见，可靠性和韧性在概念范畴上相辅相成，全面描述了系统供电安全能力。可靠性着重关注由常规单点故障、新能源间歇性出力、用户随机行为等导致的大概率、小影响扰动事件，韧性关注由极端气候变化、基础供电设施损坏、信息网络攻击等导致的小概率、中高影响事件。

为不失一般性，下面以图 3-1 所示的含三个微网的互联微网为例开展讨论。设每个微网中均含有不可调度的分布式电源（non-dispatchable distribution generators，NDDGs）、可调度的分布式电源（dispatchable distribution generators，DDGs）、储能系统（energy storage systems，ESSs）和负荷。依据负荷的供电可靠性级别分类，将其中的Ⅰ级和Ⅱ级负荷设为关键负荷，将其中的Ⅲ级负荷设为非关键负荷。在配电网运营商（distributed system operator，DSO）的统一管理下，各微网均采用微网控制器（microgrid controller，MGC）对其运行及通信进行调控和管理，DSO 与所有 MGC 可进行双向信息交互。

在图 3-1 中，B1、B2 及 B3 为受 DSO 调度的微网开关；BK1、BK2 及 BK3 为受 DSO 控制、用于微网间构成互联微网的联络开关。①、②和③分别表示出现在配电网馈线上的单点故障发生地点，此场景称为一般故障场景；④表示极端故障发生，配电馈线和上级电网长时间断开，此场景称为极端故障场景。当开关 BK1、BK2 及 BK3 均处于断开状态，各微网处于独立运行模式时，构成非互联微网（non-networked microgrids，NNMGs），以微网内部的运行经济性为目标优化控制。当开关 BK1、BK2 及 BK3 中任一闭合，其关联的两个 MG 形成互联拓扑结构，构成 NMGs。NMGs 间功率互济由 DSO 调控，各微网的 NDDGs、DDGs 和 ESSs 调度应优先保障关键负荷供电，尽可能满足自身负荷功率需求，如果仍有过剩功率，优先传递给功率缺额较大的微网。在一般故障场景下，以提升故障期间互联微网整体的负荷恢复时间和恢复总量为目标；在极

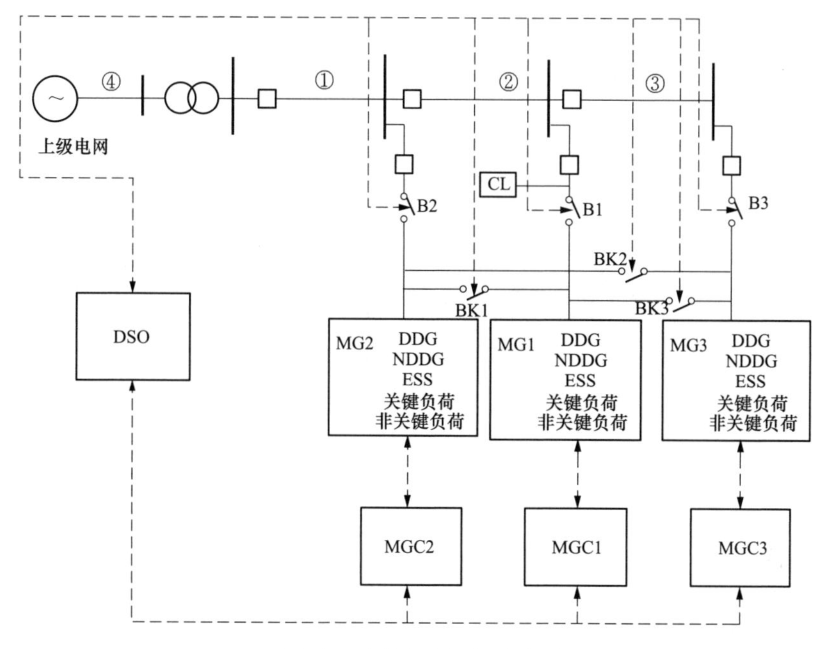

图 3-1 互联微网拓扑示意图

端故障场景下，优先保障自身关键负荷供电的前提下仍有过剩功率时，可以为直接接于配电网馈线上的关键负荷进行供电。

3.2.1 正常运行场景

正常运行场景下，系统无故障发生，所有微网分布式电源优先为本微网内负荷供电，剩余电能可卖给上级电网或向其他微网售电，微网可并网运行，也可以自主断开与馈线的连接，DSO 根据微网的运行信息控制微网间的互联动作，可能有以下三种正常运行场景。

1. 三个独立运行微网

MG1、MG2 和 MG3 并网运行，BK1、BK2 和 BK3 处于断开状态，B1、B2 和 B3 闭合，如图 3-2 所示。

图 3-2 中，各微网优先消纳内部分布式发电量，仍有功率缺额时，向上级电网买电以维持功率平衡，微网间无电能互济时段。

2. 两个微网互联构成互联微网

MG1、MG2 和 MG3 中两个微网互联构成互联微网，如图 3-3 所示。其中 BK2、BK3 和 B2 处于断开状态，B1、B3 和 BK1 闭合，形成 MG1 和 MG2 互联微网，如图 3-3（a）所示；BK1、BK2 和 B3 处于断开状态，B1、B2 和 BK3 闭合，形成 MG1 和 MG3 互联微网，如图 3-3（b）所示；BK1、BK3 和 B3 处于断开状

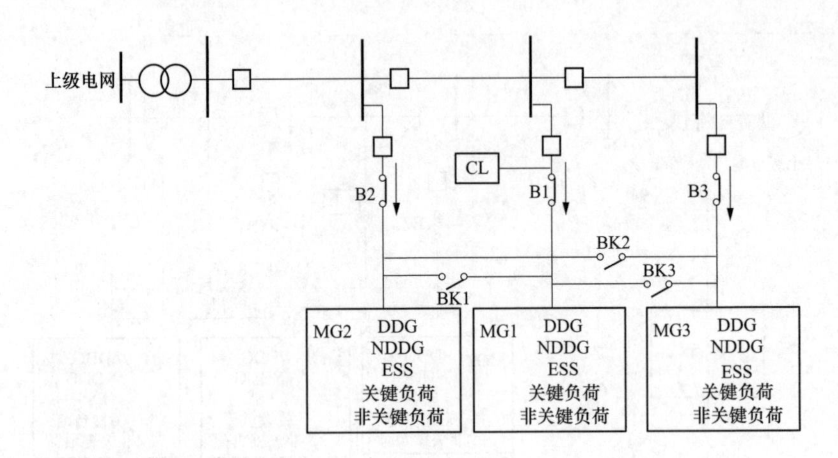

图 3-2　MG1、MG2 和 MG3 独立运行方式示意图

态，B1、B2 和 BK2 闭合，形成 MG2 和 MG3 互联微网，如图 3-3（c）所示。

图 3-3 中两微网互联形成 NMGs。当 MG1 功率不足高于 MG3 且 MG2 中出现过剩功率时，B2 断开且 BK1 闭合，MG1 和 MG2 构成接于馈线的串行互联微网，MG3 处于独立并网运行状态，构成如图 3-3（a）所示的 MG1 和 MG2 互联 NMGs。MG2 内的过剩功率经功率可控元件 BK1 传递至 MG1，MG1 剩下的功率不足通过并网点向上级电网买电补充。图 3-3（b）和图 3-3（c）与图 3-3（a）的能量互济过程类似，不再赘述。

3. 三个微网互联构成互联微网

不失一般性，设 MG1 功率不足高于 MG2 和 MG3，且 MG2 和 MG3 中出现过剩功率。此时，B2、B3 和 BK2 断开，且 B1、BK1 和 BK2 闭合，MG2 与 MG3 并行接于 MG1 末端，构成如图 3-4 所示的三微网 NMGs。

图 3-4 中，MG1 的电能来源有自身内部的分布式电源和储能、上级配电网以及 MG2 和 MG3 的过剩功率。MG2 与 MG3 的内部过剩功率经过 BK1 与 BK3 传递至 MG1 进行消纳，整体不足功率由上级电网购电补充。

3.2.2　一般故障场景

一般故障场景定义为持续时间较短的单点故障。在此场景下，受故障影响的微网可以通过与其他微网互联构成互联微网，此时，微网间交换微网内部剩余电能，共享可再生能源发电量和备用机组。互联微网优先保证自身关键负荷供电可靠性和其他负荷供电，互联微网的过剩功率可用于为受到故障影响的其他关键负荷提供电能。通过邻近微网的能量互济，既能够在故障时段获得经济的电能补充，又能改善互联微网和配电馈线上关键负荷的供电可靠性。

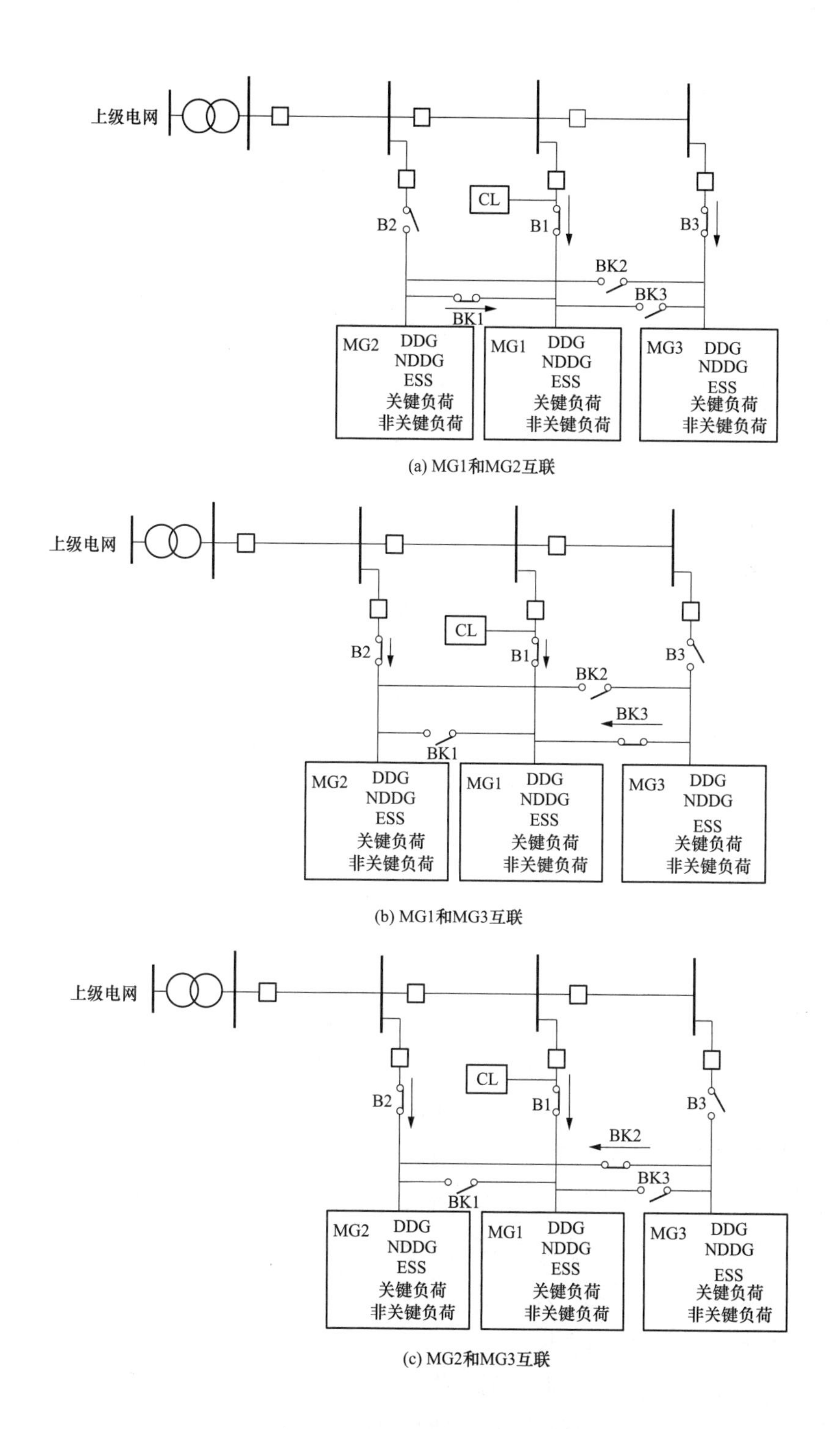

图 3-3　两微网 NMGs 运行方式示意图

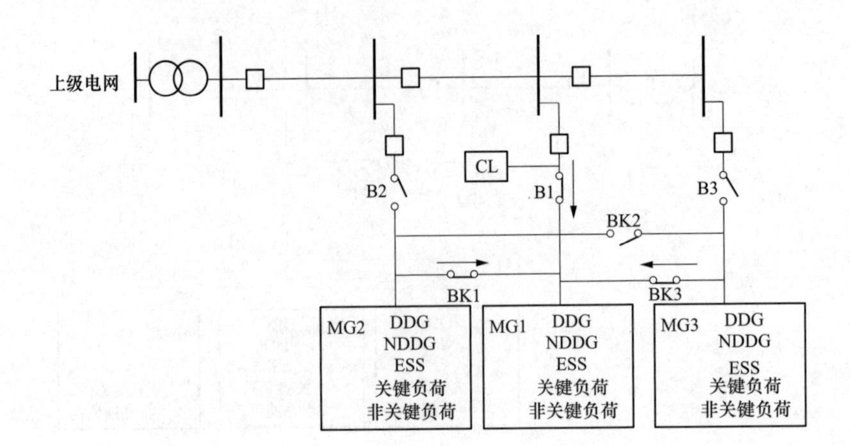

图 3-4 三微网 NMGs 运行方式示意图

基于 DSO 和 MGO 之间的信息交互和协同决策，图 3-5（a）、（b）和（c）分别给出了在①、②和③处发生一般故障时 NMGs 运行方式示意图。

如图 3-5（a）所示，当地点①处发生故障时，B1、B2 和 B3 断开，MG1、MG2 和 MG3 与上级电网断开，均由微网内部的分布式电源和储能为微网内关键负荷供电。在这种情况下，若 MG1 与 MG2 出现功率缺额，而 MG3 出现过剩功率，那么 BK1 和 BK3 在 MGO 自主决策下闭合，MG1、MG2 与 MG3 构成 NMGs，由 MG3 中的过剩功率为 MG1 和 MG2 的关键负荷提供功率，从而缩减关键负荷停电时间。图 3-5（b）和（c）的能量互济过程类似，不再赘述。

3.2.3 极端故障场景

飓风、海啸和暴雪等恶劣自然灾害、恶意网络攻击或操作失误等可能带来大规模电力基础设施破坏，从而导致长时间的电力供应中断或不足。当 DSO 检测到主网发生严重故障，MGC 检测到微网并网点频率或电压出现大幅偏移时，各微网将与上级电网断开运行。在此场景下，微网在互联运行方式下共享微网内配置分布式电源及储能。如在故障时段某个微网配置储能为互联的其他微网中的关键负荷供电，保障关键负荷供电可靠性，非关键负荷可暂时被切除。此外，互联微网还可为微网附近关键负荷提供电能，使得互联微网及配线馈线的调控灵活性和灾变韧性得以提升。

当地点④发生极端故障时，配电馈线与上级电网断开，B1、B2、B3 和 BK2 断开，BK1 和 BK3 闭合，构成三个微网 NMGs，如图 3-6 所示。

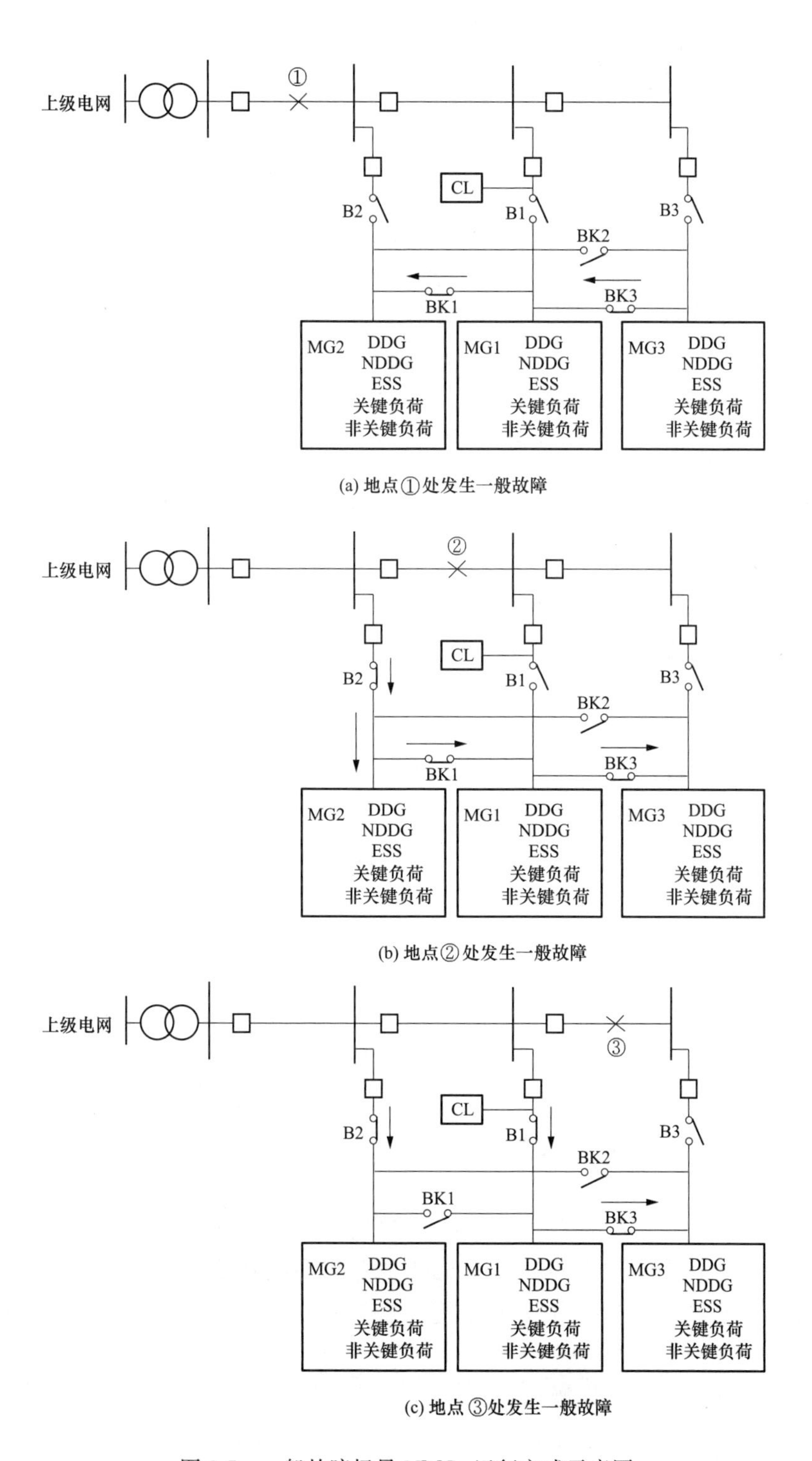

图 3-5 一般故障场景 NMGs 运行方式示意图

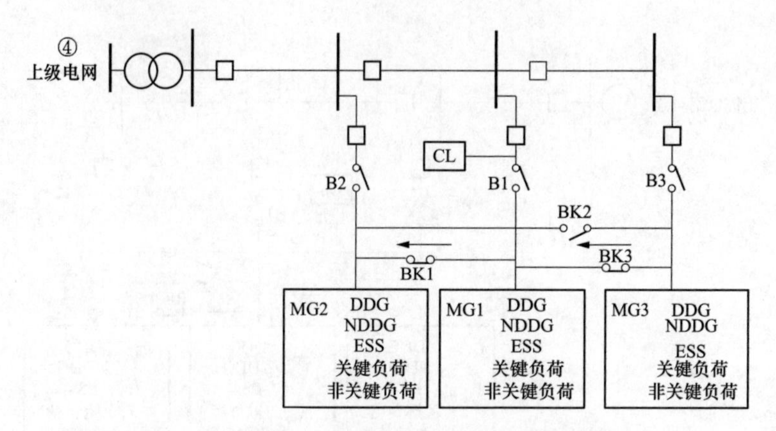

图 3-6　极端故障场景 NMGs 运行方式示意图

如图 3-6 所示的运行场景下，各微网最大限度保证自身关键负荷供电。在满足自身关键负荷需求的同时仍有多余电能时，微网为其他微网关键负荷及其他负荷供电，使互联微网整体恢复时间最短和负荷恢复最大。

极端故障场景下互联微网还可加强配电馈线上关键负荷恢复，如图 3-7 所示。

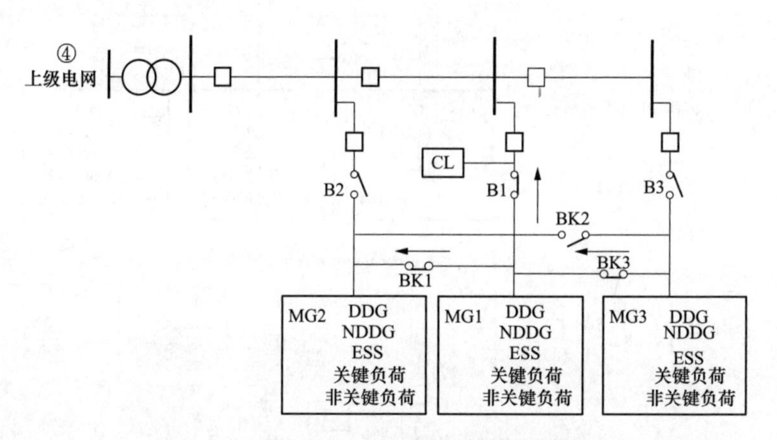

图 3-7　极端故障场景馈线关键负荷恢复示意图

在图 3-7 中，三微网 NMGs 内部的分布式电源和储能在满足 MG1、MG2 和 MG3 的关键负荷和其他负荷的电能需求后，仍有剩余电能时，经闭合的 B1 用于配电馈线上关键负荷 CL 的故障恢复，提升互联微网及配电网的灾变韧性。

3.3　互联微网储能容量优化配置模型

储能是 NMGs 的重要组成部分，正常运行场景下储能蓄—释分布式可再生能源电能和上级电网低价电能获得套利收益，提升系统运行经济性和可再生能源消纳能力；一般故障场景下储能释放储存电能为微网内负荷提供电能支撑，提升互联微网供电可靠性；在极端故障场景下储能能量在多微网间保障互联微网负荷供电以及配电馈线上关键负荷恢复，提升互联微网和配电馈线灾变韧性。本节将提出互联微网储能容量优化配置模型。

综合考虑上述三种场景下的运行性能指标，采用规划层和运行层联合优化建模的思路，建立如图 3-8 所示的互联微网储能优化配置双层模型。其中，上层模型以等效年利润最大化为目标优化 ESS 配置功率和容量，定义为 ESS 规模优化水平；下层模型以各运行场景下运行性能指标为目标优化 NMG 设备每小时最优运行策略，称为 MG 运行优化水平。

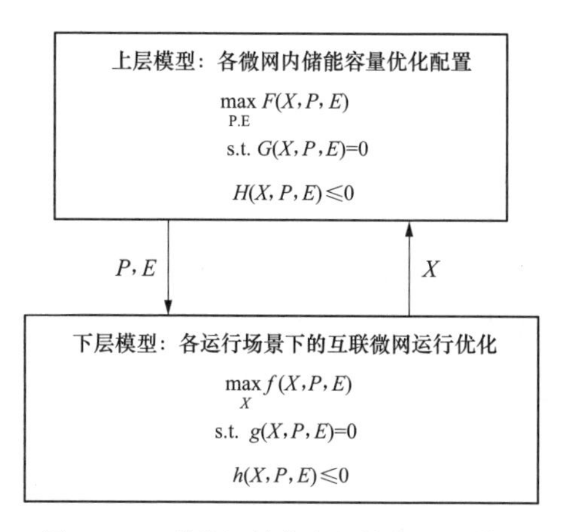

图 3-8　互联微网储能容量优化配置模型

上层模型以互联微网内增设储能后的年净收益最优为目标，分别对各个微网内配置储能的额定容量 E 和额定功率 P 进行优化。上层模型中的储能优化配置结果不仅与上层优化问题的目标函数 $F(X, P, E)$、等式约束 $G(X, P, E)$ 和不等式约束 $H(X, P, E)$ 有关，还依赖于下层优化结果 X。基于对不同类型运行场景下的互联运行方式分析，下层模型以各场景下的运行净收益最优为目标，制定各微网中 DDGs 和 ESSs 的最优运行策略，下层优化问题由目标函数 $f(X, P, E)$，等式约束 $g(X, P, E)$ 和不等式约束 $h(X, P, E)$ 构成，优化结果同时受到上层优化模型中储能配置 P、E 的影响。

假设各微网内 NDDG 单元、DDG 单元的配置容量，各级负荷需求功率均是已知量，EES 单元选用电池储能装置。变量下标 Ⅰ、Ⅱ、Ⅲ 代表负荷级别，$s(s \in S)$ 代表运行场景且 $S=\{S_N \cup S_T \cup S_E\}$，$S_N$、$S_T$、$S_E$ 分别表示正常运行场景、一般故障场景和极端故障场景，各场景持续时间均为 24h，$i(i \in M)$ 代表微网，$t(t \in T)$ 代表以小时为单位的研究时段。下面将建立综合提升运行经济性、供电可靠性和灾变韧性的互联微网储能容量双层优化模型，制定各微网内储能优化配置方案和各场景下的最优运行策略。

3.3.1 上层模型

上层模型中以各微网内增设储能后的年净收益 f 最大为目标，以各微网 $i(i \in M)$ 内储能的额定容量 E_i^{E} 和额定功率 P_i^{E} 作为决策变量。

1. 目标函数

目标函数选取互联微网规划年净收益最大。规划净收益为等效年收益与等效年成本之差，即

$$\max_{P_i^{\mathrm{E}},E_i^{\mathrm{E}}} f = N_m \cdot E_s(I_s) - \sum_{i \in M}(C_i^{\mathrm{y}} + C_i^{\mathrm{o}} + C_i^{\mathrm{s}}) \tag{3-1}$$

式中 C_i^{y} ——储能年等值购置成本；

C_i^{o} ——年运行维护成本；

C_i^{s} ——年安装成本；

N_m ——一年中包含的互联微网运行天数；

I_s ——下层运行场景下的最优运行净收益。

$$C_i^{\mathrm{y}} = (c^{\mathrm{P}} P_i^{\mathrm{E}} + c^{\mathrm{E}} E_i^{\mathrm{E}}) \frac{r(1+r)^L}{(1+r)^L - 1}, \forall i \in M \tag{3-2}$$

式中 c^{P} ——单位功率购置成本，元/kW；

c^{E} ——单位容量购置成本，元/kWh；

r ——资金折现率；

L ——互联微网的规划年限。

其中，f 中包括各微网内储能年等值购置成本式（3-2）、年运行维护成本式（3-3）、年安装成本式（3-4）、各运行场景 s 下优化得到该年的最优运行净收益期望式（3-5）。

年运行维护成本 C_i^{o} 与单位运行维护成本 c^{o}（元/kW）成正比，即

$$C_i^{\mathrm{o}} = c^{\mathrm{o}} P_i^{\mathrm{E}}, \forall i \in M \tag{3-3}$$

年安装成本 C_i^{s} 与单位安装成本 c^{s}（元/kWh）成正比，即

$$C_i^{\mathrm{s}} = c^{\mathrm{s}} E_i^{\mathrm{E}}, \forall i \in M \tag{3-4}$$

年运行净收益期望 $N_{\mathrm{m}} E_{\mathrm{s}}(I_s)$ 由一年中包含的互联微网运行天数 N_{m}（天）在下层各运行场景 s 下的最优运行净收益 I_{s} 及其出现概率 $Pr(s)$ 求得，即

$$E_s(I_s) = \sum_{s \in S} Pr(s) I_s \tag{3-5}$$

2. 约束条件

初始储能投资成本受可用投资预算的限制，即

$$\sum_{i \in M} c^{\mathrm{P}} P_i^{\mathrm{E}} + c^{\mathrm{E}} E_i^{\mathrm{E}} \leqslant STIF \tag{3-6}$$

储能额定功率及额定容量下限约束为

$$P_i^{\mathrm{G.R}} + P_i^{\mathrm{E}} \geqslant \overline{P_{\mathrm{I}.i}^{\mathrm{L}}} + \overline{P_{\mathrm{II}.i}^{\mathrm{L}}}, \forall i \in M \tag{3-7}$$

$$P_i^{\mathrm{G.R}} T + E_i^{\mathrm{E}} (\overline{\mathrm{SoC}} - \underline{\mathrm{SoC}}) \geqslant (\overline{P_{\mathrm{I}.i}^{\mathrm{L}}} + \overline{P_{\mathrm{II}.i}^{\mathrm{L}}}) T, \forall i \in M \tag{3-8}$$

其中，式（3-7）表示极端故障发生时，微网 i 内的 DDG 单元和储能可以分别以其额定出力 $P_i^{\mathrm{G.R}}$、P_i^{E} 共同实现支撑其Ⅰ级和Ⅱ级峰值负荷 $\overline{P_{\mathrm{I}.i}^{\mathrm{L}}}$、$\overline{P_{\mathrm{II}.i}^{\mathrm{L}}}$ 正常运行；式（3-8）表示故障发生时，微网 i 内的 DDGs 和 EESs 支撑微网内的Ⅰ级和Ⅱ级等关键负荷的用电高峰至少维持 T 小时，$\overline{\mathrm{SoC}}$、$\underline{\mathrm{SoC}}$分别为储能电池荷电状态上下限。

可靠性指标选取为典型故障场景下的互联微网负荷停电时间期望，可靠性指标上限值为$\overline{RL}$，约束式为

$$0 \leqslant \sum_{s \in S_{\mathrm{T}}} Pr(s) \sum_{i \in M} T_{i.s} \leqslant \overline{RL} \tag{3-9}$$

式中　$T_{i.s}$——微网 i 在场景 s 下的负荷停电时间；

$\overline{RL}$——可靠性指标上限。

韧性指标选取为极端故障场景下Ⅰ、Ⅱ级负荷的停电时间期望，韧性指标上限为 $\overline{RS}$，约束式为

$$0 \leqslant \sum_{s \in S_{\mathrm{E}}} Pr(s) \sum_{i \in M} (T_{\mathrm{I}.i.s} \gamma_{\mathrm{I}} + T_{\mathrm{II}.i.s} \gamma_{\mathrm{II}}) \leqslant \overline{RS} \tag{3-10}$$

式中　$T_{\mathrm{I}.i.s}$——微网 i 在场景 s 下Ⅰ级负荷停电时间；

$T_{\mathrm{II}.i.s}$——微网 i 在场景 s 下Ⅱ级负荷停电时间；

γ_{I}——Ⅰ级负荷停电损失；

γ_{I}、γ_{II}——Ⅱ级负荷停电损失。

可靠性指标和韧性指标分别量化了一般故障场景下和极端故障场景下的减载持续时间，指数越小表明系统负荷恢复能力越好。

3.3.2 下层模型

下层场景的故障持续时间设定为 24h，Δt 为 1h。下层模型以各运行场景 s 下运行净收益 I_s 最优为目标，对各场景下的 DDGs、EESs 和负荷的运行策略 V 进行优化。

1. 目标函数

目标函数为互联微网运行净收益最大。运行净收益为各类运行场景下运行收益和运行成本之差，即

$$\max_{v \in V} I_s = \sum_{i \in M} [I_{i.s}^{\mathrm{s}} + I_{i.s}^{\mathrm{c}} - (C_{i.s}^{\mathrm{f}} + C_{i.s}^{\mathrm{s}} + C_{i.s}^{\mathrm{m}} + C_{i.s}^{\mathrm{l}} + C_{i.s}^{\mathrm{d}})]$$

$$V=\{P_{i.s.t}^{\mathrm{CD}},P_{i.s.t}^{\mathrm{CN}},P_{i.s.t}^{\mathrm{CL}},P_{i.s.t}^{\mathrm{G}},P_{i.s.t}^{\mathrm{M}},P_{i.s.t}^{-},P_{i.s.t}^{+},\Delta P_{i.s.t},\Delta P'_{i.s.t},$$
$$E_{i.s.t},b_{i.s.t}^{\mathrm{G}},b_{i.s.t}^{\mathrm{E}},\mu_{i.s.t},\xi_{i.s.t},T_{i.s}\} \tag{3-11}$$

式中 $I_{i.s}^{\mathrm{s}}$——互联微网售电收益，按式（3-12）计算；

$I_{i.s}^{\mathrm{c}}$——极端故障场景（$s\in S_{\mathrm{E}}$）下恢复配电网馈线上的关键负荷所得收益，按式（3-13）计算；

$C_{i.s}^{\mathrm{f}}$——DDGs 燃料成本，按式（3-14）计算；

$C_{i.s}^{\mathrm{s}}$——启停成本，按式（3-15）计算；

$C_{i.s}^{\mathrm{m}}$——上级电网购电成本，按式（3-16）计算；

$C_{i.s}^{\mathrm{l}}$——一般故障场景及极端故障场景（$s\in\{S_{\mathrm{T}}\cup S_{\mathrm{E}}\}$）下的切负荷惩罚成本，按式（3-17）计算；

$C_{i.s}^{\mathrm{d}}$——电池储能衰退成本，按式（3-18）计算。

$$I_{i.s}^{\mathrm{s}}=\sum_{t\in T}(P_{i.s.t}^{\mathrm{L}}-P_{i.s.t}^{\mathrm{CL}})\Delta t\cdot g_t,\forall i\in M,s\in S \tag{3-12}$$

式中 g_t——单位微网负荷售电电价，元/kWh；

$P_{i.s.t}^{\mathrm{L}}$——微网 i 在场景 s 下时段 t 内总负荷功率；

$P_{i.s.t}^{\mathrm{CD}}$——微网 i 在场景 s 下时段 t 内切负荷功率。

$$I_{i.s}^{\mathrm{c}}=\sum_{t\in T}P_{i.s.t}^{\mathrm{CL}}\cdot\Delta t\cdot c_t,\forall i\in M,s\in S_{\mathrm{E}} \tag{3-13}$$

式中 c_t——恢复配电网关键负荷供电的单位收益，元/kWh；

$P_{i.s.t}^{\mathrm{CL}}$——微网 i 在场景 s 下时段 t 内恢复配电网关键负荷功率。

$$C_{i.s}^{\mathrm{f}}=\sum_{t\in T}P_{i.s.t}^{\mathrm{G}}\cdot c^{\mathrm{f}},\forall i\in M,s\in S \tag{3-14}$$

式中 c^{f}——DDG 机组的单位燃料成本，元/kW；

$P_{i.s.t}^{\mathrm{G}}$——微网 i 在场景 s 下时段 t 内 DDG 机组输出功率。

$$C_{i.s}^{\mathrm{s}}=\sum_{t\in T}\mu_{i.s.t}\cdot c^{\mathrm{U}}+\xi_{i.s.t}\cdot c^{\mathrm{D}},\forall i\in M,s\in S \tag{3-15}$$

式中 c^{U}——机组单位开机成本，元/次；

c^{D}——机组单位停机成本，元/次；

$\mu_{i.s.t}$——描述微网 i 内的 DDG 单元在场景 s 下时段 t 内开机状态，取值为 1 表示为开机状态，取值为 0 表示为关机状态；

$\xi_{i.s.t}$——描述微网 i 内的 DDG 单元在场景 s 下时段 t 内关机状态，取值为 1 表示为关机状态，取值为 0 表示为开机状态。

$$C_{i.s}^{\mathrm{m}}=\sum_{t\in T}P_{i.s.t}^{\mathrm{M}}\cdot\Delta t\cdot m_t,\forall i\in M,s\in S \tag{3-16}$$

式中 m_t——单位电网购电成本，元/kWh；

$P_{i.s.t}^{\mathrm{M}}$——微网 i 在场景 s 下时段 t 内上级电网购电功率。

$$C_{i.s}^{\mathrm{l}}=\sum_{t\in T}P_{i.s.t}^{\mathrm{CL}}\cdot c^{\mathrm{l}},\forall i\in M,s\in\{S_{\mathrm{T}}\cup S_{\mathrm{E}}\}\tag{3-17}$$

式中 c^{l}——负荷停电惩罚成本，元/kWh。

在此采用 Kim 等人提出的模型对某型号的锂电池寿命衰退成本进行建模，即

$$C_{i.s}^{\mathrm{d}}=\sum_{t\in T}\left|\frac{h}{100}\right|c^{\mathrm{P}}(P_{i.s.t}^{-}+P_{i.s.t}^{+}),\forall i\in M,s\in S\tag{3-18}$$

式中 h——储能寿命衰退与充放电循环次数线性近似函数的斜率；

$P_{i.s.t}^{+}$——微网 i 内储能在场景 s 下时段 t 内的充电功率；

$P_{i.s.t}^{-}$——微网 i 内储能在场景 s 下时段 t 内的放电功率。

2. 分布式电源运行约束

微网 i 中 NDDG 单元运行功率约束式为

$$0\leqslant P_{i.s.t}^{\mathrm{CN}}\leqslant P_{i.s.t}^{\mathrm{NG}},\forall t\in T,i\in M,s\in S\tag{3-19}$$

式中 $P_{i.s.t}^{\mathrm{CN}}$——微网 i 内的 NDDG 单元在场景 s 下时段 t 内输出功率；

$P_{i.s.t}^{\mathrm{NG}}$——微网 i 内的 NDDG 单元在场景 s 下时段 t 内额定功率。

微网 i 中 DDG 单元出力上下限约束式为

$$0\leqslant P_{i.s.t}^{\mathrm{G}}\leqslant P_{i}^{\mathrm{G.R}}b_{i.s.t}^{\mathrm{G}},b_{i.s.t}^{\mathrm{G}}\in\{0,1\},\forall t\in T,i\in M,s\in S\tag{3-20}$$

式中 $b_{i.s.t}^{\mathrm{G}}$——描述其投入与否的运行状态的二进制变量。

微网 i 中 DDG 单元最短启停时间约束式为

$$\sum_{k=t}^{t+UT_i-1}b_{i.s.k}^{\mathrm{G}}\geqslant UT_i\mu_{i.s.t},\forall t\in T,i\in M,s\in S\tag{3-21}$$

$$\sum_{k=t}^{t+DT_i-1}b_{i.s.k}^{\mathrm{G}}\geqslant DT_i\xi_{i.s.t},\forall t\in T,i\in M,s\in S\tag{3-22}$$

$$\mu_{i.s.t}-\xi_{i.s.t}=b_{i.s.t}^{\mathrm{G}}-b_{i.s.t-1}^{\mathrm{G}},\mu_{i.s.t},\xi_{i.s.t}\in\{0,1\},\forall t\in T,i\in M,s\in S\tag{3-23}$$

$$0\leqslant\mu_{i.s.t}+\xi_{i.s.t}\leqslant 1,\forall t\in T,i\in M,s\in S\tag{3-24}$$

式中 UT_i——DDG 单元最短运行时间；

DT_i——DDG 单元最短停机时间。

3. 储能充放电运行约束

微网 i 中 t 时刻储能的放电功率 $P_{i.s.t}^{-}$ 和充电 $P_{i.s.t}^{+}$ 功率分别满足约束式（3-25）和式（3-26），即

$$0\leqslant P_{i.s.t}^{-}\leqslant P_{i}^{\mathrm{E}}b_{i.s.t}^{\mathrm{E}},\forall t\in T,i\in M,s\in S\tag{3-25}$$

$$0\leqslant P_{i.s.t}^{+}\leqslant P_{i}^{\mathrm{E}}(1-b_{i.s.t}^{\mathrm{E}}),\forall t\in T,i\in M,s\in S\tag{3-26}$$

式中：$b_{i.s.t}^{\mathrm{E}}$——描述储能运行状态。储能的运行状态设定为充电、放电和闲置三种，取值为 1 时，电池储能处于放电状态；取值为 0 时，电池储

能处于充电或闲置状态。

考虑电池充放电循环对寿命的影响，在此限制每种场景下 ESS 运行状态转换的总次数不能超过 K 次，即

$$0 \leqslant \sum_{t \in T} |b_{i.s.t}^{\mathrm{E}} - b_{i.s.t-1}^{\mathrm{E}}| \leqslant K, \forall i \in M, s \in S \tag{3-27}$$

储能电池 SoC 约束满足式（3-28）～式（3-29），即

$$E_{i.s.t} = E_{i.s.t-1} - \left(\frac{P_{i.s.t}^{-}}{\eta} - P_{i.s.t}^{+}\right)\Delta t, \forall t \in T, i \in M, s \in S \tag{3-28}$$

$$\underline{\mathrm{SoC}} \leqslant E_{i.s.t}/E_i^{\mathrm{E}} \leqslant \overline{\mathrm{SoC}}, \forall t \in T, i \in M, s \in S \tag{3-29}$$

式中　$E_{i.s.t}$——微网 i 内的储能在场景 s 下时段 t 内的储存电量；

$\overline{\mathrm{SoC}}$、$\underline{\mathrm{SoC}}$——SoC 上、下限；

η——储能放电效率。

在正常运行场景下，每个场景开始和结束时 ESS 存储的能量受到式（3-30）的限制，即

$$\sum_{t \in T} \frac{P_{i.s.t}^{-}}{\eta} - P_{i.s.t}^{+} = 0, \forall i \in M, s \in S_N \tag{3-30}$$

在故障场景（$s \in \{S_T \cup S_E\}$）下应优先保证为负荷恢复供电，设储能初始荷电状态为给定值 $E_{i.s.0}$，即

$$E_{i.s.0} = E_i, \forall i \in M, s \in \{S_T \cup S_E\} \tag{3-31}$$

式中　E_i——各微网 i 内储能的初始荷电状态。

4. 微网间功率交换约束

3 类运行场景下的微网间功率交换约束如式（3-32）～式（3-33）所示。

设 $\Delta P_{i.s.t}$ 为微网 i 在场景 s 下时段 t 内的不平衡功率，当其为正值时表示微网 i 有过剩功率可输送至其他微网进行供电，为负值时表示微网 i 内存在功率缺额，需要上级电网或其他微网向其输送电能用于负荷恢复，满足式（3-32），即

$$\Delta P_{i.s.t} = P_{i.s.t}^{\mathrm{NG}} - P_{i.s.t}^{\mathrm{CN}} + P_{i.s.t}^{\mathrm{G}} + \left(\frac{P_{i.s.t}^{-}}{\eta} - P_{i.s.t}^{+}\right) - (P_{i.s.t}^{\mathrm{L}} - P_{i.s.t}^{\mathrm{CL}}),$$
$$\forall t \in T, i \in M, s \in S \tag{3-32}$$

互联微网内部能量互济过程中功率传输具有双向性，为了避免微网间不必要的功率传输造成电能损失，在此规定微网与上级电网间的功率传输具有单向性，约束式（3-33）为

$$P_{i.s.t}^{\mathrm{M}} \geqslant 0, \forall t \in T, i \in M, s \in S \tag{3-33}$$

将微网间电能传输过程中的线路损耗考虑在内，计及线损率 η' 后的微网 i 实际出口不平衡功率，则

$$\Delta P'_{i.s.t}=\begin{cases}\Delta P_{i.s.t}\eta',\Delta P_{i.s.t}>0\\ \dfrac{\Delta P_{i.s.t}}{\eta'},\Delta P_{i.s.t}\leqslant 0\end{cases},\forall t\in T,i\in M,s\in S \tag{3-34}$$

式中　$\Delta P'_{i.s.t}$——微网 i 实际不平衡功率。

（1）正常运行场景下的微网功率交换约束。在正常运行场景 s 下，具有功率缺额微网和具有过剩功率的微网在时段 t 内构成互联微网 $M_{s.t}$。$M_{s.t}$ 整体在满足功率平衡后仍有功率缺额时，$M_{s.t}$ 向上级电网买电满足所有负荷需求，功率平衡约束为式（3-35）。对于仍处于独立并网运行状态的微网 $i(i\notin M_{s.t})$ 独自与上级电网构成功率平衡，功率平衡约束式（3-36）。

$$\sum_{i\in M_{s.t}}\Delta P'_{i.s.t}+P^{M}_{i.s.t}=0,\forall t\in T,s\in S_N \tag{3-35}$$

$$\Delta P'_{i.s.t}+P^{M}_{i.s.t}=0,\forall t\in T,i\notin M_{s.t},s\in S_N \tag{3-36}$$

式中　$M_{s.t}$——场景 s 下时段 t 内构成的互联微网内的微网集合。

（2）一般故障场景下的微网功率交换约束。一般故障场景 s 下的无故障时段 $T_{N.s}$ 微网功率交换约束，与正常运行场景下的运行约束相同，即

$$\sum_{i\in M_{s.t}}\Delta P'_{i.s.t}+P^{M}_{i.s.t}=0,\forall t\in T_{N.s},s\in S_T \tag{3-37}$$

$$\Delta P'_{i.s.t}+P^{M}_{i.s.t}=0,\forall t\in T_{N.s},i\notin M_{s.t},s\in S_T \tag{3-38}$$

在故障时段 $T_{F.s}$ 内，受故障影响转为离网运行的微网 $i(i\in M_{F.s})$ 互联后，再与地理位置相近的、不受故障影响且正常并网运行的微网 gc_s 互联，构成NMGs，再整体转为并网运行，完成故障时段的负荷恢复，有

$$\sum_{i\in M_{s.t}}\Delta P'_{i.s.t}+P^{M}_{gcs.s.t}=0,\forall t\in T_{F.s},s\in S_T \tag{3-39}$$

式中　$P^{M}_{gcs.s.t}$——互联微网中不受故障且正常并网运行的微网 gc_s 在场景 s 下时段 t 内的上级电网购电功率。

在故障时段，对于不受故障影响，同时未与故障微网互联的其他微网 $i(i\notin\{M_{s.t}\cup gc_s\})$，仍运行于独立并网状态，则

$$\Delta P'_{i.s.t}+P^{M}_{i.s.t}=0,\forall i\notin\{M_{s.t}\cup gc_s\},t\in T_{F.s},s\in S_T \tag{3-40}$$

（3）极端故障场景下的微网功率交换约束。极端故障场景 s 下的无故障时段 $T_{N.s}$ 微网功率交换约束，与正常运行场景下的运行约束相同，即

$$\sum_{i\in M_{s.t}}\Delta P'_{i.s.t}+P^{M}_{i.s.t}=0,\forall t\in T_{N.s},s\in S_E \tag{3-41}$$

$$\Delta P'_{i.s.t}+P^{M}_{i.s.t}=0,\forall t\in T_{N.s},i\notin M_{s.t},s\in S_E \tag{3-42}$$

设在某 $T_{F.s}$ 时段上级电网发生极端故障，在尽可能实现互联微网内部关键负荷恢复的前提下，若仍有过剩功率，可将过多的能量用于配电馈线的关键负荷恢复，则

$$\sum_{i \in M} \Delta P'_{i.s.t} - P^{\mathrm{CL}}_{i.s.t} = 0, \forall t \in T_{F.s}, s \in S_E \tag{3-43}$$

5. 切负荷功率约束

故障场景 s 下各级切负荷功率上下限约束为

$$0 \leqslant P^{\mathrm{CD}}_{i.s.t} \leqslant P^{\mathrm{L}}_{i.s.t}, \forall t \in T, i \in M, s \in \{S_T \cup S_E\} \tag{3-44}$$

6. 配电网馈线上的关键负荷恢复功率约束

极端故障场景 s 下总体负荷恢复受配电馈线上的关键负荷需求的限制。设 P^{LD}_t 为时段 t 内配电网关键负荷待恢复功率，则

$$0 \leqslant \sum_{i \in M} P^{\mathrm{CL}}_{i.s.t} \leqslant P^{\mathrm{LD}}_t, P^{\mathrm{CL}}_{i.s.t} \geqslant 0, \forall t \in T, s \in S_E \tag{3-45}$$

7. 可控分布式电源燃料总量约束

在极端灾害发生时，可能伴随有燃气运输管道损坏、地面交通瘫痪等导致微网内燃料储备不足且补给困难，使 DDG 单元发电量受到限制。设 $\overline{E^{\mathrm{G}}_{i.s}}$ 为极端故障场景 s 下微网 i 内的 DDG 单元发电量上限值，则 DDG 单元在极端故障场景下的出力约束为

$$0 \leqslant \sum_{t \in T} P^{\mathrm{G}}_{i.s.t} \cdot \Delta t \leqslant \overline{E^{\mathrm{G}}_{i.s}}, \forall i \in M, s \in S_E \tag{3-46}$$

3.4 配置模型求解算法

上述建立的互联微网储能容量优化配置模型是双层混合整数线性规划（mixed-integer linear programming，MILP）问题。其中，上层为仅含有连续变量的线性规划问题，下层决策变量包含各类机组出力、储能充放电功率、切负荷功率、停电时间等连续变量，以及描述储能充放电状态、DDG 单元启停和运行状态、是否出现失负荷情况等二进制变量。

典型的混合整数线性规划问题可表示为

$$\min f \cdot x \tag{3-47}$$

$$\text{s.t. Aineq} \cdot x \leqslant \text{bineq} \tag{3-48}$$

$$\text{Aeq} \cdot x = \text{beq} \tag{3-49}$$

$$\text{lb} \leqslant x \leqslant \text{ub} \tag{3-50}$$

$$x \in \{B, I, C, S, N\} \tag{3-51}$$

式中　f、bineq、beq、lb 和 ub 均是列向量，Aineq 和 Aeq 均为矩阵，待优化变量 x 可以包含二进制变量（B）、整数变量（I）、连续变量（C）、半连续变量（S）和半整数变量（N_m）。

对于这个复杂的混合整数线性规划问题，采用 CPLEX 优化软件进行求解，具有较好的求解效率和求解性能。CPLEX 软件能够快速而可靠地求解线性规

划、混合整数线性规划、二次规划等。

对于前述建立的上层模型和下层模型联合优化模型，设计基于 CPLEX 软件的求解步骤如下：

（1）将双层规划模型整理为单层模型，即

$$\max_{P_i^{\mathrm{E}},EI_i^{\mathrm{E}},v\in V} f=N_m\cdot E_s\{\sum_{i\in M}[I_{i.s}^{\mathrm{s}}+I_{i.s}^{\mathrm{c}}-(C_{i.s}^{\mathrm{f}}+C_{i.s}^{s}+C_{i.s}^{\mathrm{m}}+C_{i.s}^{\mathrm{l}}+C_{i.s}^{\mathrm{d}})]\}-\sum_{i\in M}(C_i^{\mathrm{v}}+C_i^{\mathrm{o}}+C_i^{\mathrm{s}}) \tag{3-52}$$

s. t. 式(3-2)～式(3-10)，式(3-12)～式(3-18)，

式(3-19)～式(3-24)，式(3-25)～式(3-46)

（2）采用大 M 法，将转换后模型中出现的非线性约束条件式（3-26）和式（3-27）转化为线性约束条件，即

$$0\leqslant P_{i.s.t}^{-}\leqslant P_i^{\mathrm{E}},\forall t\in T,i\in M,s\in S \tag{3-53}$$

$$0\leqslant P_{i.s.t}^{+}\leqslant P_i^{\mathrm{E}},\forall t\in T,i\in M,s\in S \tag{3-54}$$

$$0\leqslant P_{i.s.t}^{-}\leqslant M\cdot b_{i.s.t}^{\mathrm{E}},\forall t\in T,i\in M,s\in S \tag{3-55}$$

$$0\leqslant P_{i.s.t}^{+}\leqslant M\cdot(1-b_{i.s.t}^{\mathrm{E}}),\forall t\in T,i\in M,s\in S \tag{3-56}$$

其中，M 为任意大的罚因子，且 $M>0$。

（3）构造模型求解所需的 f、Aineq、bineq、Aeq、beq、lb 和 ub 后，采用 MATLAB 调用 cplexmilp 函数进行求解。

3.5 算例分析

采用如图 3-1 所示的三个微网可互联的系统为算例系统。采用前述建模方法和求解算法，下面将开展三个微网独立运行和互联运行这两种运行方式下储能容量优化配置方案设计及运行特性分析。

3.5.1 算例系统

3 个微网中均采用光伏发电单元作为 NDDG 单元，微型燃气轮机组作为 DDG 单元，拟配置电池储能装置。微网配置情况如表 3-2 所示。

表 3-2 微网配置情况

微网配置	MG1	MG2	MG3
NDDG(kW)	2700	2650	2600
DDG(kW)	900	700	500
Ⅰ级负荷占比	30%	20%	20%
Ⅱ级负荷占比	30%	30%	20%
Ⅲ级负荷占比	40%	50%	60%

各微网内部负荷功率如图 3-9 所示。

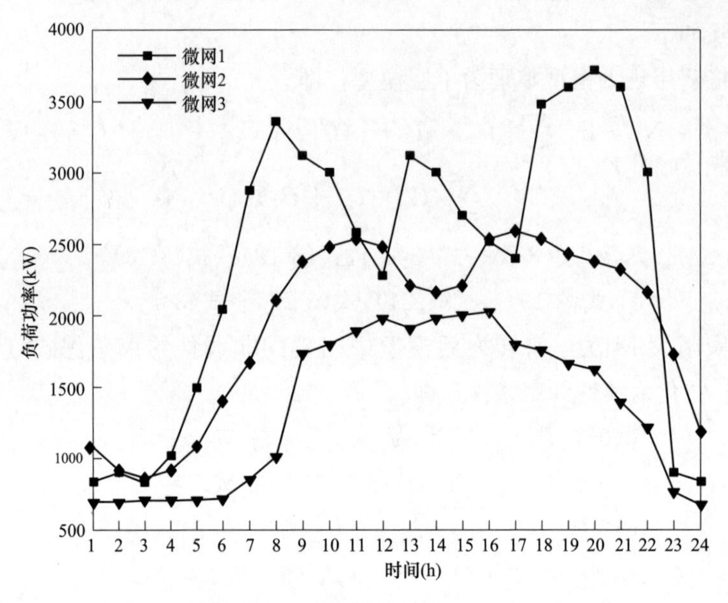

图 3-9　各微网内的负荷功率

在极端故障情况下，待恢复配电馈线关键负荷功率如图 3-10 所示。

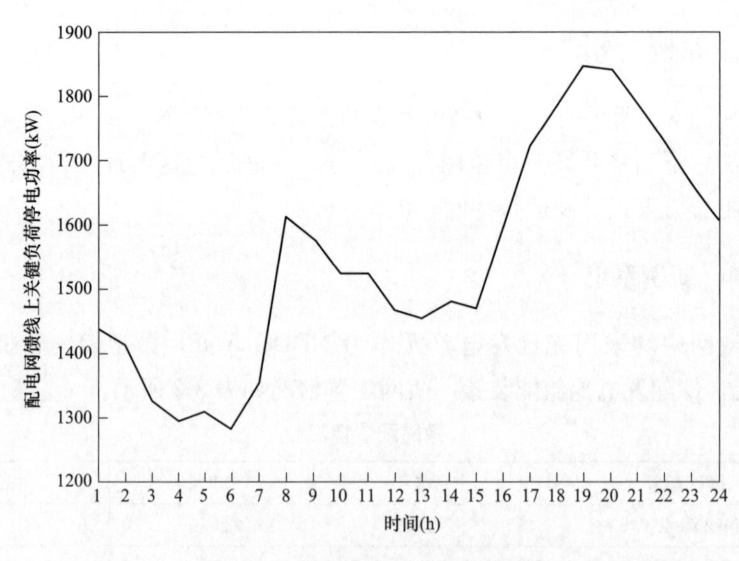

图 3-10　配电馈线上关键负荷功率

采用 K-means 聚类算法将某地光伏出力历史数据聚类，生成 S1～S10 共 10 种典型光伏出力场景如图 3-11 所示。其中，采用 S1、S2、S3、S4、S5、S7、S8

和 S10 光伏出力用于正常运行场景，概率统计结果如表 3-3 所示；采用 S6 光伏出力用于一般故障场景，采用 S9 光伏出力用于极端故障场景。

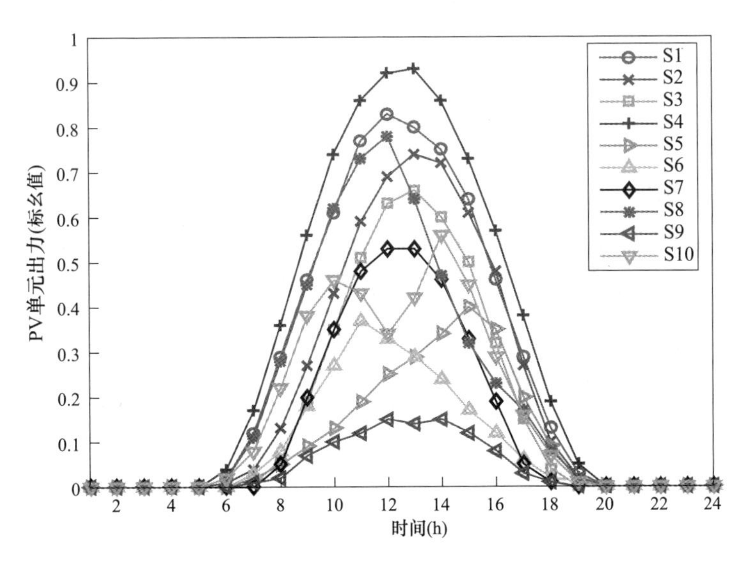

图 3-11　光伏出力典型曲线

表 3-3　　正常运行场景下光伏出力概率统计

出力	S1	S2	S3	S4	S5	S7	S8	S10
概率	17.2%	11.5%	8.7%	13.1%	16.1%	12.3%	7.9%	13.2%

基于长期运行经验，设定 3 类运行场景及其概率如表 3-4 所示。其中，对于正常运行场景，考虑了光伏单元在不同天气条件下光伏出力波动性；对一般故障场景，考虑故障地点、一天内故障出现时间；对于极端故障场景，考虑故障出现时间、持续时间以及 DDG 单元的燃料储备是否充足。在下层模型中共包含 82 个子运行场景，即 8 个正常运行场景、72 个典型故障场景和 2 个极端故障场景。

表 3-4　　运行场景及其概率

<table>
<tr><th>场景分类及个数</th><th colspan="2">场景描述</th><th>出现概率（%）</th></tr>
<tr><td>正常运行场景（8 个）</td><td colspan="2">各微网正常并网运行，考虑 8 种天气场景</td><td>90</td></tr>
<tr><td rowspan="3">一般故障场景（72 个）</td><td>③处出现故障</td><td rowspan="3">持续 2h，共 24 种情况</td><td>1.8</td></tr>
<tr><td>②处出现故障</td><td>2.7</td></tr>
<tr><td>①处出现故障</td><td>4.5</td></tr>
</table>

续表

场景分类及个数	场景描述	出现概率（%）
极端故障场景（2个）	在11:00～21:00时段上级电网出现故障，持续10h，各微网燃料储备充足	0.7
	在14:00～22:00时段上级电网出现故障，持续8h，三个微网燃料上限约束均为3500kWh	0.3

设定微网售电电价和上级电网售电电价如图3-12所示。微网互联运行可在故障发生时为用户提供更可靠的供电服务，这里设微网内部单位售电电价较上级电网电价高0.05元/kWh。

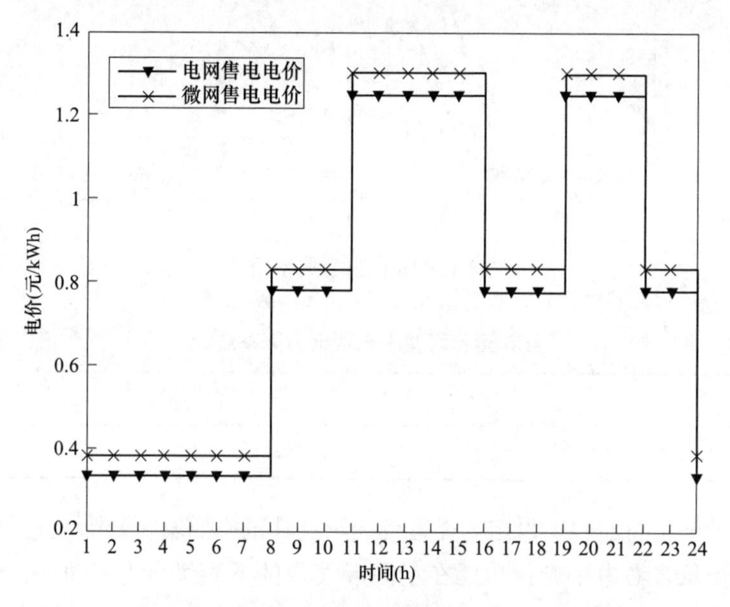

图3-12　微网和上级电网售电电价

极端故障场景下恢复配电馈线上关键负荷的单位收益如图3-13所示，设恢复配电馈线上关键负荷的单位收益较微网内部单位售电电价高18元/kWh。

模型中其他参数的设置如表3-5所示。

表3-5　　参数设置

参数名称	数值	参数名称	数值
c^{P}（元/kW）	2100	c^{E}（元/kWh）	1800
c^{o}（元/kW）	480	c^{s}（元/kWh）	48
r	0.05	L(年)	10
$\overline{SoC}$	0.9	$\underline{SoC}$	0.1

续表

参数名称	数值	参数名称	数值
η	0.95	η'	0.98
c_{I}^{1}（元/kWh）	40	c_{II}^{1}（元/kWh）	30
c_{III}^{1}（元/kWh）	15	c^{f}（元/kW）	2
c^{U}（元/次）	8.5	c^{D}（元/次）	8.5
γ_{I}	0.7	γ_{II}	0.3
STIF(元)	1×10^{8}	UT/DT(h)	3
$\overline{RL}$	0.07	$\overline{RS}$	0.03

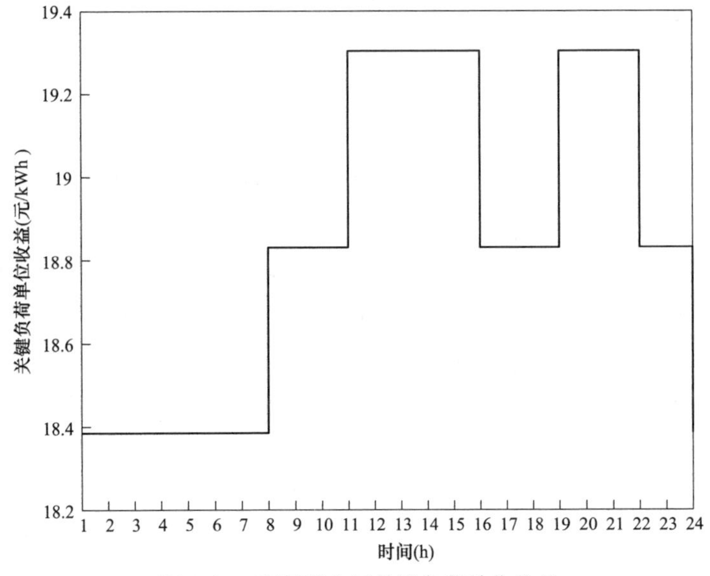

图 3-13 恢复配电网关键负荷单位收益

3.5.2 储能配置方案

采用前述提出的微网储能优化配置方法，微网独立运行和互联运行下储能配置方案如表 3-6 所示。其中，各微网独立运行称为 NNMGs，微网互联运行构成 NMGs。

表 3-6 储能容量配置结果

MG	NMGs		NNMGs	
	P_i^{E} (kW)	E_i^{E} (kWh)	P_i^{E} (kW)	E_i^{E} (kWh)
MG1	1380	5319	2132	5179
MG2	850	3187	1646	2834
MG3	813	2140	1152	2946
合计	3043	10 646	4930	10 959

由表3-6可知，互联微网的储能总额定功率和额定容量均小于非互联微网。即在满足相同负荷需求的发电机组容量相同的前提下，微网互联运行将减小储能配置容量。

采用上述储能配置结果，互联微网和非互联微网两种运行方式下系统性能指标如表3-7所示。

表3-7　系统运行性能指标计算结果

性能指标	NMGs	NNMGs
储能初期投资成本（$\times10^7$元）	2.5552	3.0081
年运行成本（$\times10^7$元）	3.4550	3.5439
年净收益（$\times10^6$元）	8.6071	7.1334
可靠性指标	0.0492	0.0697
韧性指标	0.0120	0.0276

从表3-7可以看出，与NNMGs相比，NMGs的初始投资成本降低了15.06%，年运营成本降低2.51%，年净收益提高20.66%。这表明，互联微网不仅可降低规划投资成本，而且可降低运行成本，从而提高整体收益。此外，NMGs的可靠性和韧性指标较低，这表明虽然NMGs配置的ESS容量降低，但其可靠性和韧性增强。这是因为在故障时段NMGs内分布式发电和储能在满足自身负荷供电的同时，将过剩能量传递至其他微网用于负荷恢复，减少了在故障发生时互联微网整体的负荷停电时间，使得NMGs可靠性和韧性指标更优。

表3-8给出了不考虑可靠性和韧性指标约束下NMGs储能优化配置结果。为后续表达方便，将不考虑可靠性和韧性指标约束下NMGs的计算结果简称为NMGs对比情况。

表3-8　NMGs对比情况的储能配置结果

MG	P_i^{E}（kW）	E_i^{E}（kWh）
MG1	1332	3505
MG2	596	1568
MG3	310	816
总计	2238	5889

对比表3-6和表3-8的计算结果可知，NMGs对比情况的储能配置功率和容量要远低于同时考虑可靠性和韧性指标的NMGs。这是因为当仅考虑经济性指标时NMGs对比情况中储能无需为发生故障后进行负荷恢复提供支持。

在故障场景下互联微网的停电时间计算结果如表3-9所示。

表 3-9 故障情景停电时间计算结果 h

故障场景	NMGs	NMGs 对比情况
一般故障场景	0.547	1.766
极端故障场景	1.200	5.100

由表 3-9 可知，与 NMGs 对比情况相比较，虽然 NMGs 增大了储能配置成本，但该方案在故障场景下延长了负荷恢复的持续时间，这表明 NMGs 可有效提升系统的供电可靠性和灾变韧性。

3.5.3 互联微网运行性能分析

在前述给出的储能配置方案下，分析 NMGs 在正常运行场景、一般故障场景和极端故障场景下的系统运行特性。

1. 正常运行场景

选取图 3-9 中 S4 光伏出力为例开展分析。当处于独立运行方式下，中午光伏出力较大的 10:00～11:00 时段内 MG3 内弃光总功率为 404kW；在互联运行方式下，各时段微网内的弃光功率均为 0。

该场景下互联微网内的电能互济过程如表 3-10 所示，当各微网内计及线损后的不平衡功率为正时，表示微网内部存在功率过剩，可以输送至其他微网进行负荷恢复；当不平衡功率值为负时，表示微网内部存在功率缺额，需要其他微网或上级电网向其供电。在中午 10:00～15:00 的电价高峰期，MG3 中的过剩功率输送至 MG1 和 MG2，减少了在该电价高峰时段的上级电网购电量，提升了互联微网的光伏发电消纳率，节省了该时段向上级电网购电的成本。在表 3-10 未列出的时间间隔内，互联微网内部没有电能交换。

表 3-10 正常运行场景下互联微网内的电能互济 kW

时段	MG1	MG2	MG3
10:00～11:00	−488.0	0	488.0
11:00～12:00	−98.0	−102.0	200.0
13:00～14:00	−428.6	0	428.6
14:00～15:00	−375.0	119.0	256.0
15:00～16:00	−246.0	38.5	207.5

在正常运行场景下，多微网在 NMGs 和 NNMGs 这两种运行方式下向上级电网购电量如图 3-14 所示。

从图 3-14 可以看出，相比 NNMGs，NMGs 在电价谷时段购电量更高，平时段和峰时段购电量较低，且总体购电总量较低。这表明 NMGs 运行方式下，

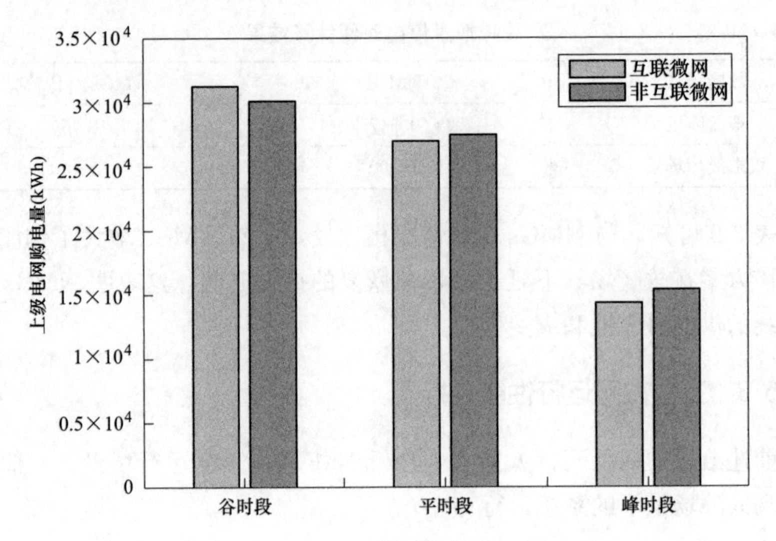

图 3-14　正常运行场景下上级电网购电量

通过功率交换、电能互济，在满足负荷需求的前提下，降低了上级电网购电量及整体购电成本。

NMGs 各微网内储能充放电曲线如图 3-15 所示。

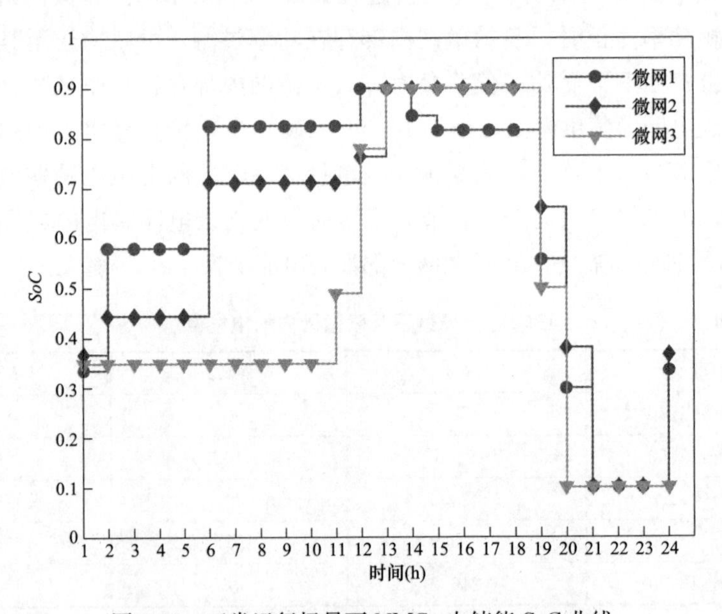

图 3-15　正常运行场景下 NMGs 中储能 SoC 曲线

从图 3-15 可以看出，受分时电价和光伏发电出力的影响，储能充放电过程大致相同。在电价较低、光伏发电量较高的上午时段，ESS 充电并在负荷高峰期前达到满电状态。利用储存电量在晚间电价高峰时段释放，在为晚间高峰负荷进行供电的同时实现电价套利，提升运行经济性。

正常运行场景下，NMGs 和 NNMGs 的各项收益和成本计算结果如表 3-11 所示。

表 3-11　　正常运行场景下的各项收益和成本对比　　万元

运行方式	I^s	C^f	C^s	C^m	C^d	I
NMGs	12.8750	0	0	4.9486	0.5635	7.3629
NNMGs	12.8750	0	0	5.0784	0.5768	7.2198

由表 3-11 可以看出，在正常运行场景下 NMGs 比 NNMGs 的运行经济性好。其中，NMGs 和 NNMGs 的售电收益相同，这是因为在各时段的负荷需求均得到满足；单位燃料成本高于电网电价，DDG 机组在微网中作为故障时段的备用机组，在正常运行时不启用；NMGs 向上级电网购电量降低，节省了购电成本；尽管 NMGs 和 NNMGs 为满足负荷功率需求储能 DOD 相同，由于 NMGs 储能配置低于 NNMGs，NMGs 储能衰退成本更低。这表明，互联微网的运行方式可以提升系统的运行经济性。

2. 一般故障场景

设在 17:00～19:00 时段内②处发生故障，持续 2h 后修复，故障引起 MG1 和 MG3 与上级电网断开，当出现功率缺额时，MG1、MG3 与 MG2 互联后并网运行。在 NNMGs 中，MG1 在故障期间的Ⅲ级负荷切除 1056kWh 而 NMGs 不存在切负荷现象。也就是，互联微网运行模式下负荷恢复量增加 1056kWh，负荷恢复供电时间增加 2h。这表明，互联微网运行方式可提升系统供电可靠性。

图 3-16 展示了各时段向上级电网购电量。

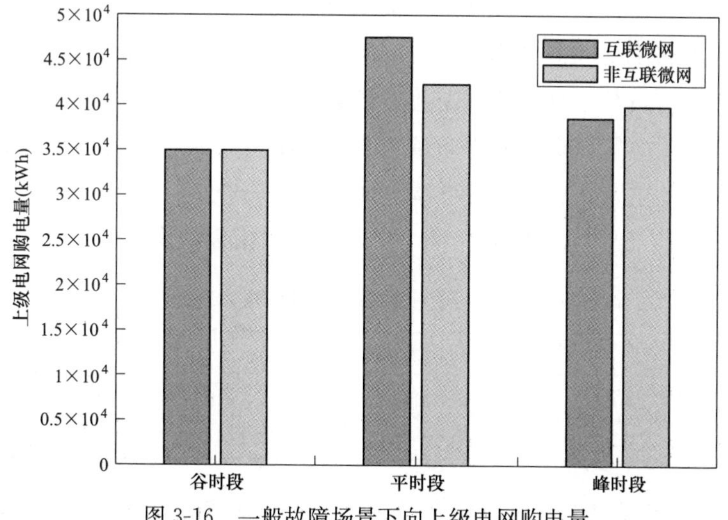

图 3-16　一般故障场景下向上级电网购电量

从图 3-16 可以看出，与 NNMGs 相比，NMGs 的上级电网的购电量更高；在电价低谷时段，两种运行方式下的购电量相近；在电价峰时段购电量较低；在平时段购电量更高。由于 NMGs 的总体并网运行时间较 NNMGs 多 2h，总体上 NMGs 上级电网购电量高于 NNMGs，导致 NMGs 向上级电网购电总成本上升。

图 3-17 展示了一般故障情况下 NMGs 各储能电池的 SoC 动态变化。

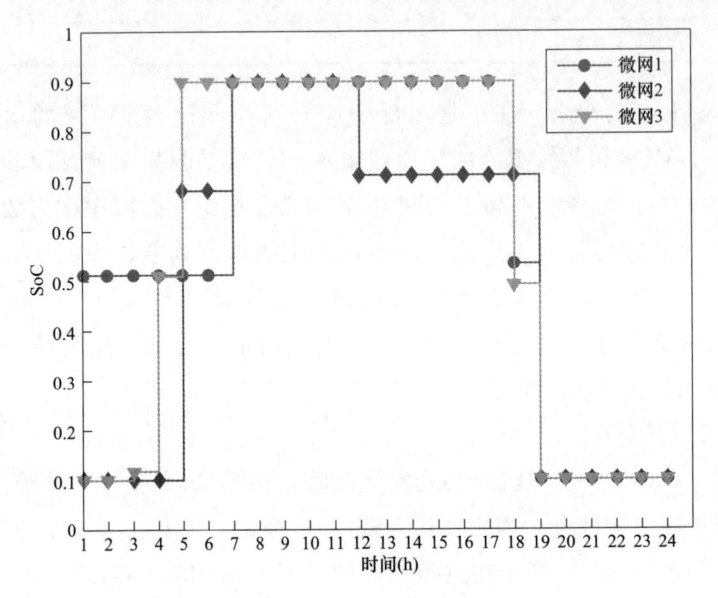

图 3-17　一般故障场景下 NMGs 中储能 SoC 曲线

从图 3-17 可以看出，NMGs 各微网储能均在一天内完成一个充放电循环。受故障影响的 MG1 和 MG3 的充放电周期基本一致。在上午电价低谷时段，MG1 和 MG3 将 ESS 充电至最大 SoC，在故障时段 ESS 作为应急电源将储存电量全部释放进行负荷恢复；而不受故障影响、正常运行的 MG2 在上午充电达到 SoC 后，分别在中午和晚间的电价高峰时段释放电能，实现了电价套利，并减少了上级电网购电量，有助于降低购电成本。

一般故障场景下 NNMGs 和 NMGs 的经济性指标计算结果如表 3-12 所示。

表 3-12　　一般故障场景下的各项收益和成本对比　　万元

运行方式	I^s	C^f	C^s	C^m	C^l	C^d	I
NMGs	12.8750	0	0	9.7203	0	0.5635	2.5912
NNMGs	12.7670	0.5570	0.0034	9.4753	1.5840	0.5642	0.5831

从表 3-12 可以看出，NMGs 运行净收益更高。由于 NNMGs 下 MG1 出现

Ⅲ级负荷损失，而 NMGs 负荷全部得以恢复，因此，售电收益上升，切负荷惩罚成本下降；由于 NMGs 备用的 DDG 机组在故障期间未启用，因此，机组运行成本为 0，而 NNMGs 的 DDG 单元燃料成本和启停成本上升；由于 NMGs 储能配置更低，在相同 DOD 下的储能衰退成本下降；NMGs 上级电网购电量更高，导致 NMGs 电网购电成本上升。

总体上看，互联微网运行方式可提升系统运行经济性和供电可靠性。

3. 极端故障场景

设在 14:00～22:00 时段在④处出现极端故障，故障持续时间为 8h，每个 MG 的 DDG 发电量受储存燃料的限制，发电量上限为 3500kWh。NMGs 和 NNMGs 在该场景下的负荷恢复情况如表 3-13 所示。

表 3-13　　极端故障场景下的负荷恢复情况对比

运行方式	MG	负荷停电量（kWh）			负荷停电时长（h）		
		Ⅰ级	Ⅱ级	Ⅲ级	Ⅰ级	Ⅱ级	Ⅲ级
NMGs	MG1	0	5634	10 008	0	6	8
	MG2	0	2313.3	9585	0	4	8
	MG3	0	0	8545.5	0	0	8
NNMGs	MG1	0	6316	10 008	0	7	8
	MG2	0	2784	9585	0	4	8
	MG3	0	0	8545.5	0	0	8

从表 3-13 可以看出，在两种运行方式下，Ⅰ级负荷全部得到恢复，Ⅲ级负荷全部被切除。与 NNMG 相比，NMGs 的Ⅱ级负荷恢复增加 1152.7kWh，负荷恢复时间增加 1h。NNMGs 下 MG3 恢复配电馈线上的关键负荷量为 1174kW，恢复供电时间为 2h；NMGs 下配电馈线上的关键负荷恢复量为 0，此模式下 MG3 将内部过剩功率输送至 MG1 和 MG2，而不是用于恢复配电馈线上的关键负荷，通过互联运行方式下微网间的电能互济，减少了两个微网中Ⅱ级负荷的停电量和停电时间，增加了 MG1 和 MG2 关键负荷恢复量和恢复时间，使 NMGs 的韧性得以提升。同时，由于 NMGs 下电能优先供给自身关键负荷，仍有过剩电量时才转为供应配电馈线上的关键负荷，而 NNMGs 下各微网内的过剩电量会用于供应配电馈线上的关键负荷，因此，NMGs 的配电馈线上的关键负荷恢复量降低。

统计 NNMG 和 NMGs 运行方式下上级电网购电量，结果表明，两种运行方式下各时段购电总量几乎相等。由于各微网内配置储能的额定容量相差不大，各微网均在故障前的正常运行时段为储能充电，以储存足够电量应对故障。极端故障场景下，NMGs 各储能 SoC 动态变化如图 3-18 所示。

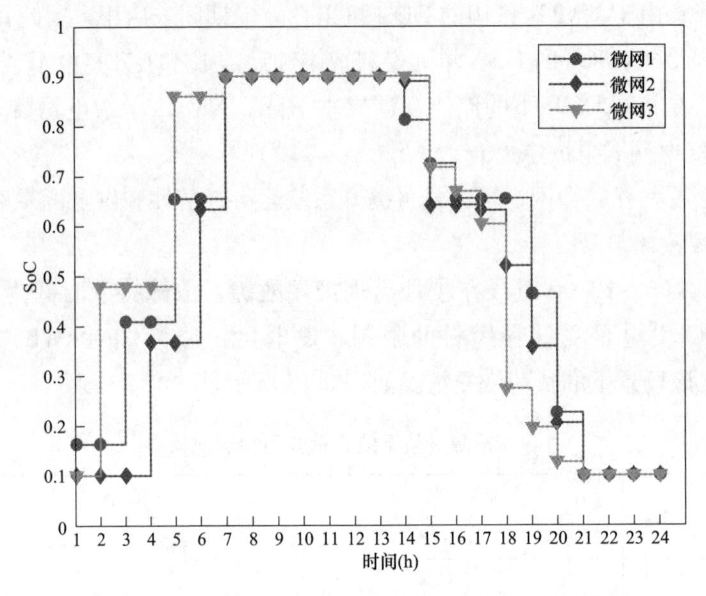

图 3-18　极端故障场景下 NMGs 各储能 SoC 变化曲线

从图 3-18 可以看出，NMGs 各 ESS 均在一天内完成一个充放电循环，ESS 在上午电价低谷时段充电，在极端故障时段放电，ESS 作为应急电源增加了关键负荷恢复量，提高了互联微网的韧性。

极端故障场景下 NMGs 和 NNMGs 的经济性指标计算结果如表 3-14 所示。

表 3-14　　极端故障场景下的各项收益和成本对比　　万元

运行方式	I^s	I^c	C^f	C^s	C^m	C^l	C^d	I
NMGs	8.8265	0	2.1000	0.0051	5.7756	66.0500	0.5635	−65.6677
NNMGs	8.7479	2.2662	2.1000	0.0085	5.7760	69.5080	0.5642	−66.9426

从表 3-14 可知，极端故障场景下 NMGs 将多余的能量提供给微网中的关键负荷，而不是用于配电馈线上的关键负荷恢复，降低了 NMGs 各微网的停电成本，提高了 NMGs 的运行经济性，同时也由于没将剩余电能用于配电馈线关键负荷的恢复，就减少了该部分的供电收益。受制于微网内分布式电源发电量及可用燃料总量的限制，NMGs 和 NNMGs 两种运行方式下 DDG 发电均达到预设上限。但是，在 NMGs 中 DDG 的启动和关闭的总次数更少，其启动和关闭的成本更低。此外，NMGs 的 ESS 配置小，其相应的衰退成本更低。在两种运行模式下，各时段从电网购买的电量几乎相同，使得购电成本近似相等。总体上看，极端故障场景下 NMGs 运行经济性更优。

综上所述，NMGs 运行方式下储能配置投资成本、运行经济性、供电可靠性和灾变韧性指标等均优于 NNMGs 运行方式。互联微网技术是分布式可再生能源发电大力发展的必然选择。

3.6 小结

本章提出了互联微网储能优化配置方法。以提升系统运行经济性、供电可靠性和灾变韧性为目标，建立了互联微网的储能容量优化配置双层优化模型。其中，上层模型对各微网内储能配置容量和功率进行优化配置，下层模型制定给定储能配置下各运行场景下的互联微网运行策略。

算例分析表明，相比各微网独立运行方式，互联微网不仅内部的微网储能配置容量更小，而且互联微网较独立运行方式在运行经济性、供电可靠性和韧性等指标方面有明显的优势。在正常运行场景下，互联微网增大了光伏发电消纳率，降低了系统购电成本，提高了运行经济性；在一般故障发生时，互联微网提高了负荷恢复量，增强了供电可靠性；在极端故障发生时，储能作为应急电源保障了关键负荷供电，提升了系统韧性。互联微网技术提高了系统的运行经济性、供电可靠性和灾变韧性，是扩展微网调控空间和能力的有效措施。随着分布式可再生能源的大规模开发利用，互联微网技术具有巨大的发展潜力。

4 区域综合能源系统储能优化配置

相比单一形式的能源供应系统，综合能源系统可根据多种供能系统的供能水平和多类型负荷需求的差异，利用多能互补特性，提升不同形式能量的利用效率，在供能经济性和安全性方面有着显著的优势。瑞士、美国、加拿大等许多国家都大力推动综合能源系统的理论研究与工程实践。我国“十三五”“十四五”规划中都纳入了综合能源系统建设。发展综合能源系统有利于促进我国能源消费结构转型，有利于构建我国低碳高效的现代能源系统。综合能源系统配置储能可进一步实现多能协同优化利用。本章将提出区域综合能源系统多能存储装置的容量优化配置方法。

4.1 应用背景

按照能量供应范围的大小，综合能源系统可分为终端综合能源系统、区域综合能源系统和跨区域综合能源系统。区域综合能源系统的供能容量为工业园区级别，通过耦合电、气、热、冷等多种能源形式，实现园区不同能源的优势互补和梯级利用。

图 4-1 展示了某地区风力发电量以及电力负荷月度电量在全年总量中的占比。从图 4-1 可以看出，该地区风电出力峰值位于 11～12 月，而电力负荷峰值在 7～8 月，风电出力与负荷需求存在严重的季节性不匹配。这表明，随着可再生能源安装容量以及渗透率的持续增加，系统不仅需要配置储能以应对可再生能源出力功率波动性对系统稳定运行带来的冲击，还需要考虑到可再生能源季节性出力特征带来的长时间尺度下的电量不匹配问题。

在含有多种能源形式的综合能源系统中，风光可再生能源发电功率以及多类型负荷具有强随机性和波动性，使得区域综合能源系统不仅存在显著的日内源荷不匹配问题，同时存在突出的季节性源荷不平衡问题。因此，不仅需要配置储能来调控日内短时间尺度下的功率不平衡，还需要调控可再生能源与负荷长期尺度下的能量不平衡。在此，将用于调控日内功率平衡的储能装置称之为短期储能，将调控季度时间尺度内能量平衡的储能装置称之为季节性储能。对

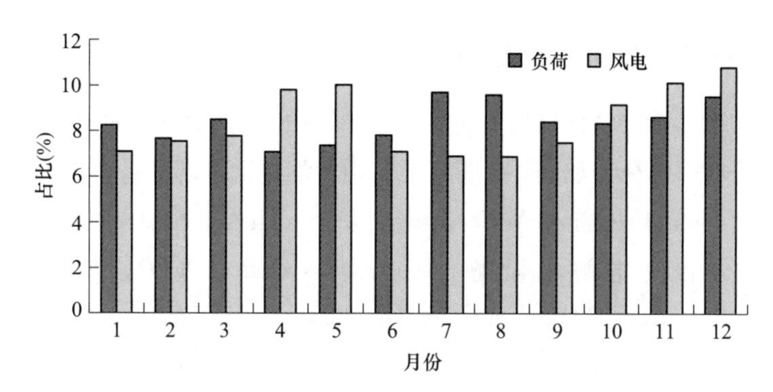

图 4-1 某地区月度电量在全年占比曲线

于高比例可再生能源并网的区域综合能源系统，需要协调优化配置短期储能装置和季节性储能装置。

储能建设是我国未来一段时间内的重要任务，“十四五”规划提出，2030年，实现新型储能全面市场化发展，2025年，新型储能由商业化初期步入规模化发展阶段。随着能源互联网的构建以及储能技术的不断发展，储能类型更加多元化。相比于短期储能，配置季节性储能可以实现长时间尺度的能量大规模转移，是应对可再生能源与负荷季节性不平衡的重要方法。在此，将综合能源系统中规划配置的季节性储能的存储介质设定包括储电、储热、储氢三种类型。有文献统计发现，当以相同放电深度（depth of discharge，DOD）循环充放电，达到一定次数后，氢储能的能量转换效率远高于电池储能。氢储能更适合应用于大容量、长时间的能量存储系统。氢能本身又是一种绿色高效的优质能源，而且储氢相比于其他储能介质，在能量损耗、投资成本方面具有较大优势。氢储能可以分为高压气态、低温液态和固态有机氢化物三种主要形式。高压气态储氢为目前的主流储氢方式。

针对电—热—冷—气区域综合能源系统，本章将选取电储能、热储能和冷储能装置作为短期储能，能量的调度周期为一天，用于能量的日内调整和优化；选取氢储能装置作为季节性储能，能量的调度周期为一年，用于调控能量的季节性转移，实现全年能量的最优平衡。在多种能量形式的转换利用、耦合互补的基础上，通过协调优化配置短期储能和季节性储能装置，在满足多种能量供需平衡的基础上，提高能量的利用率和系统的经济性。

4.2 区域综合能源系统建模

以电—热—冷—氢区域综合能源系统为研究对象，建立含有电、热、冷和氢等四种能源形式生产、转换和使用的综合能源系统模型。

4.2.1 区域综合能源系统结构

依据能源传递过程将区域综合能源系统划分为能量输入、能量转换、能量储存、能量输出四个部分，如图4-2所示。其中，能量输入部分有来自上级电网、天然气网、风电（wind turbine，WT）和光伏发电（photovoltaic，PV）等四种能源；能量转换部分含有电解水设备（electrolysis device，ED）、热交换器（heat exchanger，HE）、电锅炉（electric boiler，EB）、压缩式制冷机（compression electric refrigerator group，CERG）、燃气轮机（gas turbine，GT）和吸收式制冷机（absorption chiller，AC）等设备，ED和HE构成电转氢热设备（power to hydrogen and heat，P2HH）；能量储存部分考虑氢储能（hydrogen energy storage，HES）、电储能（electrical energy storage，EES）、热储能（thermal energy storage，TES）和冷储能（cold energy storage，CES）等四种类型储能装置；能量输出包括氢、电、热、冷四种形式的负荷。

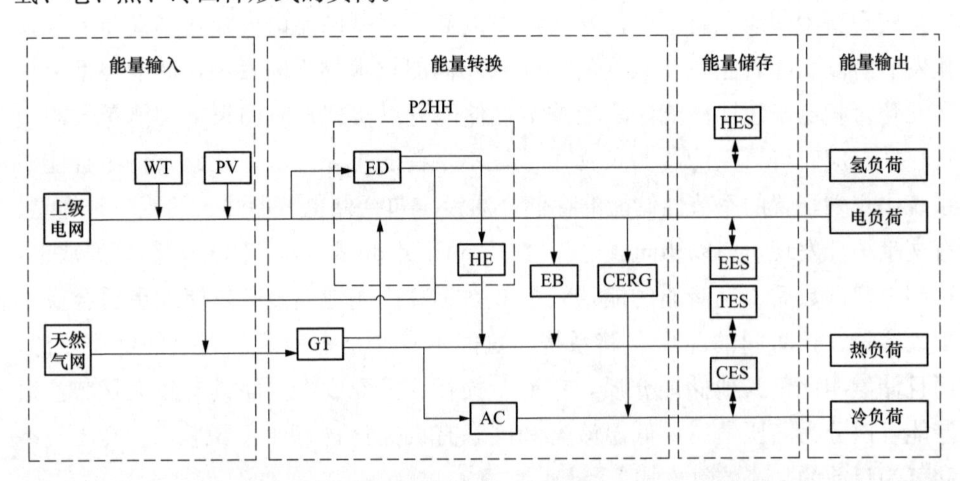

图4-2 区域综合能源系统结构示意图

4.2.2 能量输入模型

区域综合能源系统的能量输入部分包括电能输入和天然气输入。电能输入由风电、光伏发电和上级电网供给。天然气输入主要由天然气网直接供给燃气轮机。

1. 风光发电输出功率模型

风光发电输出功率模型为

$$0 \leqslant P_{\mathrm{WT}}^{t} \leqslant P_{\mathrm{WT,r}}^{t} \tag{4-1}$$

$$0 \leqslant P_{\mathrm{PV}}^{t} \leqslant P_{\mathrm{PV,r}}^{t} \tag{4-2}$$

式中　P_{WT}^{t} P_{PV}^{t} ——时刻 t 的风电并网功率；

P_{PV}^{t} ——时刻 t 的光伏发电并网功率；

$P_{WT,r}^{t}$ ——时刻 t 风机的实际输出功率；

$P_{PV,r}^{t}$ ——时刻 t 光伏发电的实际输出功率。

2. 上级电网供电功率模型

当区域综合能源系统存在功率缺额时向上级电网购电，但上级电网与区域综合能源系统二者的交互功率不应超过联络线功率的上限，如式（4-3）所示。考虑到区域综合能源系统中分布式风光装机容量较小，在此不考虑区域综合能源系统向上级电网售电情形。

$$0 \leqslant P_{e,b}^{t} \leqslant P_{Grid}^{max} \tag{4-3}$$

式中　$P_{e,b}^{t}$ ——时刻 t 区域综合能源系统向上级电网的购电功率；

P_{Grid}^{max} ——联络线传输功率上限。

3. 天然气网供气功率模型

天然气网是主要的天然气输入渠道。考虑输气管道输气能力以及天然气能量总量的限制，区域综合能源系统耗气量折算的功率不应超过天然气网可供给气功率上限，即

$$0 \leqslant P_{gas,b}^{t} \leqslant P_{gas}^{max} \tag{4-4}$$

式中　$P_{gas,b}^{t}$ ——时刻 t 区域综合能源系统向天然气网的购气功率；

P_{gas}^{max} ——天然气网可供给的气功率上限。

4.2.3　能量转换模型

区域综合能源系统的能量转换部分包括考虑燃气轮机、电锅炉、吸收式制冷机、压缩式制冷机以及电解水设备和热交换器运行中电转氢热能量。

1. 电转氢热模型

电解水制氢设备是电转氢热模型的重要组成。在此采用碱性电解水制氢技术，电解水设备的工作电压会同时受到工作电流和工作温度的影响，其制氢效率受环境温度影响较大。电解水制氢过程中，会产生大量的热，系统中用热交换器实现能量的梯级利用。式（4-5）～式（4-7）分别为电解水制氢系统的输入电功率、输出氢功率和输出热功率的计算表达式，即

$$P_{ED,in} = i_{ED} U_{ED}(i_{ED}, T_{ED}) \tag{4-5}$$

$$P_{ED,out} = i_{ED} U_{ED}^{min}(T_{ED}) \tag{4-6}$$

$$Q_{ED,out} = P_{ED,in} - P_{ED,out} \tag{4-7}$$

式中　$P_{ED,in}$ ——电解水制氢系统的输入电功率；

$P_{ED,out}$ ——电解水制氢系统的输出氢功率；

$Q_{ED,out}$ ——电解水制氢系统的输出热功率；
U_{ED} ——电解水制氢系统的工作电压；
i_{ED} ——电解水制氢系统的工作电流；
T_{ED} ——电解水制氢系统的工作温度；
U_{ED}^{min} ——电解水制氢系统工作最小电压。

在此采用线性模型构建输入电功率与输出氢功率的关系，如式（4-8）所示，输入电功率与输出热功率的关系，即

$$P_{ED,out}^{t}=P_{ED,in}^{t}\eta_{ED,H} \tag{4-8}$$

$$Q_{ED,out}^{t}=P_{ED,in}^{t}\eta_{ED,T} \tag{4-9}$$

式中　$P_{ED,in}^{t}$ ——时刻 t 电解水制氢系统输入的电功率；
$P_{ED,out}^{t}$ ——时刻 t 电解水制氢系统输出的氢功率；
$Q_{ED,out}^{t}$ ——时刻 t 电解水制氢系统输出的热功率；
$\eta_{ED,H}$ ——电解水制氢系统的制氢效率；
$\eta_{ED,T}$ ——电解水制氢系统的制热能效系数。

电解水制氢系统输入电功率应不超过碱性电解槽允许的最大电功率且不低于启动功率，如式（4-10）所示；碱性电解槽的工作状态模型如式（4-11）、式（4-12）所示。热交换器并入热网的热功率应不超过其从电解水制氢系统回收的热功率，即

$$\varepsilon_{ED}^{t}P_{ED}^{min}\leqslant P_{ED,in}^{t}\leqslant \varepsilon_{ED}^{t}P_{ED}^{max} \tag{4-10}$$

$$I_{ED,on}^{t+1}-I_{ED,off}^{t+1}=\varepsilon_{ED}^{t+1}-\varepsilon_{ED}^{t} \tag{4-11}$$

$$I_{ED,on}^{t}+I_{ED,off}^{t}\leqslant 1 \tag{4-12}$$

$$0\leqslant P_{HE}^{t}\leqslant Q_{ED,out}^{t}\eta_{HE} \tag{4-13}$$

式中　P_{ED}^{max} ——电解水制氢系统允许输入的最大电功率；
P_{ED}^{min} ——电解水制氢系统工作最小电功率；
P_{HE}^{t} ——时刻 t 热交换器输入热网的热功率；
η_{HE} ——热交换器的热回收效率；
ε_{ED}^{t} ——时刻 t 电解水制氢系统运行状态，1 表示运行，0 表示停止；
$I_{ED,on}^{t+1}$ ——时刻 $t+1$ 电解水制氢系统启动状态。
$I_{ED,off}^{t+1}$ ——时刻 $t+1$ 电解水制氢系统关闭状态。

2. 燃气轮机模型

选取燃气轮机为热电联产机组，为系统同时提供电功率和热功率。对于燃气热电联产机组，输入的气功率和输出的电功率的关系如式（4-14）所示，输入的气功率和输出的热功率的关系如式（4-15）所示。燃气轮机的运行需要满足最大、最小输入功率限制如式（4-16）所示；燃气轮机的启停状态及开关动作的相

关约束如式（4-17）、式（4-18）所示。同时，燃气轮机输出功率上爬坡、下爬坡约束，如式（4-19）所示。即

$$P_{GT,E}^{t}=P_{GT,in}^{t}\eta_{GT} \tag{4-14}$$

$$P_{GT,T}^{t}=P_{GT,in}^{t}\eta_{GT}r_{GT} \tag{4-15}$$

$$\varepsilon_{GT}^{t}P_{GT}^{min}\leqslant P_{GT,in}^{t}\leqslant \varepsilon_{GT}^{t}P_{GT}^{max} \tag{4-16}$$

$$I_{GT,on}^{t+1}-I_{GT,off}^{t+1}=\varepsilon_{GT}^{t+1}-\varepsilon_{GT}^{t} \tag{4-17}$$

$$I_{GT,on}^{t}+I_{GT,off}^{t}\leqslant 1 \tag{4-18}$$

$$\Delta P_{GT,down}\leqslant P_{GT,in}^{t+1}-P_{GT,in}^{t}\leqslant \Delta P_{GT,up} \tag{4-19}$$

式中　$P_{GT,in}^{t}$——时刻 t 燃气轮机输入的气功率；

$P_{GT,E}^{t}$——时刻 t 燃气轮机输出的电功率；

$P_{GT,T}^{t}$——时刻 t 燃气轮机输出的热功率；

η_{GT}——燃气轮机的电能转换效率；

r_{GT}——燃气轮机输出的热功率与电功率的比值；

P_{GT}^{max}——燃气轮机允许输入最大气功率；

P_{GT}^{min}——燃气轮机正常工作最小气功率；

ε_{GT}^{t}——时刻 t 燃气轮机的运行状态，1 表示运行，0 表示停止；

$I_{GT,on}^{t+1}$——时刻 $t+1$ 燃气轮机处于启动；

$I_{GT,off}^{t+1}$——时刻 $t+1$ 燃气轮机停机；

$\Delta P_{GT,up}$——燃气轮机最大上爬破功率；

$\Delta P_{GT,down}$——燃气轮机最小下爬坡功率。

这里考虑燃气轮机可以使用氢混天然气作为燃料。时刻 t 燃气轮机的输入气功率 $P_{GT,in}^{t}$ 可表达为

$$P_{GT,in}^{t}=P_{gas,b}^{t}+P_{H,NGN}^{t} \tag{4-20}$$

式中　$P_{H,NGN}^{t}$——氢混合入天然气网的功率，要求满足式（4-21）所示的约束，即

$$0\leqslant P_{H,NGN}^{t}\leqslant r_{NGN,H}\frac{LHV_{H_2}}{LHV_{CH_4}}\frac{\rho_{CH_4}}{\rho_{H_2}}P_{gas}^{max} \tag{4-21}$$

式中　$r_{NGN,H}$——天然气管网掺氢的最大允许比例；

LHV_{H_2}——氢气低热值；

LHV_{CH_4}——甲烷低热值；

ρ_{H_2}——氢气密度；

ρ_{CH_4}——甲烷密度。

3. 电锅炉模型

电锅炉可以直接将电网的电功率转换为热功率供给用户，实现了输入电功率到输出热功率的转换。电锅炉输入电功率和输出热功率的关系如式（4-22）表

示，其输入电功率不超过其额定最大功率，约束条件如式（4-23）所示，即

$$P_{\mathrm{EB,out}}^{t}=P_{\mathrm{EB,in}}^{t}\eta_{\mathrm{EB}} \tag{4-22}$$

$$0\leqslant P_{\mathrm{EB,in}}^{t}\leqslant P_{\mathrm{EB}}^{\max} \tag{4-23}$$

式中 $P_{\mathrm{EB,in}}^{t}$——时刻 t 电锅炉输入的电功率；

$P_{\mathrm{EB,out}}^{t}$——时刻 t 电锅炉输出的热功率；

η_{EB}——电锅炉的能量转换效率；

$P_{\mathrm{EB}}^{\max}$——电锅炉允许输入的最大电功率。

4. 制冷设备模型

吸收式制冷机和压缩式制冷机是两种常用的制冷设备，在供应冷功率的同时，均可以起到能量调节、提高系统整体能量利用率的作用。吸收式制冷机可以将热网中的余热吸收，转换为冷功率供给用户。其中，溴化锂吸收式制冷机组应用最为广泛。吸收式制冷机的输入热功率不可超过设备允许的最大功率，如式（4-24）所示，且输入热功率和输出冷功率的关系，如式（4-25）所示。压缩式制冷机可以实现电功率到冷功率的转换，输入电功率受制于设备允许的最大功率，如式（4-26）所示，且输入电功率和输出冷功率的关系，如式（4-27）所示。即

$$0\leqslant P_{\mathrm{AC,in}}^{t}\leqslant P_{\mathrm{AC}}^{\max} \tag{4-24}$$

$$P_{\mathrm{AC,out}}^{t}=P_{\mathrm{AC,in}}^{t}\eta_{\mathrm{AC}} \tag{4-25}$$

$$0\leqslant P_{\mathrm{CERG,in}}^{t}\leqslant P_{\mathrm{CERG}}^{\max} \tag{4-26}$$

$$P_{\mathrm{CERG,out}}^{t}=P_{\mathrm{CERG,in}}^{t}\eta_{\mathrm{CERG}} \tag{4-27}$$

式中 $P_{\mathrm{AC,in}}^{t}$——时刻 t 吸收式制冷机输入热功率；

$P_{\mathrm{AC,out}}^{t}$——时刻 t 吸收式制冷机输出冷功率；

$P_{\mathrm{CERG,in}}^{t}$——时刻 t 压缩式制冷机输入电功率；

$P_{\mathrm{CERG,out}}^{t}$——时刻 t 压缩式制冷机输出冷功率；

η_{AC}——吸收式制冷机能效系数；

η_{CERG}——压缩式制冷机能效系数；

$P_{\mathrm{AC}}^{\max}$——吸收式制冷机允许输入最大热功率；

$P_{\mathrm{CERG}}^{\max}$——压缩式制冷机允许输入最大电功率。

4.2.4 能量储存模型

能量储存部分包含电储能、热储能、冷储能和氢储能等形式储能装置。

1. 电储能模型

选用电池储能为电储能装置。通过调控储能电池的充放电实现电能的日内调整，为短期储能。式（4-28）表示电储能各时刻的充放电功率应不超过配置的

额定功率；式（4-29）表示电储能各时刻的能量状态水平的上、下限约束；式（4-30）表示电储能在日内不同时刻的能量状态；式（4-31）表示同一时刻电储能不可同时充电和放电；式（4-32）表示电储能的能量水平在一天的调度周期结束时应保持为同一初始值。即

$$\begin{cases}0 \leqslant P_{\mathrm{EES,ch}}^{t} \leqslant P_{\mathrm{EES}}^{\mathrm{S}} \varepsilon_{\mathrm{EES,ch}}^{t} \\ 0 \leqslant P_{\mathrm{EES,dis}}^{t} \leqslant P_{\mathrm{EES}}^{\mathrm{S}} \varepsilon_{\mathrm{EES,dis}}^{t}\end{cases} \tag{4-28}$$

$$0.2E_{\mathrm{EES}}^{\mathrm{S}} \leqslant E_{\mathrm{EES}}^{t} \leqslant E_{\mathrm{EES}}^{\mathrm{S}} \tag{4-29}$$

$$E_{\mathrm{EES}}^{t+1} = (1-\gamma_{\mathrm{EES}}^{\mathrm{loss}})E_{\mathrm{EES}}^{t} + (P_{\mathrm{EES,ch}}^{t}\eta_{\mathrm{EES}} - P_{\mathrm{EES,dis}}^{t}/\eta_{\mathrm{EES}})\Delta t_{\mathrm{S}} \tag{4-30}$$

$$\varepsilon_{\mathrm{EES,ch}}^{t} + \varepsilon_{\mathrm{EES,dis}}^{t} \leqslant 1 \tag{4-31}$$

$$E_{\mathrm{EES}}^{0} = E_{\mathrm{EES}}^{24} \tag{4-32}$$

式中 $P_{\mathrm{EES,ch}}^{t}$——时刻 t 电储能充电功率；

$P_{\mathrm{EES,dis}}^{t}$——时刻 t 电储能放电功率；

$\varepsilon_{\mathrm{EES,ch}}^{t}$——时刻 t 电储能处于充电状态，用 0 表示；

$\varepsilon_{\mathrm{EES,dis}}^{t}$——时刻 t 电储能处于放电状态，用 1 表示；

$E_{\mathrm{EES}}^{\mathrm{S}}$——电储能配置容量；

$P_{\mathrm{EES}}^{\mathrm{S}}$——电储能配置功率；

E_{EES}^{t}——时刻 t 电储能能量状态；

$\gamma_{\mathrm{EES}}^{\mathrm{loss}}$——电储能自放电系数；

η_{EES}——电储能充放电效率；

Δt_{S}——调度时间区间。

2. 热储能模型

选用蓄热罐作为热储能设备，实现热能的日内能量转移和回收利用，调控日内热能平衡，为短期储能。蓄热罐与燃气轮机以及电锅炉等供热设备的协调配合，以改善系统的供热特性并降低能量损耗。式（4-33）表示热储能的各时刻的充放热功率应不超过其安装功率；式（4-34）表示热储能各时刻的能量状态水平的上、下限约束；式（4-35）表示热储能在日内不同时刻的能量状态水平关系；式（4-36）表示同一时刻热储能不可同时充热和放热；式（4-37）表示热储能的能量状态在一天的调度周期结束时应返回初始值。即

$$\begin{cases}0 \leqslant P_{\mathrm{TES,ch}}^{t} \leqslant P_{\mathrm{TES}}^{\mathrm{S}} \varepsilon_{\mathrm{TES,ch}}^{t} \\ 0 \leqslant P_{\mathrm{TES,dis}}^{t} \leqslant P_{\mathrm{TES}}^{\mathrm{S}} \varepsilon_{\mathrm{TES,dis}}^{t}\end{cases} \tag{4-33}$$

$$0.2E_{\mathrm{TES}}^{\mathrm{S}} \leqslant E_{\mathrm{TES}}^{t} \leqslant E_{\mathrm{TES}}^{\mathrm{S}} \tag{4-34}$$

$$E_{\mathrm{TES}}^{t+1} = (1-\gamma_{\mathrm{TES}}^{\mathrm{loss}})E_{\mathrm{TES}}^{t} + (P_{\mathrm{TES,ch}}^{t}\eta_{\mathrm{TES}} - P_{\mathrm{TES,dis}}^{t}/\eta_{\mathrm{TES}})\Delta t_{\mathrm{S}} \tag{4-35}$$

$$\varepsilon_{\mathrm{TES,ch}}^{t} + \varepsilon_{\mathrm{TES,dis}}^{t} \leqslant 1 \tag{4-36}$$

$$E_{TES}^{0}=E_{TES}^{24} \tag{4-37}$$

式中 $P_{TES,ch}^{t}$——时刻 t 热储能充热功率；

$P_{TES,dis}^{t}$——时刻 t 热储能放热功率；

$\varepsilon_{TES,ch}^{t}$——时刻 t 热储能处于充热状态，用 0 表示；

$\varepsilon_{TES,dis}^{t}$——时刻 t 热储能处于放热状态，用 1 表示；

E_{TES}^{S}——热储能配置容量；

P_{TES}^{S}——热储能配置装功率；

E_{TES}^{t}——时刻 t 热储能能量状态；

γ_{TES}^{loss}——热储能自损耗系数；

η_{TES}——热储能充放热效率。

3. 冷储能模型

选用水蓄冷罐作为冷储能设备，参与日内能量平衡调控，为短期储能。式（4-38）表示冷储能的各时刻的充放冷功率应不超过其安装功率；式（4-39）表示冷储能各时刻的能量状态的上、下限约束；式（4-40）表示冷储能在日内不同时刻的能量状态；式（4-41）表示同一时刻冷储能不可同时充冷和放冷；式（4-42）表示冷储能的能量状态在一天的调度周期结束时应返回初始值。即

$$\begin{cases}0\leqslant P_{CES,ch}^{t}\leqslant P_{CES}^{S}\varepsilon_{CES,ch}^{t}\\0\leqslant P_{CES,dis}^{t}\leqslant P_{CES}^{S}\varepsilon_{CES,dis}^{t}\end{cases} \tag{4-38}$$

$$0.2E_{CES}^{S}\leqslant E_{CES}^{t}\leqslant E_{CES}^{S} \tag{4-39}$$

$$E_{CES}^{t+1}=(1-\gamma_{CES}^{loss})E_{CES}^{t}+(P_{CES,ch}^{t}\eta_{CES}-P_{CES,dis}^{t}/\eta_{CES})\Delta t_{S} \tag{4-40}$$

$$\varepsilon_{CES,ch}^{t}+\varepsilon_{CES,dis}^{t}\leqslant 1 \tag{4-41}$$

$$E_{CES}^{0}=E_{CES}^{24} \tag{4-42}$$

式中 $P_{CES,ch}^{t}$——时刻 t 冷储能充冷功率；

$P_{CES,dis}^{t}$——时刻 t 冷储能放冷功率；

$\varepsilon_{CES,ch}^{t}$——时刻 t 冷储能处于充冷状态，用 0 表示；

$\varepsilon_{CES,dis}^{t}$——时刻 t 冷储能处于放冷状态，用 1 表示；

E_{CES}^{S}——冷储能配置容量；

P_{CES}^{S}——冷储能配置功率；

E_{CES}^{t}——时刻 t 冷储能的能量状态；

γ_{CES}^{loss}——冷储能自损耗系数；

η_{CES}——冷储能充放冷效率。

4. 氢储能模型

选择高压气态储氢罐作为氢储能设备，为季节性储能，可同时调控系统能

量日内调节和跨季节转移，实现区域综合能源系统全年能量最优平衡。

氢储能模型在一个运行日内的能量、功率约束条件与其他短期储能类似：式（4-43）表示氢储能的各时刻的充放氢功率应不超过其安装功率；式（4-44）表示氢储能各时刻的能量状态的上、下限约束；式（4-45）表示氢储能在日内不同时刻的能量状态；式（4-46）表示同一时刻氢储能不可同时充氢和放氢。

氢储能与短期储能模型的不同之处在于，其能量调度的平衡周期为1年（8760h），并且不同运行日的初始时刻能量状态水平不同。前一个运行日结束时刻的能量状态与当前运行日起始时刻能量状态相等，如式（4-47）所示。式（4-48）表示在氢储能的首个运行日起始时刻与最后一个运行日终止时刻的能量状态水平相等。即

$$\begin{cases}0 \leqslant P_{\mathrm{HES,ch}}^{p,T} \leqslant P_{\mathrm{HES}}^{\mathrm{S}} \varepsilon_{\mathrm{HES,ch}}^{p,T} \\ 0 \leqslant P_{\mathrm{HES,dis}}^{p,T} \leqslant P_{\mathrm{HES}}^{\mathrm{S}} \varepsilon_{\mathrm{HES,dis}}^{p,T}\end{cases} \tag{4-43}$$

$$0 \leqslant E_{\mathrm{HES}}^{p,T} \leqslant E_{\mathrm{HES}}^{\mathrm{S}} \tag{4-44}$$

$$E_{\mathrm{HES}}^{p,T+1} = (1-\gamma_{\mathrm{HES}}^{\mathrm{loss}}) E_{\mathrm{HES}}^{p,T} + (P_{\mathrm{HES,ch}}^{p,T} \eta_{\mathrm{HES}} - P_{\mathrm{HES,dis}}^{p,T} / \eta_{\mathrm{HES}}) \Delta t_{\mathrm{S}} \tag{4-45}$$

$$\varepsilon_{\mathrm{HES,ch}}^{p,T} + \varepsilon_{\mathrm{HES,dis}}^{p,T} \leqslant 1 \tag{4-46}$$

$$E_{\mathrm{HES}}^{p+1,0} = E_{\mathrm{HES}}^{p,24} \tag{4-47}$$

$$E_{\mathrm{HES}}^{1,0} = E_{\mathrm{HES}}^{365,24} \tag{4-48}$$

式中 p——运行日标识，取值为1～365；

T——运行日下的各个时刻标识，取值为0～24；

$P_{\mathrm{HES,ch}}^{p,T}$——运行日 p 时刻 t 氢储能充氢功率；

$P_{\mathrm{HES,dis}}^{p,T}$——运行日 p 时刻 t 氢储能放氢功率；

$\varepsilon_{\mathrm{HES,ch}}^{p,T}$——运行日 p 时刻 t 氢储能处于充氢状态，用0表示；

$\varepsilon_{\mathrm{HES,dis}}^{p,T}$——运行日 p 时刻 t 氢储能处于放氢状态，用1表示；

E_{HES}^{S}——氢储能配置容量；

P_{HES}^{S}——氢储能配置功率；

$E_{\mathrm{HES}}^{p,T}$——运行日 p 时刻 t 氢储能的能量状态水平；

$\gamma_{\mathrm{HES}}^{\mathrm{loss}}$——氢储能自损耗系数；

$\gamma_{\mathrm{HES}}^{\mathrm{loss}}$、$\eta_{\mathrm{HES}}$——氢储能充放氢效率。

综上所述，区域综合能源系统模型是耦合多种能量输入、多类型能量转换和多种能量消耗的复杂模型，特别是，能量梯级利用使能量耦合更加多元化。

4.3 区域综合能源系统储能优化配置模型

合理配置储能是实现区域综合能源系统多种形式能量协同优化利用的关键。

将采用规划和运行联合优化的思路，以提升系统经济性为目标，建立区域综合能源系统储能优化配置模型。

4.3.1 建模思路

区域综合能源系统中优化配置储能，应全面考虑不同储能设备的投资成本和功能作用，以最小的储能投资成本实现系统的高效运行，实现储能规划与系统运行经济性多目标最优。既需要考虑电储能、热储能、冷储能和氢储能对不同形式能量的蓄释能力，也需要考虑短期储能和季节性储能在实现能量转移方面调控时间尺度不同。

同时考虑规划层面和运行层面经济性，采用双层模型的建模思路，构建的多能存储系统的容量配置规划—运行联合优化双层模型，建模思路如图 4-3 所示。

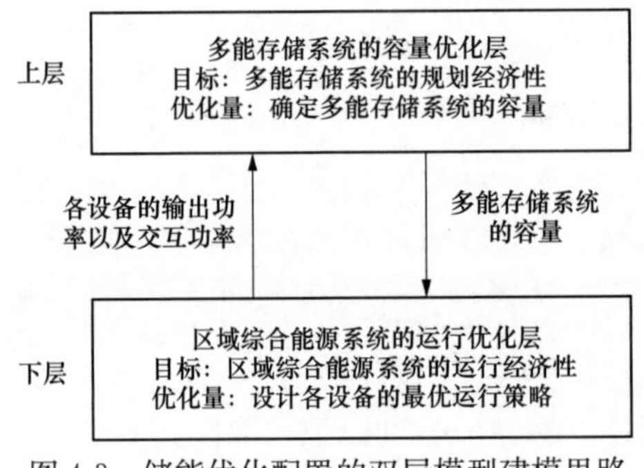

图 4-3　储能优化配置的双层模型建模思路

上层模型的优化目标为多能存储系统的规划经济性，优化各类储能装置配置；下层模型的优化目标为区域综合能源系统的运行经济性，优化各设备的最优运行策略。上层模型为下层模型确定各类储能装置的功率和容量，下层模型为上层模型提供规划场景中系统各设备的输出以及系统与电网和气网的交互功率。

4.3.2 规划层模型

上层模型为规划层优化模型，通过协调规划电储能、热储能、冷储能、氢储能的功率和容量，实现系统中储能投资成本和运行成本的总成本最优。

1. 目标函数

上层模型同时考虑储能投资成本和系统运行成本，目标函数 F_1 为

$$\min F_1 = C_{\text{inv}} + C_{\text{op}} \tag{4-49}$$

式中　C_{inv}——区域综合能源系统储能投资成本；

C_{op}——区域综合能源系统运行成本。

储能投资成本包括功率和容量的投资，将储能投资成本通过等年值投资系数折合为年等效投资成本，即

$$C_{inv}=\sum_i \frac{r(1+r)^{Y_i}}{(1+r)^{Y_i}-1}(c_{e,i}^{S}E_i^{S}+c_{p,i}^{S}P_i^{S}) \quad i\in\{EES,TES,CES,HES\} \tag{4-50}$$

式中　i——储能的类型；

r——折现率；

Y_i——储能 i 的寿命；

$c_{e,i}^{S}$——储能 i 的单位容量投资成本；

$c_{p,i}^{S}$——储能 i 的单位功率投资成本；

E_i^{S}——储能 i 配置容量；

P_i^{S}——储能 i 配置功率。

区域综合能源系统的运行成本，包括各机组的维护成本、机组的启动成本、向上级电网购电成本、向天然气网购气成本以及能源生产和使用带来的环境成本。系统年运行成本为

$$C_{op}=C_{om}+C_{on}+C_{buy,e}+C_{buy,g}+C_{env} \tag{4-51}$$

式中　C_{om}——设备维护成本；

C_{on}——设备启动成本；

$C_{buy,e}$——系统向上级电网购电成本；

$C_{buy,g}$——系统向天然气网购气成本；

C_{env}——环境成本。

采用第 2 章的 K-means 算法，可得到区域综合能源系统的典型日及其发生概率。基于典型日内运行成本，系统运行计算如下：设备维护成本包括光伏、风电、燃气轮机、电锅炉、压缩式制冷机、电解水设备、吸收式制冷机和各类型储能等设备维护成本如式（4-52）所示；设备启动成本考虑燃气轮机和电解水制氢系统的启动成本如式（4-53）所示；向上级电网购电成本如式（4-54）所示；向天然气网购气成本如式（4-55）所示；环境成本用碳排放成本表示，如式（4-56）所示。即

$$C_{om}=D\sum_{d=1}^{N_d}\sum_{t=1}^{N_t}w_d[c_{om,PV}P_{PV}^{d,t}+c_{om,WT}P_{WT}^{d,t}+c_{om,GT}P_{GT,in}^{d,t}+c_{om,EB}P_{EB,in}^{d,t}+ \\ c_{om,CERG}P_{CERG,in}^{d,t}+c_{om,ED}P_{ED,in}^{d,t}+c_{om,AC}P_{AC,in}^{d,t}+\sum_i c_{om,S}^{i}(P_{i,ch}^{d,t}+P_{i,dis}^{d,t})] \tag{4-52}$$

$$C_{\text{on}}=D\sum_{d=1}^{Nd}\sum_{t=1}^{Nt}w_d(c_{\text{on,GT}}I_{\text{GT,on}}^{d,t}+c_{\text{on,ED}}I_{\text{ED,on}}^{d,t}) \tag{4-53}$$

$$C_{\text{buy,e}}=D\sum_{d=1}^{Nd}\sum_{t=1}^{Nt}w_d c_{\text{e,b}}^{t}P_{\text{e,b}}^{d,t} \tag{4-54}$$

$$C_{\text{buy,g}}=D\sum_{d=1}^{Nd}\sum_{t=1}^{Nt}w_d c_{\text{gas,b}}P_{\text{gas,b}}^{d,t} \tag{4-55}$$

$$C_{\text{env}}=D\sum_{d=1}^{Nd}\sum_{t=1}^{Nt}w_d c_{\text{Co2}}(g^{\text{grid}}P_{\text{e,b}}^{d,t}+g^{\text{GT}}P_{\text{GT,in}}^{d,t}) \tag{4-56}$$

式中 N_d ——典型日的总数。

N_t ——典型日内调度时段数。

d ——典型日标识，d 取值为 $1\sim N_d$。

t ——典型日下时刻标识，t 取值为 $1\sim N_t$。当某一物理量上角标带有 d 和 t 时，代表典型日 d 下时刻 t 的该值。

w_d ——典型日 d 在全年出现的概率。

D ——全年总天数，取值为 365。

$c_{\text{om,PV}}$ ——光伏发电单位功率维护成本。

$c_{\text{om,WT}}$ ——风电单位功率维护成本。

$c_{\text{om,GT}}$ ——燃气轮机单位功率维护成本。

$c_{\text{om,EB}}$ ——电锅炉单位功率维护成本。

$c_{\text{om,CERG}}$ ——压缩式制冷机单位功率维护成本。

$c_{\text{om,ED}}$ ——电解水制氢系统单位功率维护成本。

$c_{\text{om,AC}}$ ——吸收式制冷机单位功率维护成本。

$c_{\text{om,S}}^{i}$ ——储能 i 的单位功率维护成本。

$c_{\text{on,GT}}$ ——燃气轮机单位启动成本。

$c_{\text{on,ED}}$ ——电解水制氢系统单位启动成本。

$c_{\text{e,b}}^{t}$ ——时间 t 向上级电网购电电价。

$c_{\text{gas,b}}$ ——向天然气网购气气价。

c_{Co_2} ——单位碳排放价格。

g^{grid} ——上级电网电能的单位碳排放量。

g^{GT} ——燃气轮机运行的单位碳排放量。

2. 约束条件

储能容量和功率规划受到技术条件、安装空间以及投资金额等多因素限制。其中，容量规划约束如式（4-57）所示；功率规划约束如式（4-58）所示，即

$$E_{i,\min}^{\text{S}}\leqslant E_i^{\text{S}}\leqslant E_{i,\max}^{\text{S}} \tag{4-57}$$

$$P_{i,\min}^{\text{S}}\leqslant P_i^{\text{S}}\leqslant P_{i,\max}^{\text{S}} \tag{4-58}$$

式中 $E_{i,\max}^{S}$——储能 i 规划容量上限；

$E_{i,\min}^{S}$——储能 i 规划容量下限；

$P_{i,\max}^{S}$——储能 i 规划功率上限。

$P_{i,\min}^{S}$——储能 i 规划功率下限。

4.3.3 运行层模型

下层模型为运行层优化模型，基于上层模型优化得到的电储能、热储能、冷储能、氢储能配置功率和容量，确定各设备的最优运行策略。通过优化各设备能量调度以及与上级电网、天然气网的功率交互，实现系统运行总成本最低。

1. 目标函数

如前文所述，区域综合能源系统的运行成本包括各机组的维护成本、部分机组的启动成本、向上级电网购电成本、向天然气网购气成本和环境成本。考虑季节性储能的能量调控时间尺度为一年，下层优化模型的目标函数 F_2 为区域综合能源系统的年运行成本最小，即

$$\min F_2 = C_{\text{op}} \tag{4-59}$$

2. 约束条件

区域综合能源系统的稳定运行，需要满足系统级、设备级以及系统指标三类约束。

(1) 系统级约束。系统级约束包括上级电网、天然气网与区域能源系统交互功率约束以及系统的功率平衡约束。

区域综合能源系统中的能量输入包括风电、光伏发电、上级电网和天然气网。为了保证上级供能系统的稳定，运行层模型不考虑电能和气能倒送情形。当风电和光伏均处于发电低谷且难以满足负荷要求时，区域综合能源系统可以向上级电网购电或向天然气网购气以实现能量平衡，但是向上级电网的购电功率应不超过联络线功率上限，如式 (4-60) 所示；向天然气网购气功率不超过允许的购气功率上限，如式 (4-61) 所示，即

$$0 \leqslant P_{\text{e,b}}^{d,t} \leqslant P_{\text{Grid}}^{\max} \tag{4-60}$$

$$0 \leqslant P_{\text{gas,b}}^{d,t} \leqslant P_{\text{gas}}^{\max} \tag{4-61}$$

基于能量供需平衡，建立约束包括：电功率平衡如式 (4-62) 所示；热功率平衡如式 (4-63) 所示；冷功率平衡如式 (4-64) 所示；氢功率平衡如式 (4-65) 所示。考虑燃气轮机可以氢混天然气为燃料，建立天然气的功率平衡约束如式 (4-66) 所示。当前技术水平下天然气管网掺氢的浓度有一定限制，如式 (4-67) 所示。即

$$P_{\text{WT}}^{d,t} + P_{\text{PV}}^{d,t} + P_{\text{GT,in}}^{d,t}\eta_{\text{GT}} + P_{\text{EES,dis}}^{d,t} + P_{\text{e,b}}^{d,t} - P_{\text{EB,in}}^{d,t} -$$

$$P_{\mathrm{CERG,in}}^{d,t} - P_{\mathrm{ED,in}}^{d,t} - P_{\mathrm{EES,ch}}^{d,t} = L_{\mathrm{E}}^{d,t} \tag{4-62}$$

$$P_{\mathrm{GT,in}}^{d,t}\eta_{\mathrm{GT}}r_{\mathrm{GT}} + P_{\mathrm{EB,in}}^{d,t}\eta_{\mathrm{EB}} + P_{\mathrm{HE}}^{d,t} + P_{\mathrm{TES,dis}}^{d,t} - P_{\mathrm{TES,ch}}^{d,t} - P_{\mathrm{AC,in}}^{d,t} = L_{\mathrm{T}}^{d,t} \tag{4-63}$$

$$P_{\mathrm{CERG,in}}^{d,t}\eta_{\mathrm{CERG}} + P_{\mathrm{AC,in}}^{d,t}\eta_{\mathrm{AC}} + P_{\mathrm{CES,dis}}^{d,t} - P_{\mathrm{CES,ch}}^{d,t} = L_{\mathrm{C}}^{d,t} \tag{4-64}$$

$$P_{\mathrm{ED,out}}^{d,t} + P_{\mathrm{HES,dis}}^{d,t} - P_{\mathrm{HES,ch}}^{d,t} - P_{\mathrm{H,NGN}}^{d,t} = L_{\mathrm{H}}^{d,t} \tag{4-65}$$

$$P_{\mathrm{gas,b}}^{d,t} + P_{\mathrm{H,NGN}}^{d,t} = P_{\mathrm{GT,in}}^{d,t} \tag{4-66}$$

$$0 \leqslant P_{\mathrm{H,NGN}}^{d,t} \leqslant r_{\mathrm{NGN,H}}\frac{LHV_{\mathrm{H_2}}}{LHV_{\mathrm{CH_4}}}\frac{\rho_{\mathrm{CH_4}}}{\rho_{\mathrm{H_2}}}P_{\mathrm{gas}}^{\max} \tag{4-67}$$

式中 $L_{\mathrm{E}}^{d,t}$——典型日 d 时刻 t 电负荷功率；

$L_{\mathrm{T}}^{d,t}$——典型日 d 时刻 t 热负荷功率；

$L_{\mathrm{C}}^{d,t}$——典型日 d 时刻 t 冷负荷功率；

$L_{\mathrm{H}}^{d,t}$——典型日 d 时刻 t 氢负荷功率。

（2）设备级约束。将区域综合能源系统中的设备分为储能设备和非储能设备两大类。

储能设备包括短期储能和季节性储能两种类型。短期储能包括电储能、热储能和冷储能。储能充放功率上下限约束如式（4-68）所示；储能能量状态上、下限约束如式（4-69）所示；同一典型日相邻调度时刻间能量关系约束如式（4-70）所示；同一调度时刻只可充或放功率约束如式（4-71）所示；能量充放周期为 24h 约束如式（4-72）所示。

$$\begin{cases} 0 \leqslant P_{\chi,\mathrm{ch}}^{d,t} \leqslant P_{\chi}^{\mathrm{S}}\varepsilon_{\chi,\mathrm{ch}}^{d,t} \\ 0 \leqslant P_{\chi,\mathrm{dis}}^{d,t} \leqslant P_{\chi}^{\mathrm{S}}\varepsilon_{\chi,\mathrm{dis}}^{d,t} \end{cases} \tag{4-68}$$

$$0.2E_{\chi}^{\mathrm{S}} \leqslant E_{\chi}^{d,t} \leqslant E_{\chi}^{\mathrm{S}} \tag{4-69}$$

$$E_{\chi}^{d,t+1} = (1-\gamma_{\chi}^{\mathrm{loss}})E_{\chi}^{d,t} + (P_{\chi,\mathrm{ch}}^{d,t}\eta_{\chi} - P_{\chi,\mathrm{dis}}^{d,t}/\eta_{\chi})\Delta t_{\mathrm{S}} \tag{4-70}$$

$$\varepsilon_{\chi,\mathrm{ch}}^{d,t} + \varepsilon_{\chi,\mathrm{dis}}^{d,t} \leqslant 1 \tag{4-71}$$

$$E_{\chi}^{d,0} = E_{\chi}^{d,24} \tag{4-72}$$

式中 χ——短期储能的类型，$\chi \in \{\mathrm{EES}, \mathrm{TES}, \mathrm{CES}\}$，当某个物理量带有下标 χ 时，代表某一类型短期储能的物理量。

季节性储能为氢储能，其在典型日内运行约束与短期储能相同，包括充放功率上、下限约束式（4-73）、能量状态水平上、下限约束式（4-74）、同一典型日相邻调度时刻间能量关系约束式（4-75）、同一调度时刻只可充或放功率约束式（4-76）。但由于季节性储能实现的是全年能量最优平衡，各典型日的起始时刻能量状态可能不同，需要考虑典型日的先后次序并建立不同典型日间的能量关系。由于典型日表征的是一类场景下出现的概率，所以氢储能在后一典型日的能量状态与当前典型日的能量状态可近似表示为式（4-77）。同时，氢储能应满足在规划年起始时刻与终止时刻能量状态相等，如式（4-78）所示。

$$\begin{cases}0 \leqslant P_{\mathrm{HES,ch}}^{d,t} \leqslant P_{\mathrm{HES}}^{\mathrm{S}} \varepsilon_{\mathrm{HES,ch}}^{d,t} \\ 0 \leqslant P_{\mathrm{HES,dis}}^{d,t} \leqslant P_{\mathrm{HES}}^{\mathrm{S}} \varepsilon_{\mathrm{HES,dis}}^{d,t}\end{cases} \tag{4-73}$$

$$0 \leqslant E_{\mathrm{HES}}^{d,t} \leqslant E_{\mathrm{HES}}^{\mathrm{S}} \tag{4-74}$$

$$E_{\mathrm{HES}}^{d,t+1} = (1-\gamma_{\mathrm{HES}}^{\mathrm{loss}}) E_{\mathrm{HES}}^{d,t} + (P_{\mathrm{HES,ch}}^{d,t} \eta_{\mathrm{HES}} - P_{\mathrm{HES,dis}}^{d,t} / \eta_{\mathrm{HES}}) \Delta t_S \tag{4-75}$$

$$\varepsilon_{\mathrm{HES,ch}}^{d,t} + \varepsilon_{\mathrm{HES,dis}}^{d,t} \leqslant 1 \tag{4-76}$$

$$E_{\mathrm{HES}}^{d+1,0} = (1-\gamma_{\mathrm{HES}}^{\mathrm{loss}} D w_d \Delta t) \times [E_{\mathrm{HES}}^{d,0} + D w_d \times (E_{\mathrm{HES}}^{d,24} - E_{\mathrm{HES}}^{d,0})] \tag{4-77}$$

$$E_{\mathrm{HES}}^{1,0} = E_{\mathrm{HES}}^{N_d,24} \tag{4-78}$$

非储能设备包括风电、光伏、燃气轮机、电转氢热设备、压缩式制冷机、吸收式制冷机和电锅炉等。风电和光伏发电并网功率小于等于实际发电功率，如式（4-79）、式（4-80）所示。燃气轮机、电转氢热设备、压缩式制冷机、吸收式制冷机和电锅炉运行功率满足对应的功率上、下限约束，如式（4-81）～式（4-86）所示。此外，燃气轮机爬坡约束如式（4-87）所示。燃气轮机和电解水制氢系统还需分别考虑启停状态约束，如式（4-88）～式（4-91）所示。

$$0 \leqslant P_{\mathrm{WT}}^{d,t} \leqslant P_{\mathrm{WT,r}}^{d,t} \tag{4-79}$$

$$0 \leqslant P_{\mathrm{PV}}^{d,t} \leqslant P_{\mathrm{PV,r}}^{d,t} \tag{4-80}$$

$$\varepsilon_{\mathrm{GT}}^{d,t} P_{\mathrm{GT}}^{\min} \leqslant P_{\mathrm{GT,in}}^{d,t} \leqslant \varepsilon_{\mathrm{GT}}^{d,t} P_{\mathrm{GT}}^{\max} \tag{4-81}$$

$$\varepsilon_{\mathrm{ED}}^{d,t} P_{\mathrm{ED}}^{\min} \leqslant P_{\mathrm{ED,in}}^{d,t} \leqslant \varepsilon_{\mathrm{ED}}^{d,t} P_{\mathrm{ED}}^{\max} \tag{4-82}$$

$$0 \leqslant P_{\mathrm{HE}}^{d,t} \leqslant Q_{\mathrm{ED,out}}^{d,t} \eta_{\mathrm{HE}} \tag{4-83}$$

$$0 \leqslant P_{\mathrm{CERG,in}}^{d,t} \leqslant P_{\mathrm{CERG}}^{\max} \tag{4-84}$$

$$0 \leqslant P_{\mathrm{AC,in}}^{d,t} \leqslant P_{\mathrm{AC}}^{\max} \tag{4-85}$$

$$0 \leqslant P_{\mathrm{EB,in}}^{d,t} \leqslant P_{\mathrm{EB}}^{\max} \tag{4-86}$$

$$\Delta P_{\mathrm{GT,down}} \leqslant P_{\mathrm{GT,in}}^{d,t+1} - P_{\mathrm{GT,in}}^{d,t} \leqslant \Delta P_{\mathrm{GT,up}} \tag{4-87}$$

$$I_{\mathrm{GT,on}}^{d,t+1} - I_{\mathrm{GT,off}}^{d,t+1} = \varepsilon_{\mathrm{GT}}^{d,t+1} - \varepsilon_{\mathrm{GT}}^{d,t} \tag{4-88}$$

$$I_{\mathrm{ED,on}}^{d,t+1} - I_{\mathrm{ED,off}}^{d,t+1} = \varepsilon_{\mathrm{ED}}^{d,t+1} - \varepsilon_{\mathrm{ED}}^{d,t} \tag{4-89}$$

$$I_{\mathrm{GT,on}}^{d,t} + I_{\mathrm{GT,off}}^{d,t} \leqslant 1 \tag{4-90}$$

$$I_{\mathrm{ED,on}}^{d,t} + I_{\mathrm{ED,off}}^{d,t} \leqslant 1 \tag{4-91}$$

（3）系统运行指标约束。尽可能利用风光可再生能源是节能降碳的重要措施。将弃风弃光率设定上限值作为系统指标约束。弃风光率 β 的计算如式（4-92）所示。弃风光率满足式（4-93）。

$$\beta = \frac{D \sum_{d=1}^{N_d} \sum_{t=1}^{N_t} w_d [(P_{\mathrm{WT,r}}^{d,t} - P_{\mathrm{WT}}^{d,t}) + (P_{\mathrm{PV,r}}^{d,t} - P_{\mathrm{PV}}^{d,t})]}{D \sum_{d=1}^{N_d} \sum_{t=1}^{N_t} w_d (P_{\mathrm{WT,r}}^{d,t} + P_{\mathrm{PV,r}}^{d,t})} \tag{4-92}$$

$$\beta \leqslant \beta_{\max} \tag{4-93}$$

式中　$\beta_{\max}$——允许弃风光率上限。

4.4 配置模型求解算法

前节构建了区域综合能源系统储能优化配置的双层优化模型。其中，上层模型目标函数为式（4-49），约束条件为式（4-57）和式（4-58），优化变量为各类储能配置功率和容量，是连续变量；下层模型的目标函数为式（4-59），约束条件为式（4-60）～式（4-93），优化变量包括各类设备功率、与上级电网和天然气网的交互功率等连续变量以及设备启停状态等 0－1 变量。双层优化模型为混合整数规划（mixed-integer programming，MIP）问题。

兼顾求解效率和求解性能，设计双层优化模型的求解步骤如下：

首先，将双层优化模型转化为单层模型，即

$$\begin{cases}\min \quad F_1 \\ \text{s. t. 式(4-57)、式(4-58)、式(4-60)} \sim \text{式(4-93)}\end{cases} \tag{4-94}$$

其次，将式（4-68）转化为式（4-95），式（4-73）转化为式（4-96），使模型转化为线性优化模型，即

$$\begin{cases}0 \leqslant P_{\chi,\mathrm{ch}}^{d,t} \leqslant P_{\chi}^{\mathrm{S}} \\ 0 \leqslant P_{\chi,\mathrm{ch}}^{d,t} \leqslant \varepsilon_{\chi,\mathrm{ch}}^{d,t} M_{\mathrm{I}} \\ 0 \leqslant P_{\chi,\mathrm{dis}}^{d,t} \leqslant P_{\chi}^{\mathrm{S}} \\ 0 \leqslant P_{\chi,\mathrm{dis}}^{d,t} \leqslant \varepsilon_{\chi,\mathrm{dis}}^{d,t} M_{\mathrm{I}}\end{cases} \tag{4-95}$$

$$\begin{cases}0 \leqslant P_{\mathrm{HES,ch}}^{d,t} \leqslant P_{\mathrm{HES}}^{\mathrm{S}} \\ 0 \leqslant P_{\mathrm{HES,ch}}^{d,t} \leqslant \varepsilon_{\mathrm{HES,ch}}^{d,t} M_{\mathrm{I}} \\ 0 \leqslant P_{\mathrm{HES,dis}}^{d,t} \leqslant P_{\mathrm{HES}}^{\mathrm{S}} \\ 0 \leqslant P_{\mathrm{HES,dis}}^{d,t} \leqslant \varepsilon_{\mathrm{HES,dis}}^{d,t} M_{\mathrm{I}}\end{cases} \tag{4-96}$$

式中　M_{I}——无穷大的正整数。

然后，对转换后的混合整数线性优化模型，基于 MATLAB 2017a 平台，采用 Yalmip 建模：采用 sdpvar 函数和 binvar 函数分别定义连续变量和 0－1 变量，然后结合已知变量列写目标函数和约束条件。

最后，调用 solvesdp 函数求解 Yalmip 建模的优化模型，得到电储能、热储能、冷储能和氢储能装置的最优配置功率和容量。

4.5 算例分析

选用如图 4-2 所示的电—热—冷—氢综合能源系统为算例系统。采用前述建模方法和求解算法，下面将开展区域综合能源系统储能容量优化配置方案设计及运行特性分析。

4.5.1 算例系统

算例系统中储能设备性能参数如表 4-1 所示，其他设备的相关参数如表 4-2 所示。向上级电网的购电功率上限设为 2.5MW，购电电价采用分时电价，如表 4-3 所示；向天然气网的购气功率上限设为 3MW，购气单价取为 0.25 元/kWh。GT 和 ED 的启动成本分别设为 1.94 元/kW、0.95 元/kW，上级电网电能和燃气轮机运行的单位碳排放量分别为 0.55kg/kWh、0.184kg/kWh，单位碳排放价格取碳税率 20 元/t。此外，r_{GT}、η_{HE}、$r_{NGN,H}$、β_{max} 分别取为 1.5、0.9、0.1、0.1，折现率取为 5%。

表 4-1　储能设备性能相关参数

储能类型	效率	自损耗率	单位容量成本(元/kWh)	单位功率成本(元/kW)	单位维护成本(元/kWh)	寿命(年)
电储能	0.9	0.001	1000	200	0.0018	10
热储能	0.88	0.01	150	30	0.0017	10
冷储能	0.88	0.01	190	200	0.0016	20
氢储能	0.95	0.001	10	300	0.0018	20

表 4-2　其他设备参数

设备类型	功率上限(MW)	功率下限(MW)	单位维护成本(元/kWh)	能效系数
PV	0.5	0	0.0235	—
WT	2.0	0	0.0196	—
AC	1.5	0	0.008	0.7
CERG	1.5	0	0.008	3
GT	2.5	0.15	0.025	0.3
EB	1.5	0	0.016	0.9
ED	3	0.3	0.014	制氢：0.62 余热：0.28

表 4-3　上级电网的购电电价

时段	电价(元/kWh)
00:00～06:00，22:00～24:00	0.4711
10:00～13:00，17:00～22:00	1.0947
06:00～10:00，13:00～17:00	0.8759

依据风光发电出力和各类负荷的历史数据，采用 K-means 聚类方法提取各月数据的聚类中心作为典型日，生成 12 个典型日用于表征规划年。设每个典型日在全年出现的概率相等，均为 1/12。各个典型日风电的出力曲线如图 4-4 所示。各个典型日光伏的出力曲线如图 4-5 所示。每个季节对应 3 个典型日。典型日 1、2、3 对应春季，典型日 4、5、6 对应夏季，典型日 7、8、9 对应秋季，典型日 10、11、12 对应冬季。

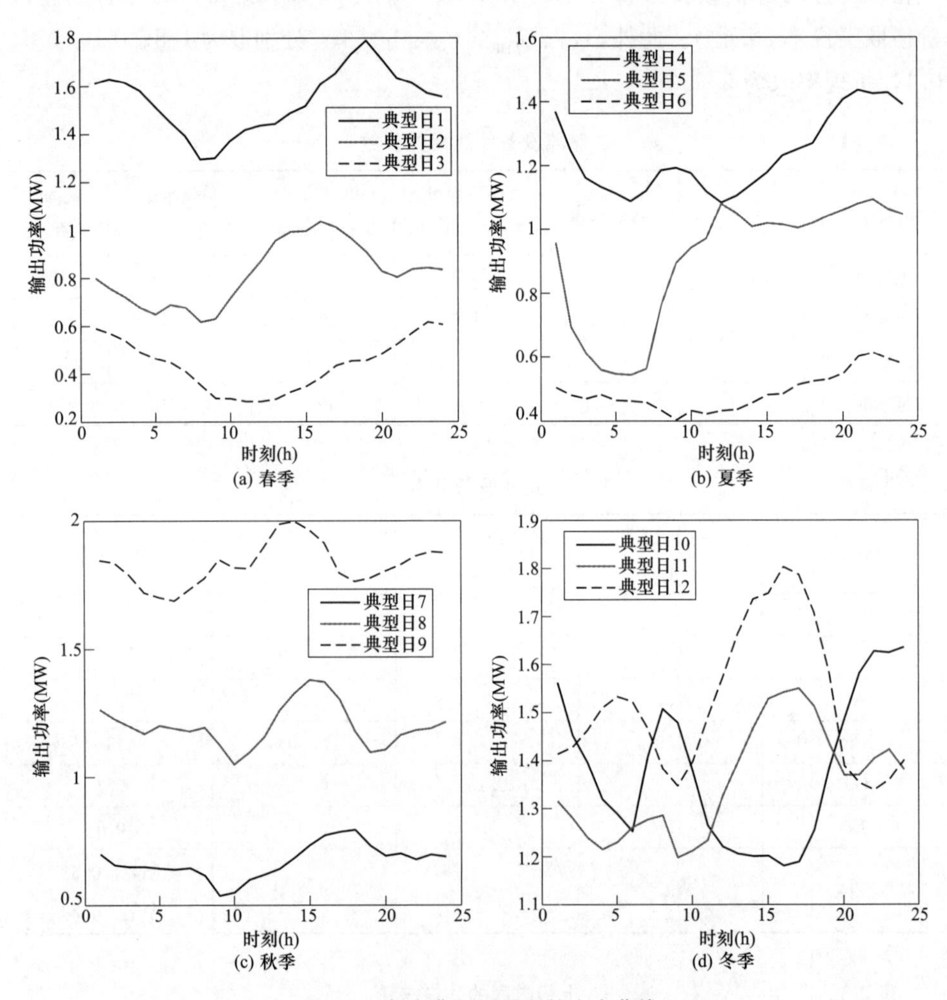

图 4-4　各个典型日风电的出力曲线

春、夏、秋、冬季节典型日的电、氢、冷、热负荷需求如图 4-6 所示。

设计以下三种场景来分析不同储能设备配置带来的影响：

场景 1：不包含任何储能设备；

场景 2：仅包含短期储能设备（EES、TES、CES），不含季节性储氢（HES）；

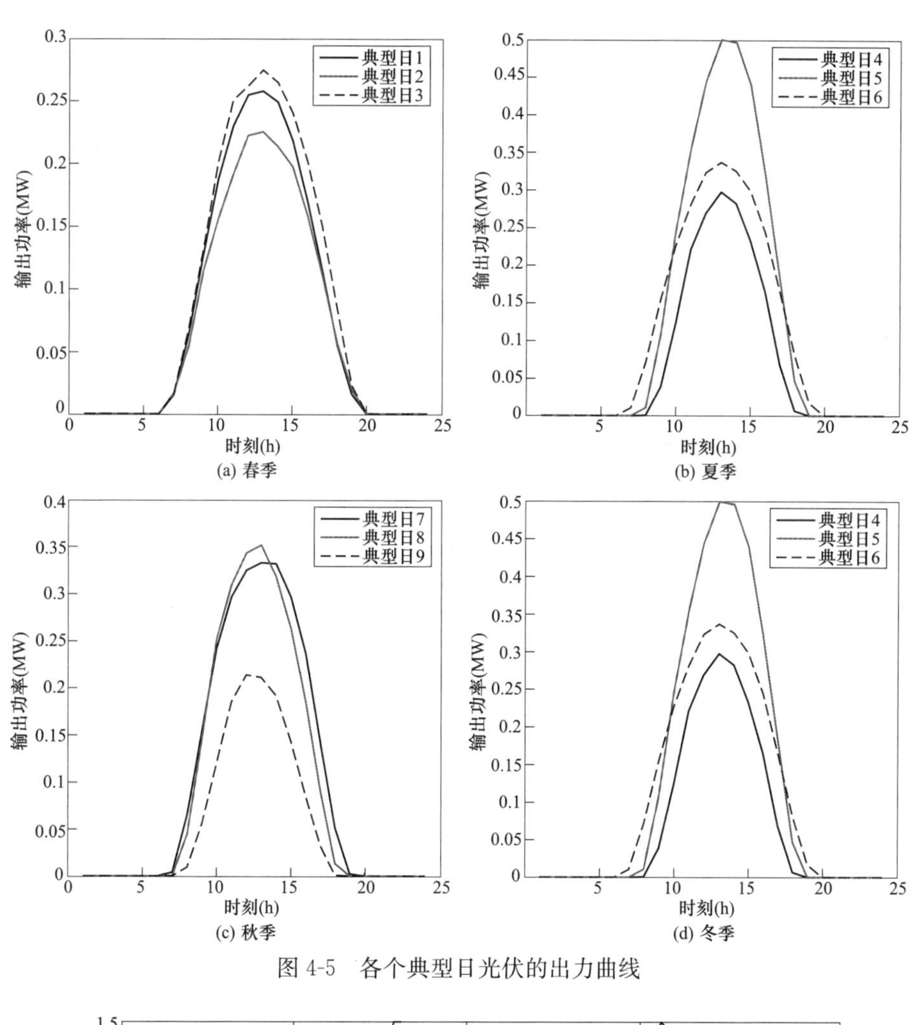

(a) 春季　(b) 夏季　(c) 秋季　(d) 冬季

图 4-5　各个典型日光伏的出力曲线

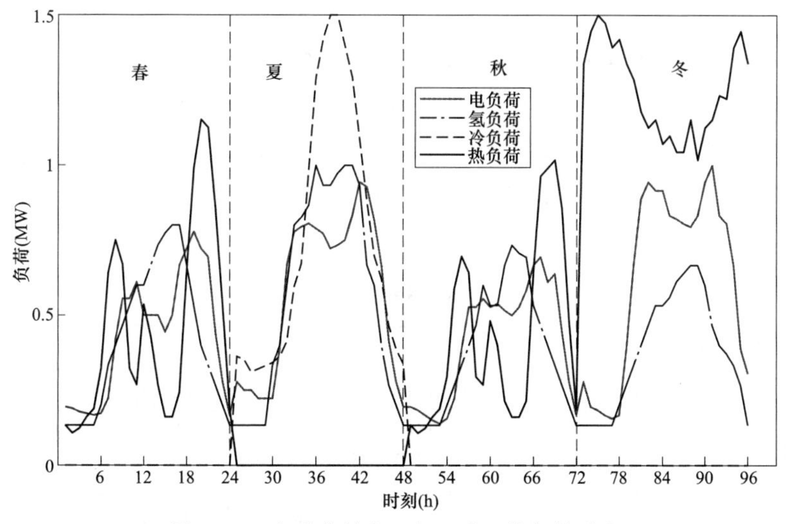

图 4-6　4 个季节的电、氢、冷、热负荷需求

场景 3：同时包含短期储能设备和季节性储氢。

三个场景的系统中储能配置类型有所不同，其他系统和参数均相同。

4.5.2 储能配置方案

算例系统储能优化配置结果如表 4-4 所示。场景 2 与场景 3 下均配置了热储能，未配置冷储能。这是由于系统中冷负荷较少，而且冷储能单位容量成本较高。区域综合能源系统中的多能耦合设备使得对于冷负荷波动的平抑作用通过其他制冷、储能设备实现。场景 3 和场景 2 不同之处在于配置了氢储能，且氢储能的配置容量远大于热储能。同时热储能配置功率和容量降低，未配置电储能。因为当前电池储能容量成本较高且难以实现能量跨季节性转移，可再生能源部分转化为氢能储存以调控全年能量的最优平衡。

表 4-4　　不同场景的储能优化配置结果

类别	电储能		热储能		冷储能		氢储能	
	容量（MWh）	功率（MW）	容量（MWh）	功率（MW）	容量（MWh）	功率（MW）	容量（MWh）	功率（MW）
场景 2	0.26	0.06	1.79	0.51	0	0	0	0
场景 3	0	0	0.54	0.22	0	0	11.66	1.56

系统在三种场景下的成本如表 4-5 所示。其中，场景 3 系统总成本最小，场景 2 次之，场景 1 的经济性最差。三种场景计算结果均呈现出机组启动成本较小，购电成本和购气成本为系统的主要成本。对比场景 1 和场景 2 可知，短期储能的优化配置降低了系统总成本。虽然短期储能的配置增加了设备的投资成本，但极大地减小了系统的购电成本。对比场景 2 和场景 3 可得，氢储能的引入进一步提升了系统的经济性。短期储能和季节性储氢的协同配置使购电成本和购气成本得到了大幅度降低，并且储能投资成本、机组维护成本和环境成本也得到了一定程度地减少。另外，场景 3 弃风光率最低，场景 1 弃风光率最高，这再次表明了多类型储能协同优化配置可以促进风光的消纳，并降低环境成本，尤其是季节性储氢的配置对于高比例可再生能源系统的经济运行和环境保护具有重要意义。

表 4-5　　不同场景的成本

类别	投资成本（万元）	系统运行成本（万元）					总成本（万元）	弃风光率（%）
		购电	购气	机组维护	机组启动	环境		
场景 1	0	118.76	183.23	51.81	0.09	8.88	362.78	9.07
场景 2	7.37	100.39	184.59	52.34	0.09	8.80	353.58	7.28
场景 3	5.81	85.54	124.37	46.17	0.11	6.15	268.15	4.65

综上，在高比例可再生能源的区域综合能源系统中，需要协调配置多种储能设备以改善系统的运行特性和提高可再生能源的利用率。

4.5.3 系统运行性能分析

从上述的储能配置方案中可以看出，区域综合能源系统中协同配置短期储能和季节性储能时系统总成本是最低的。下面基于场景 3 的计算结果分析各设备的运行情况。

分别从春季、夏季、秋季和冬季各选取一个典型日进行分析：典型日 1（春季）、典型日 4（夏季）、典型日 7（秋季）、典型日 10（冬季）。4 个典型日中的电功率、热功率、氢功率平衡，分别如图 4-7（a）、（b）、（d）所示。由于仅在夏季存在冷负荷，所以仅选取典型日 4 的冷功率平衡进行分析，如图 4-7（c）所示。

由图 4-7（a）可知，在电功率平衡中，在负荷侧，除电负荷外，ED、EB、CERG 消耗电能以供应氢负荷、热负荷和冷负荷；在电源侧，GT 的发电时长仅次于风电，且大部分工作时间在冬季，同时供给电能和热能；向上级电网购电均在电价的谷期完成，尤其是在典型日 4（夏季）的 0～6 时［图 4-7（a）中的 24～30 时］向上级电网购买了大量电量，有效地利用了峰谷电价差。在可再生能源消纳方面，ED 是最重要的设备。一方面，由于氢负荷的总量较大，而且 ED 可同时制氢和制热，因此，能量利用率较高；另一方面，由于氢储能价格低廉，将过量电转换为氢能储存成本较低。EB 对可再生能源的消纳量仅次于 ED，主要调控冬春季节电热需求。CERG 仅工作于夏季，将过量的电功率转化为冷功率消耗，也起到了一定的能量调节作用。

由图 4-7（b）可知，GT、EB 和 ED 协同为系统提供热能。在冬季，GT 和 EB 协同实现电能和热能的高效利用；在秋季，由于净电负荷较高，GT 需要发电同时供热；在春季，风电较为充足，利用 EB 的高效电制热和 ED 的余热回收以供应热负荷需求；在夏季，供热设备的功率用于 AC 供应冷负荷。基于热负荷以及供热设备的出力变化，热储能进行热能的储存和转移以实现热负荷的削峰填谷。

由图 4-7（c）可知，AC 和 CERG 供应冷功率以满足冷负荷的需求。CERG 的供冷量大于 AC，这是由于 CERG 的效率较高，而 AC 主要利用 ED 的余热制冷以实现能量的梯级利用。

由图 4-7（d）可知，氢能的调节主要依靠氢储能来实现。由于氢与天然气混合的最大比例限制，氢混合天然气功率较低。因此，在可再生能源供电不足时，系统需要向上级电网购电以满足 ED 制氢。尤其是在电价的谷期，系统购买

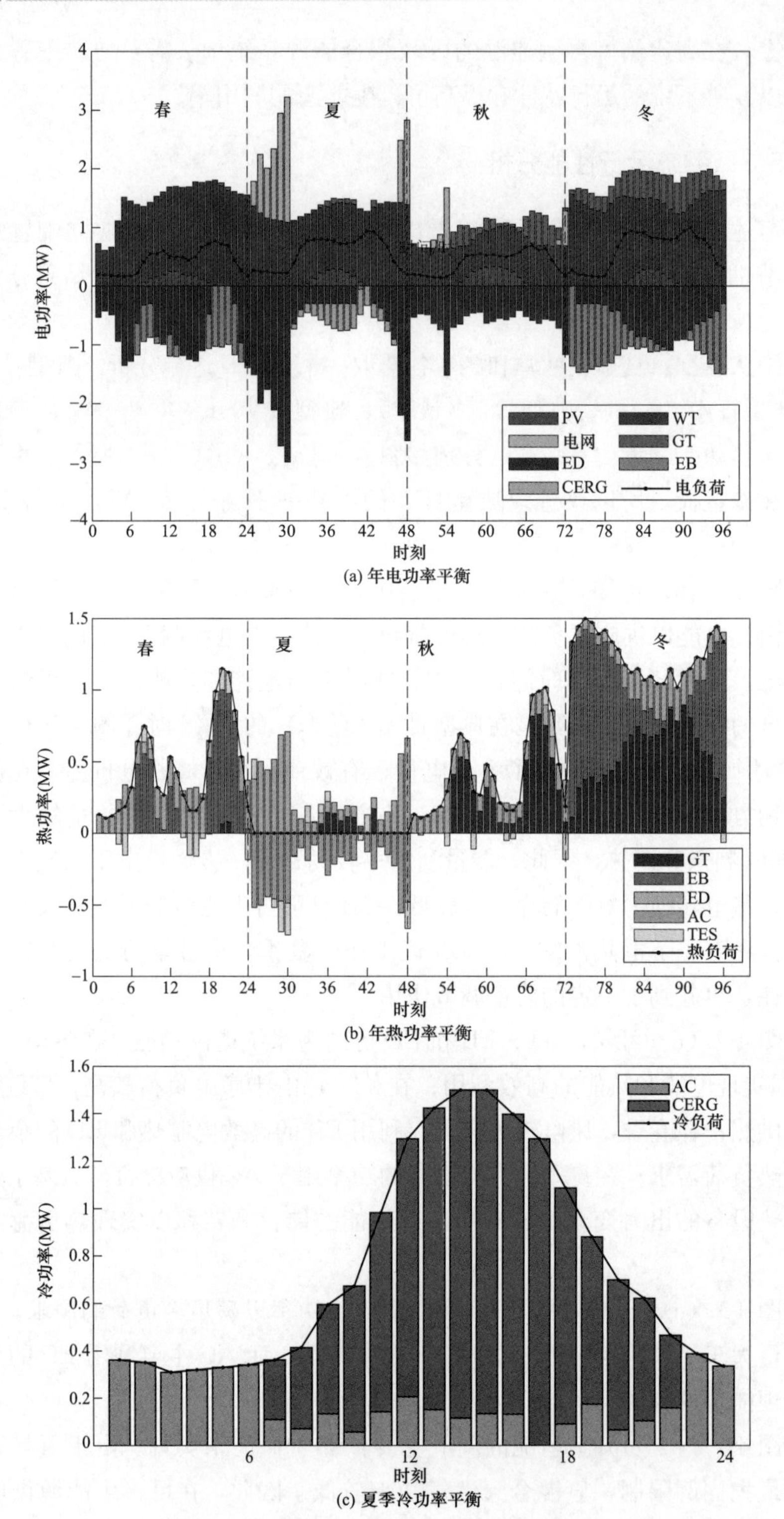

图 4-7　典型日 1、4、7、10 的功率平衡（一）

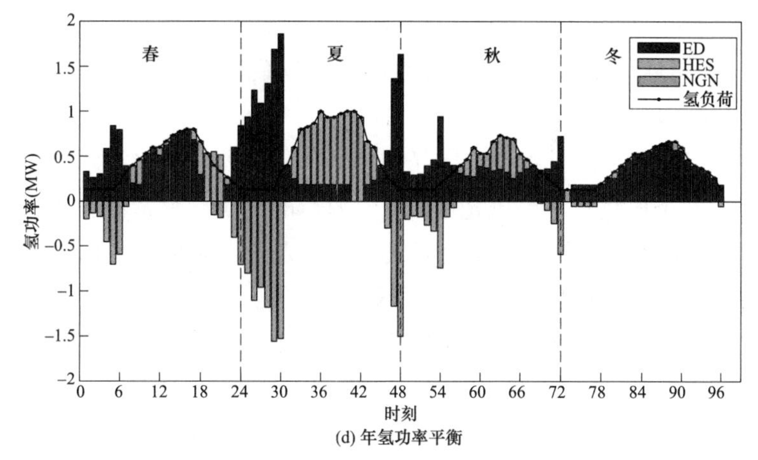

图 4-7 典型日 1、4、7、10 的功率平衡（二）

了大量电量并转化为氢能储存以实现峰谷套利。相比于图 4-7（b）、图 4-7（d）TES、HES 的能量输入、输出量较大。这是由于季节性储能的配置容量和功率均高于短期储能，并具有更灵活的能量调节能力，可以实现能量的日间转移，克服了短期储能难以实现能量的大规模、长时间储存和转移的问题。

算例结果表明，区域综合能源系统的优化运行，需要协调多种设备的能量输出和能量转换。多种储能的协调优化，尤其是短期储能和季节性储能设备的协同运行，可以提升系统的能量调节能力，优化平衡源荷不匹配，改善系统运行经济性。

现分别统计 12 个典型日在不同场景下的弃风光量，如图 4-8 所示。场景 1 的典型日 1、2、4、5、7、8、9 均存在弃风光；场景 2 的典型日 7 的风光被完全

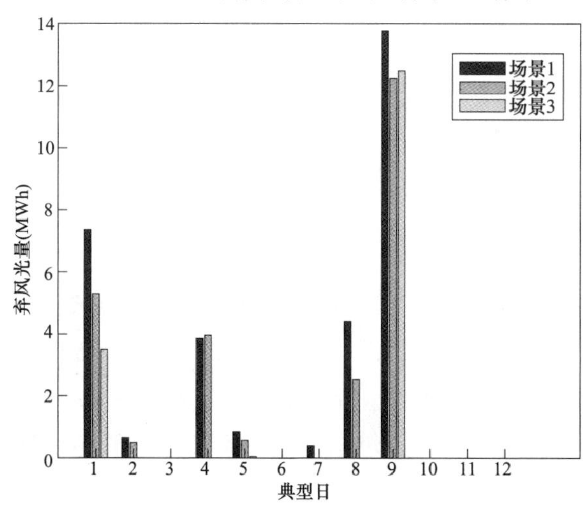

图 4-8 不同典型日的弃风光量

消纳，典型日1、2、5、8、9的弃风光量均小于场景1；场景3仅在典型日1、9存在弃风光，虽然典型日9的弃风光量略大于场景2，但全年12个典型日总弃风光量明显小于场景2。

从图4-8可以看出，每个场景下的典型日1、9的弃风光量均是最高的，场景3下全年12个典型日总弃风光量最低。源荷的不匹配是造成弃风弃光的主要原因。配置短期储能可在一定程度上减少弃风光量，而配置氢储能实现了弃风光量的大幅度降低。这是由于短期储能的单位容量成本较高且仅可实现能量的日内调节，而氢储能可以实现能量在不同典型日间的转移，以实现能量的全年最优平衡。

统计不同典型日中的风光发电总量和负荷总量，如图4-9所示。典型日1、9的风光发电总量远大于电热冷氢的负荷总量，净负荷小于0。这表明在这两个典型日存在大量弃风弃光。典型日8的净负荷虽然也小于0，但通过多种储能的协调配合实现了该典型日风光的完全消纳。

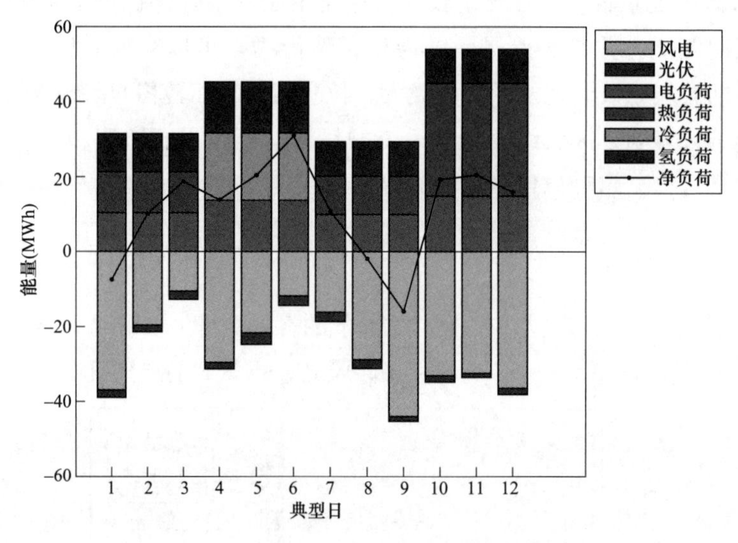

图4-9　不同典型日的可再生能源和负荷情况

随着环境保护要求的增加以及传统化石能源的日益枯竭，可再生能源的安装容量以及渗透率将持续增加，同时弃风光率的上限要求也将越来越低。为了比较系统在不同弃风光率上限情况下的运行可行性和经济性，将弃风光率上限逐渐降低并分析场景3下系统的运行情况：当弃风光率上限在0%～4%变化时，系统均可正常运行。因此，通过短期储能与季节性储能的协调配置，可以实现可再生能源的充分消纳。

弃风弃光率要求对园区能源运行经济性的影响如表4-6所示。

表 4-6　　不同弃风光率下的各项成本

弃风光率上限（%）	投资成本（万元）	系统运行成本（万元）					总成本（万元）
		购电	购气	机组维护	机组启动	环境	
4	5.81	85.56	124.35	46.40	0.11	6.15	268.39
3	5.81	85.56	124.35	46.78	0.11	6.15	268.77
2	5.82	85.56	124.34	47.22	0.11	6.15	269.20
1	5.84	85.56	124.32	47.92	0.11	6.28	270.04
0	5.85	85.56	124.32	48.66	0.11	6.43	270.92

如表 4-6 所示，随着弃风光率上限的降低，系统的总成本略有增加，但各部分子成本基本不变。弃风光率上限的降低，仅会导致系统运行成本中的机组维护成本明显增加，对系统的其他部分成本影响不大。这是由于弃风光率上限的降低，会使系统的风光消纳量增加，而风光机组的单位维护成本较高于其他机组。因此，随着弃风光率上限的降低，系统中机组维护成本会略微增加。为了实现在较低弃风光率要求下的运行经济性，需要降低风光机组的单位维护成本。

4.5.4　储能配置经济性、灵敏性分析

由建立的综合能源系统多能存储优化配置模型可知，购电价格、购气价格、碳排放价格、热储能单位容量投资成本、热储能单位功率投资成本、氢储能单位容量投资成本和氢储能单位功率投资成本是影响储能配置和系统经济运行的重要因素，明确这些因素对系统总成本以及储能优化配置容量的影响程度，可为制定区域综合能源系统储能配置方案提供决策参考。

定义灵敏度 S 为

$$S=\frac{\partial F_1(X)}{F_1}\bigg/\frac{\partial X}{X} \tag{4-97}$$

式中　$X=[c_{e,b},\ c_{gas,b},\ c_{co2},\ c^S_{e,TES},\ c^S_{p,TES},\ c^S_{e,HES},\ c^S_{p,HES}]$。

有

$$\frac{\partial F_1(X)}{F_1}=\sum_{j=1}^{n} s_j\ \frac{\partial x_j}{x_j} \tag{4-98}$$

式中　x_j —— X 中的第 j 个因素；

n —— X 中的因素总数；

s_j ——目标函数 F_1 对 x_j 的灵敏度。

计算不同因素对系统总成本的灵敏度，如图 4-10 所示。可以看出，在所分析的 7 个因素中，购气单价的灵敏度最大，其次为购电价格，热储能的单位功率投资成本的影响程度最小。由表 4-5 可知，购电成本和购气成本在系统总成本

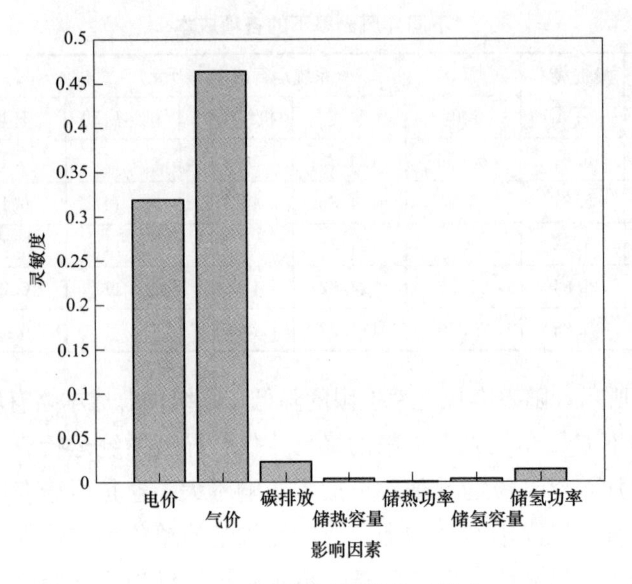

图 4-10　不同影响因素的灵敏度

中占有较大比重，因此，其单价变化对系统总成本的影响很大；相反地，由于环境成本和储能投资成本占总成本比重较小，因此，碳排放价格、储热和储氢的储能单位功率成本、储热和储氢的储能单位容量投资成本对系统优化运行影响也较小，均小于 0.05。

选取对系统总成本灵敏度较大的购电价格和购气价格分析其对储能配置方案的影响。算例中的购电电价采用分时电价，下面将基于峰谷电价差来分析购电价格的影响。

1. 峰谷电价差

热储能、氢储能安装功率和容量随着峰谷电价差的变化如图 4-11 所示。由图 4-11（a）可知，热储能配置容量和功率分别随着峰谷电价差的增大而变化，配置容量与配置功率的变化趋势相同。当峰谷电价差低于 0.6 元/kWh，热储能配置容量在 0.3～0.4MWh 范围内，配置功率在 0.17～0.18MW 范围内；当峰谷电价差超过 0.6 元/kWh 后，配置容量与配置功率在较大的容量/功率内波动。热储能配置受到电解水制氢余热利用、EB 电转热以及 GT 热电联产等多种因素的影响，热储能配置随峰谷电价差变化趋势不能简单表述为同一趋势。由图 4-11（b）可知，相比于热储能，氢储能配置容量和功率均较大。这是因为当前氢储能的单位容量和功率成本要低于热储能，增大氢储能配置并减小热储能配置有利于减少储能总投资成本。此外，氢储能配置容量和功率整体上呈现随峰谷电价差的增大而增大的变化规律。这是因为当峰谷电价差增大，制氢成本将降低，有利于提高系统经济性。当峰谷电价差超过 0.8 元/kWh，受制于氢能利用规模，增大氢储能配置对于提高系统运行经济性的效果不明显，因此，氢储能安装容量和功率变化不大。

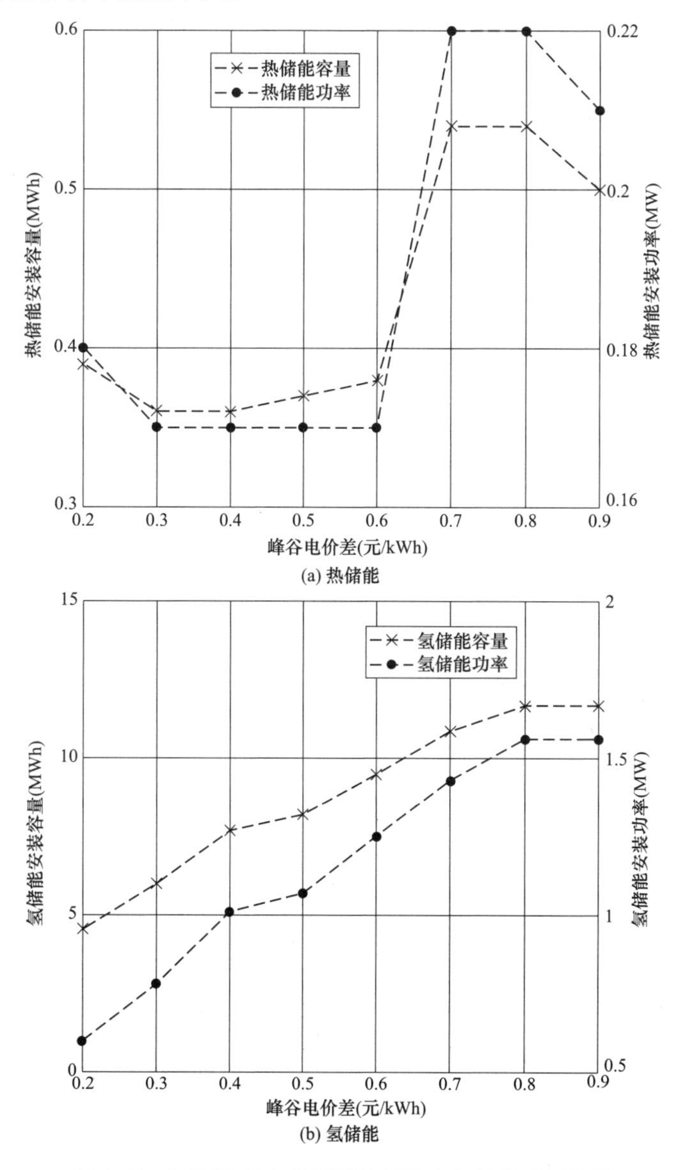

图 4-11　不同峰谷电价差下热储能和氢储能配置结果

不同峰谷电价差下的系统购电量、购气量计算结果如图 4-12 所示。由图 4-12（a)可知，购电量随着峰谷电价差的增大增多，主要是谷期购电电量增多。由图 4-12（b）可知，购气量随着峰谷电价差的增大减少。相比于热储能，氢储能在单位容量成本方面具有明显优势。随着峰谷电价差增大，购电电量增加，相应地电能转化为氢能量增加，减少了购气量。当峰谷电价差达到0.8元/kWh，氢混天然气燃料比例限制使得氢能利用增加减缓，购气量随着购电量增速变小而变化平稳。

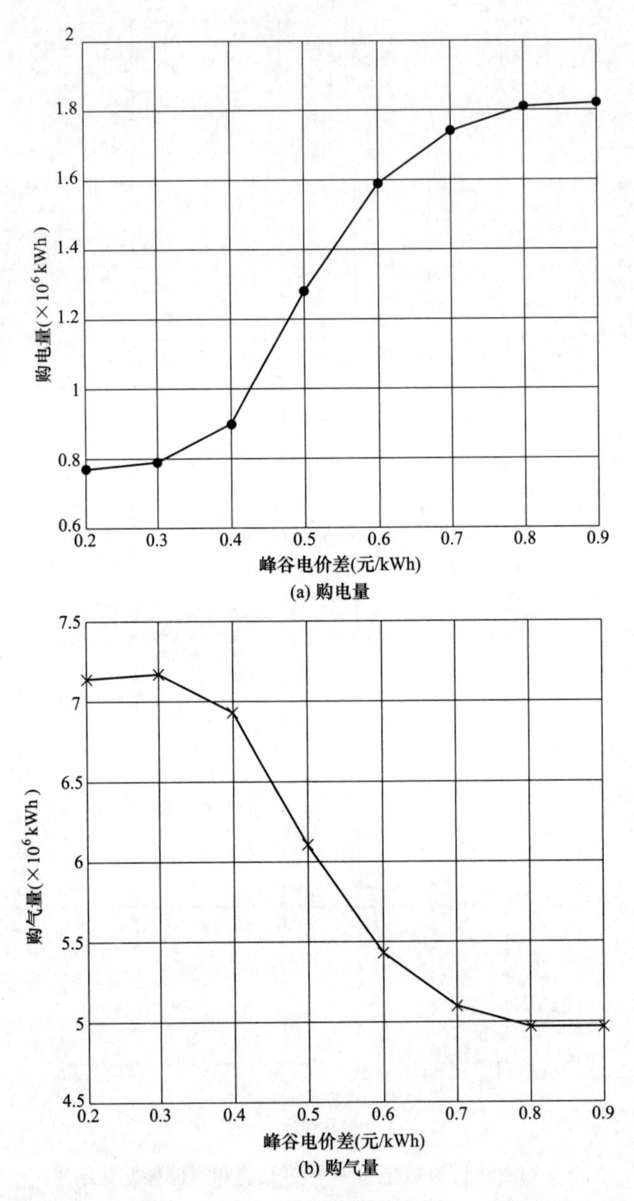

图4-12　不同峰谷电价差下的系统购电量和购气量计算结果

2. 购气单价

热储能、氢储能的安装功率和安装容量随着购气单价的变化如图4-13所示。可以看出，由图4-13（a）可知，当购气单价在0.22～0.26元/kWh变化时，热

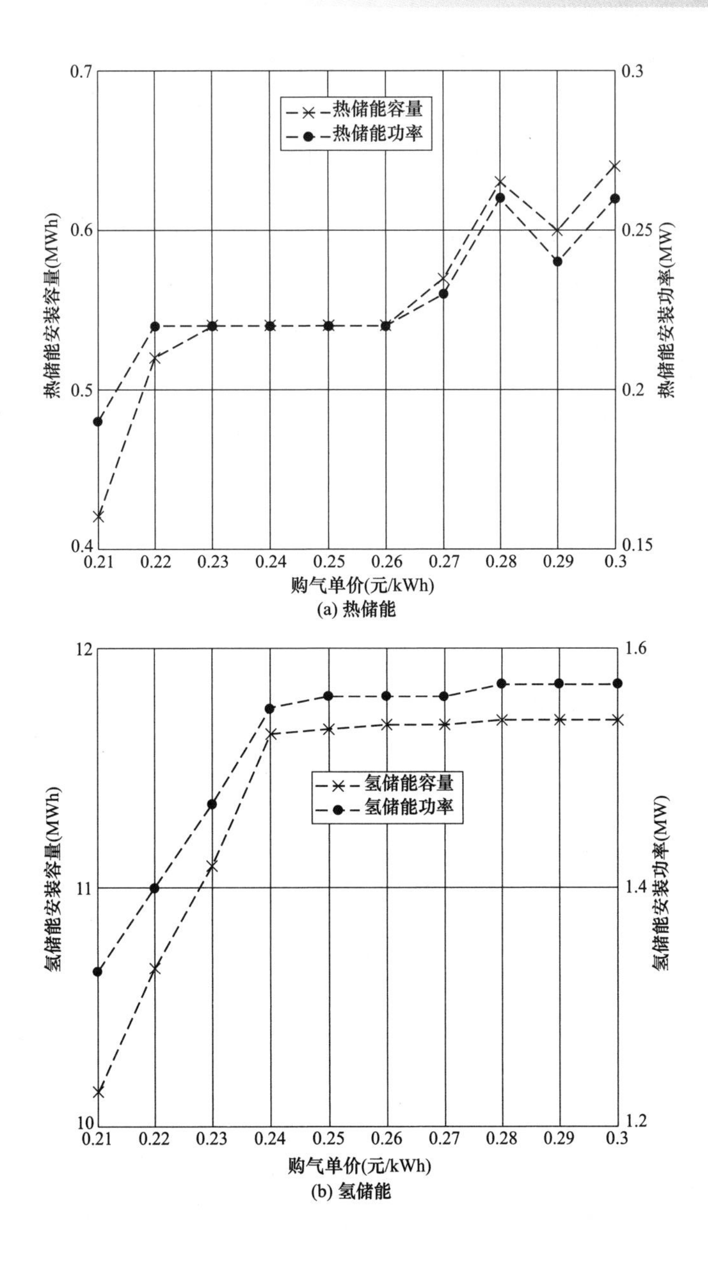

图 4-13　不同购气单价下热储能和氢储能配置结果

储能配置几乎不变；当购气单价超过 0.26 元/kWh 后，热储能配置趋于增加；热储能配置大体上呈现出随着购气单价的增加而增大的趋势。系统所需热能不仅来自 GT 热电联产热，还有电解水制氢余热利用和 EB 电转热等。购气单价的增加将导致 GT 产热成本增加，系统将增加购电，通过电能消耗增加热能供给，而当购气价格增加到一定程度后，系统难以通过增加氢储能配置来实现系统总成本的降低，需要调整热储能配置，热储能在低电价阶段增加储热，实现系统经济运行。由图 4-13（b）可知，当购气单价在 0.21～0.24 元/kWh 变化时，氢储能容量增幅较大；当购气单价超过 0.24 元/kWh 后，氢储能配置变化趋于平稳；氢储能配置整体上随着购气单价增大而增加。这是因为随着燃气轮机发出电和热能的成本增加，氢储能相对于热储能具有成本优势，采用电能制氢，通过氢储能调控日内功率平衡和日间能量平衡将具有更好的经济性。

不同购气单价下的系统购电量、购气量计算结果如图 4-14 所示，购气单价增大会导致购电量增多与购气量减少。当购电单价在 0.21～0.24 元/kWh 变化

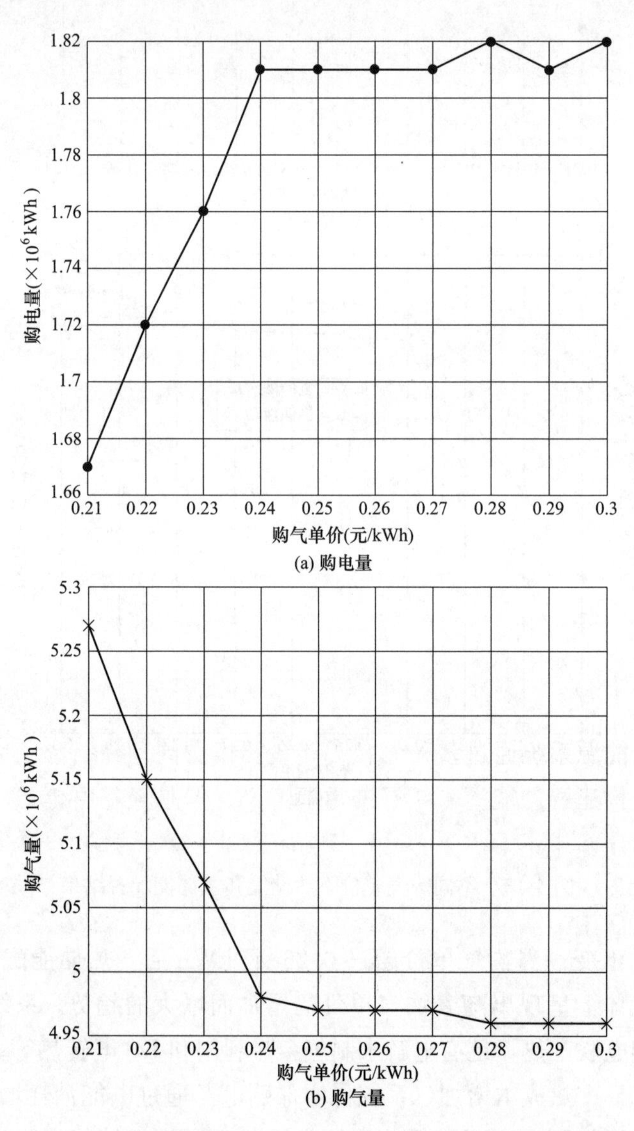

图 4-14　不同购气单价下的系统购电量和购气量计算结果

时，购电量与购气量变化幅度较大；当购气单价超过 0.24 元/kWh 后，购电量与购气量变化趋于平稳。此外，热储能与氢储能的容量变化也与购电量、购气量相关。当购气单价增加，需要减少购气量和增加购电量，增加的购电量将被转化为氢能存储，因此，氢储能容量随着购气单价的增加而增大；相比于氢储能，热储能单位容量成本较高，但多余电量转化为热储能依然可以与氢储能相配合来减少系统总购气量。因此，热储能容量总体上随着购气单价增加而增大。热储能容量会在购气单价某个区间出现平稳或减少的变化，这表明热储能配置的经济性优势不明显。当购气单价超过 0.28 元/kWh 后，购气量和氢储能配置容量都几乎不变，仅可通过灵活调整热储能安装容量来实现系统总成本的降低。受到氢混合天然气的最大比例限制，系统难以通过电转氢能储存并利用的方式来实现系统购气量减少以及总成本降低。

由上述计算分析结果可知，综合能源系统中电储能、热储能和氢储能协同优化配置是提升系统经济性的有效措施。特别是，配置氢储能可有效降低系统投资成本和运行成本，有利于实现系统经济规划和运行。同时，我们也看到热储能高投资成本、氢混合天然气燃料技术等给系统运行经济性提升带来了不利的影响。随着相关技术发展和成本降低，综合能源系统多能协同以及大规模氢能利用必将为实现碳达峰碳中和目标发挥更大的作用。

4.6 小结

本章针对含有电—热—冷—氢区域综合能源系统提出了储能优化配置设计方法。区域综合能源系统中协同优化配置短期储能和季节性储能，促进了风光发电的消纳，降低了系统运行成本，可有效提升系统经济性，尤其是季节性储氢配置可解决长时间尺度下风光发电出力和各类负荷需求波动性带来的能量最优调控难题。

区域综合能源系统通过多种设备的能量转换协同和梯级利用，实现能量高效利用，对于构建智慧能源系统具有重要意义。但是峰谷电价差、购气单价和储能单位容量功率成本等因素会影响综合能源系统经济性。这表明，在新型能源系统建设过程中，不仅需要发展多种类型储能装置技术、储能运维技术，还需要发展高效低成本的电能、热能和氢能等能源生产技术、制定更加灵活的能源价格调控政策等，双碳目标的实现需要全社会的共同努力。

5 公交充电站储能优化配置

随着低碳环保和节能减排的理念深入人心，我国大部分城市对公交系统提出了全面电动化的发展目标。随着公交电动车辆快速增加，公交充电站接入配电网的并网点过载现象日益突出，电网的调峰压力日益增大。此外，当前公交充电站运营成本较高，据统计，北京市公交充电站2020年电费达2.37亿元，给公交充电站运营经济性带来了挑战。利用电池储能系统的灵活调控能力可减小配电网接入点的并网压力，并提升公交充电站运营经济性。

5.1 充电站简介

我国电动汽车自2014年起快速发展。中国汽车工业协会发布的报告《汽车工业经济运行情况》中，我国2015～2022年电动汽车的销量如表5-1所示。权威部门预估到2030年我国电动汽车充电负荷在总电力负荷中占比超过5%。

表5-1 电动汽车历年销量表

年份	2015	2016	2017	2018	2019	2020	2021	2022
销量（万辆）	32.4	48.8	59.3	123.6	120.6	136.8	291.6	536.5

中国南方电网有限责任公司发布的企业标准QSG 11516.2—2010《电动汽车充电站及充电桩设计规范》中，规定了中国南方电网有限责任公司及所属（含代管）各有关单位电动汽车充电站、充电桩建设与改造应遵循的基本原则和主要技术要求。此后，中华人民共和国住房和城乡建设部与中华人民共和国国家质量监督检验检疫总局联合发布了GB 50966—2014《电动汽车充电站设计规范》，适用于采用整车充电模式的电动汽车充电站的设计，该规范于2014年1月29日发布并于当年10月1日实施。中国国家标准化管理委员会发布了GB/T 51269—2015《电动汽车充电设施设备技术要求》，其中包含了电动汽车充电设备的技术要求，如直流充电设备、交流充电设备等。后续北京市规划和国土资源管理委员会与北京市质量技术监督局于2017年联合发布了DB11/T 1455—2017《电动汽车充电基础设施规划设计

标准》，规范中提出宜结合电动汽车类型、保有量、充电需求、区域规划以及环境保护等开展充电站设计和建设。充电站相关规范和标准还在不断完善和补充。

5.1.1 充电站分类

充电站可按照运行规模、充电速度、服务对象和与电网交互方式等不同标准进行分类。

1. 按运行规模分类

按运行规模可将充电站分为大型充电站、中型充电站和小型充电站。QSG 11516.2—2010 将充电站规模按可充电车位来划分：

（1）大型充电站的充电车位 16 个以上；

（2）中型充电站的充电车位 8～16 个；

（3）小型充电站的充电车位 8 个以下。

GB 50966—2014 结合配电容量和充电桩数共同来划分电动汽车充电站规模：

（1）大型充电站：配电容量不得少于 500kVA，充电桩数量不少于 10 台。

（2）中型充电站：配电容量在 100～500kVA 之间，充电桩数量不少于 3 台。

（3）小型充电站：配电容量在 100kVA 以下，充电桩数量少于 3 台。

2. 按充电速度分类

按车辆补充电能速度可以分为慢速充电站、快速充电站和换电站等三种。

（1）慢速充电站。慢速充电模式采用低压小电流进行充电，充电时间为小时级，如设定为 8h 将电池充电至 90%以上。慢速充电模式在居民小区、商业停车场比较常见。对于日行驶里程不大、行驶较为规律的用户，慢速充电模式是较好的选择。慢速充电模式有利于延长电池使用寿命。特别是，对于夜间不运行的车辆，可在夜间进行慢速充电，由于夜间电价为低谷时段且同时负荷也是低谷期，不仅用户的充电成本较少，而且对接入电网的影响较小，一定程度改善了电网负荷特性。

（2）快速充电站。快速充电模式优点在于充电速度快，但此模式下其充电电流过大，会给电池寿命带来不利的影响。快速充电技术要求相对较高，不仅初始投资成本较大，而且运营过程中其站内安全性要求也较高。当前快速充电电流可达 150～400A，充电电压达到 400～750V，电动汽车可实现在 20～60min 内完成电池充电 80%。快速充电模式为出租车、公交车等对运营时间要求高的电动汽车提供出勤时间保证。但是规模化、商业化的快速充电站可能带来充电负荷与电力系统负荷高峰时段重叠，对配电网负荷的波动影响较大，将对供电系统造成不利影响。

(3) 换电站。换电模式是指将电量不足的电池直接取下更换为电量充足的电池以保证电动汽车电池续航。换电方式不需要用户等待电池充满，只需要花费 3～10min 的时间更换电池，换下来的电池可以选择慢充，对电池寿命有一定的保护作用。目前主要有电池租赁模式和电池回收模式两种市场模式。

3. 按服务对象分类

根据充电站服务对象可分为社会充电站和专用充电站。

(1) 社会充电站。出租车、私家车等车辆行驶路线和行驶区域具有不确定性，且行驶里程的波动性较大，由此带来充电负荷的随机性强、波动性大。社会充电站设计需要在车辆充电便捷性、充电站运营经济性和供电可靠性等方面找到平衡，以促进电动交通的可持续发展。

(2) 专用充电站。城市公交车、学校校车等车辆有着特定的运行路线和出勤时间表，充电负荷的可预测性相对较强。充电站选址可考虑建设在停车场，充电策略以执行发车时刻表为前提，综合考虑交通流、电力负荷峰值时段及分时电价等因素优化设计，可提升充电站的经济效益和社会效益。

4. 按与电网的交互方式分类

按照充电站与上级电网交互电能的方式可以分为单向充电站和车网互动（vehicle-to-grid，V2G）充电站两种。

(1) 单向充电站。单向充电站仅支持从电网向电动车提供电能，而不能反向将电能输送回电网。虽然单向充电模式下电动汽车只是从电网取用电能，但引入智能功能，以满足车辆的动力需求为前提，兼顾经济性和配电容量等目标，制定最优充电时间、充电电流等控制策略，使得充电过程更加灵活和可控，有助于提高能源利用效率。

(2) V2G 充电站。V2G 实质上是一种将电动汽车车载电池作为移动储能与上级电网进行电能交互模式。V2G 充电站在电网负荷低谷期时电动汽车充电存储电能，在电网高峰期或电网发生故障时车载电池放电达到调峰调频或应急供电的效果，有利于电网安全稳定运行。V2G 能实现电动汽车和电网能量的双向流动，交通与电力系统的协同优化控制策略尤为重要。

5.1.2 充电站基本结构

充电站的基本功能一般设置有充电功能、监控功能和计量功能。扩展功能包括动力电池更换、动力电池检测和动力电池维护等。功能决定结构，相应地，充电站结构上一般分为配电系统、中央监控系统、充电系统和辅助设施等几个部分，采用电池更换方式的充电站还会设置有电池更换和储存的设备和场所。其中，电动汽车充电站一般采用双电源供电以保障供电可靠性，充电桩通常采用三相四线制的380V电源。充电站的变配电设备、配电监控系统、相关控制及补偿设备配置遵循电力系统设计规范。中央监控系统监控整个充电站的运行情况，设置有充电机监控系统主机、安防传感器监控系统主机、配电监控系统通信接口、视频监控终端等。充电系统通过充电管理平台执行充电策略，计量结算充电费用等。当前充电站配置储能一般选择配置锂电池储能装置，与其他储能方式相比，锂电池储能具有安装周期短、成本适中和响应快速等优点。

充电站的典型拓扑结构主要有4种，如图5-1所示。

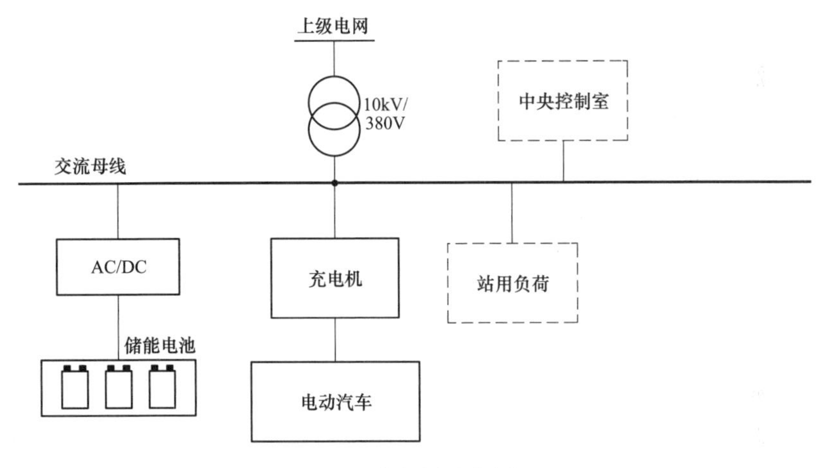

(a) 配置储能的交流充电站

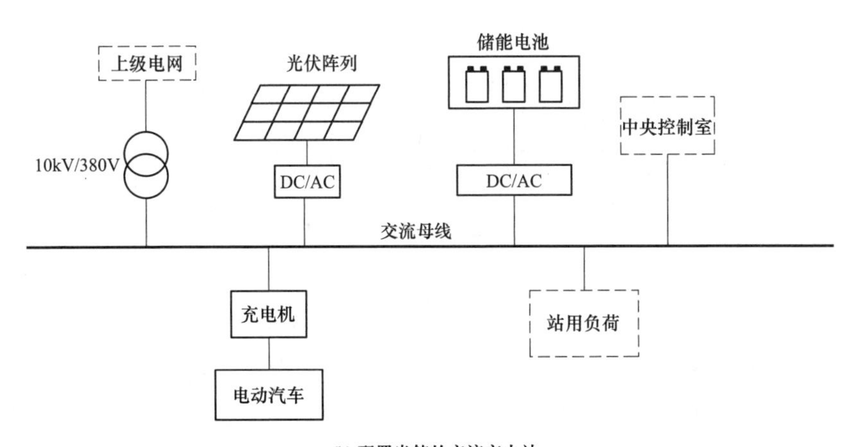

(b) 配置光储的交流充电站

图5-1 充电站结构示意图（一）

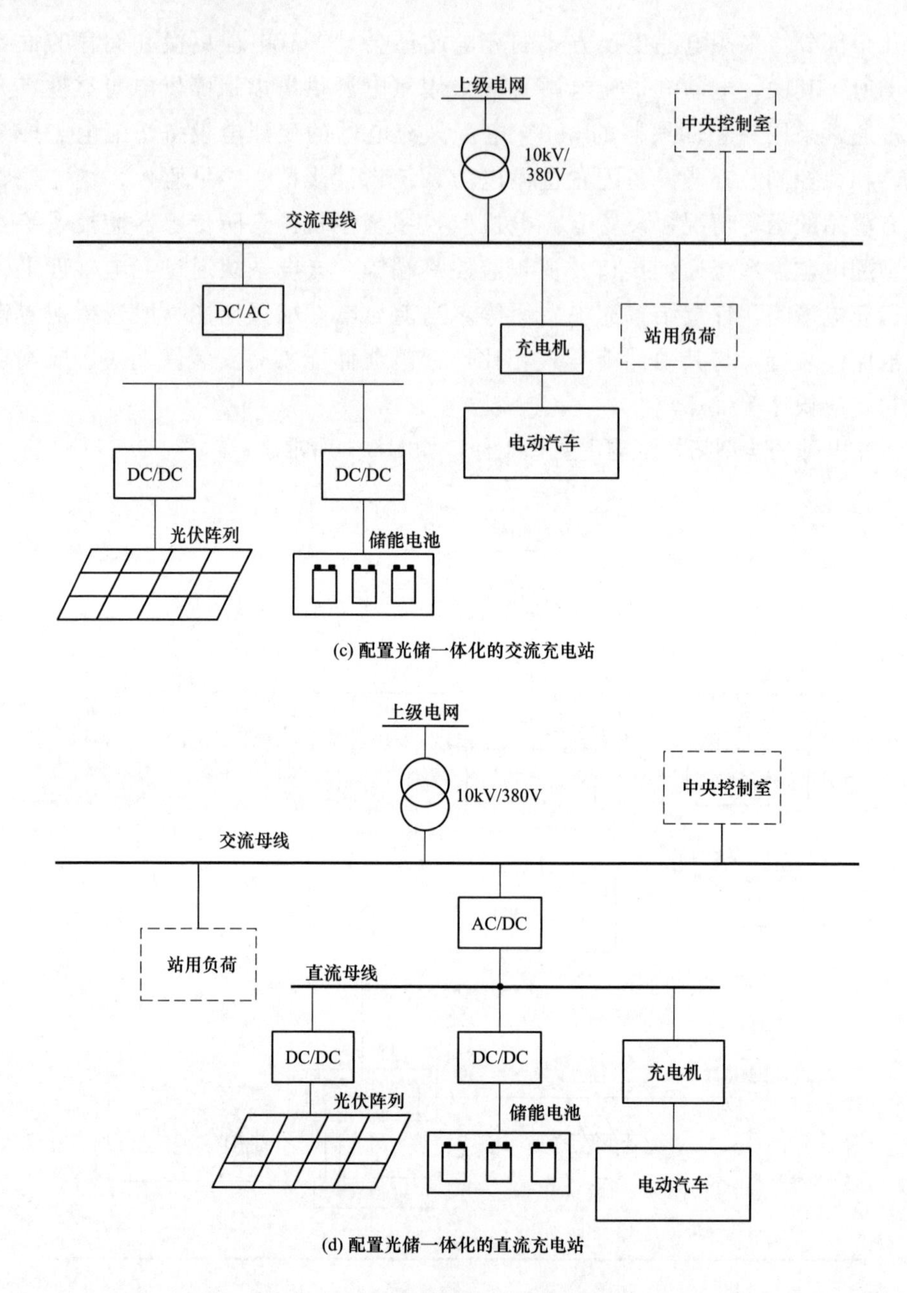

(c) 配置光储一体化的交流充电站

(d) 配置光储一体化的直流充电站

图 5-1　充电站结构示意图（二）

公交车作为城市交通系统的重要组成环节，其投入运营的规模逐年呈上升趋势。图 5-2 为 2018～2022 年我国公共汽电车投入运营规模。截至 2022 年底，全国拥有的城市电动公交车达 70.32 万辆，运营线路长度达 166.45 万 km。公交充电站优化设计是城市交通实现低碳环保和节能减排的重要步骤。

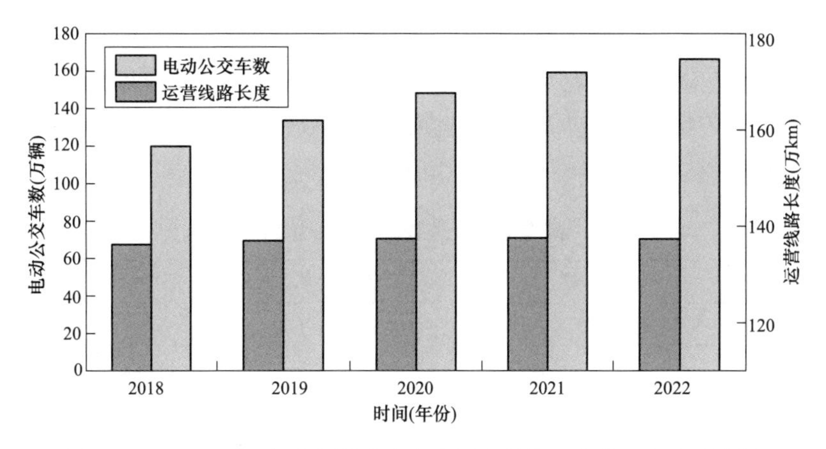

图 5-2　2018～2022 年我国公共汽电车运营规模（来源：交通运输部）

图 5-3 展示了某公交充电站的场站布局。该站单层公交车采用单桩双枪快充的充电方式，双层大型电动公交车采用双桩四枪同时充电的充电方式。该站直流充电桩的额定功率为 450kW，最大电压为 600V，单枪电流为 200A，充电峰值功率达 240kW。

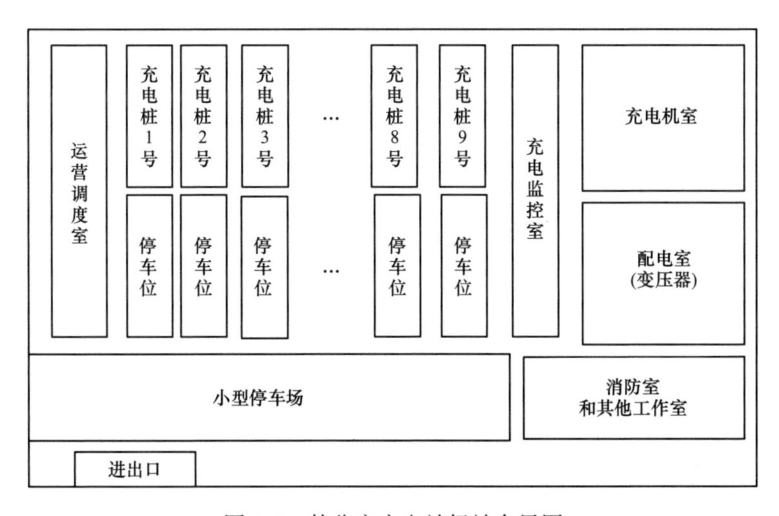

图 5-3　某公交充电站场站布局图

5.2　公交充电站典型运行场景设置

公交充电站储能优化配置场景与公交车充电负荷特性息息相关。公交充电站服务的对象是具有固定运营线路的电动公交车。公交车必须按照发车时刻表运行，这使得公交充电站负荷特性具有自己的特点。

5.2.1 充电负荷特性分析

公交车发车时刻表规定了不同线路首末班发车时间、发车间隔以及在各运营时段的发车班次数。表 5-2 为某充电站其中一条线路在 2021 年 3 月某日的各时段发车间隔。

表 5-2　　　　某充电站一条线路日发车计划

起始时间	终止时间	发车间隔（min）	班次数
5:20	7:20	10	12
7:20	9:12	4	28
9:12	18:42	8	71
18:42	20:30	4	27
20:30	21:30	6	10
21:30	22:40	10	7

由表 5-2 可知，该线路在工作日不同时段根据客流量的不同分为六个时段，其中低峰时段的发车间隔为 10min，平峰时段为 6～8min，高峰时段为 4min。该站某线路公交车途经各站时刻和行驶路程信息某日实时记录如表 5-3 所示。在表 5-3 中，编号为 0 的站点为首发站点，该车次的公交车辆于 15:11:00 发车，途经 20 个公交站牌，最终达到编号为 21 的终点站。

表 5-3　　　　公交车行驶途径各站的时刻和距离

站点	到站时刻	行驶距离（km）	站点	到站时刻	行驶距离（km）
0	15:11:00	0	11	15:24:15	4.62
1	15:11:55	0.19	12	15:28:20	5.46
2	15:12:40	0.76	13	15:30:08	6.02
3	15:13:23	1.02	14	15:32:49	6.51
4	15:14:15	1.26	15	15:34:13	7.07
5	15:16:38	1.77	16	15:39:21	8.10
6	15:17:59	2.26	17	15:40:40	8.48
7	15:18:25	2.5	18	15:42:42	9.28
8	15:20:09	3.02	19	15:46:40	10.57
9	15:22:02	3.69	20	15:49:08	11.60
10	15:23:11	4.22	21	15:51:23	12.27

经调研，城市公交车回站后要求由工作人员引导充电，普遍采用的是“回站有桩即充，充满为止”的无序充电策略。工作人员往往依据个人经验，一般

是依据运营车辆发车紧迫程度，确定公交车充电优先级排序，并没有实施优化策略。图 5-4 为该站采取无序充电策略在 2021 年某日的充电负荷曲线。0～5 时公交车处于停运阶段，该时段充电站充电负荷几乎为零，仅前日末班车充电；5～23 时公交车处于运营阶段，该时段充电负荷存在多处负荷峰值，最大峰值更是高达 1750kW，配电变压器的容量为 1600kW，该并网点配电变压器短时过载，整体呈现出强波动性。

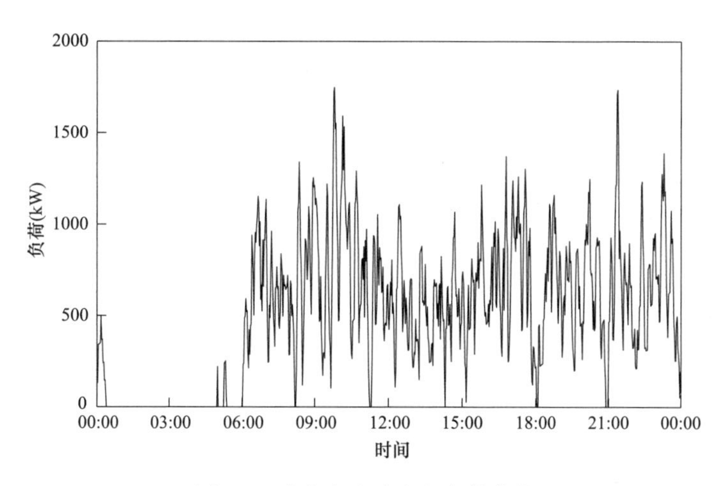

图 5-4 公交充电站充电负荷曲线

统计该站 2021 年 3 月各线路车辆回站 SoC 概率分布，如图 5-5 所示。可以看出，很多车次回站 SoC 分布于［0.5，0.8］范围内，电池剩余电量可以满足下一班次的能耗需求，不一定要求回站即充，充电时段和充电量的可优化空间较大。

由图 5-4、图 5-5 可知，无序充电策略给充电站并网点带来了调峰压力，没有考虑接入电网的分时电价，给充电站运营商带来了经济损失，而且公交车充电策略具有优化空间，公交车有序充电策略有待实施。

公交充电站运营以满足城市交通需求为前提，其充电负荷的特点和需求具有独特之处，主要体现在：

（1）公交充电负荷的季节性特征明显。由于季节性附加能耗使得公交充电站充电负荷聚类按季节性进行划分更加合理。

（2）公交充电负荷具有周运行特征。分析充电负荷和交通流的关系，充电负荷还应按照节假日、工作日对充电站运行场景进行划分。

（3）公交车白天按发车时刻表运营，公交车白天的可充电时段受限于公交车发车时刻表，公交车如果采用回站即充的调度策略，将带来充电负荷高峰与市区用电高峰区间重合，还与电价高峰区间重合，购电成本较高。

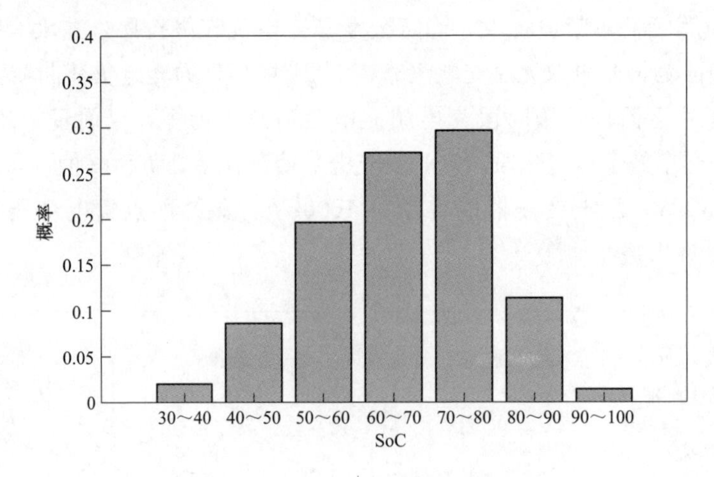

图 5-5　某充电站车辆回站 SoC 概率分布

（4）公交车夜间停运，夜间有充足的时间对车辆进行充电，且可充电时段位于低电价时段，充分利用这一优势可有效提升充电站运营经济性。

（5）公交车白天可充电时间段需首先满足城市通勤需求，保证公交车按发车时刻表运行，其电量至少满足运营一圈的耗电量。

这些特点使得城市公交车能耗特性与社会车辆相比有很大不同。关于社会充电站的相关研究成果不能直接用于制定公交充电站储能优化配置方案。

充电负荷特性主要受到公交车耗能状况和充电策略的影响。对于已选定公交车车型和运营线路的公交车充电站，充电策略是决定充电负荷大小及其分布特性的主要因素。对于不考虑系统调峰需求和购电电价水平的回站有桩即充的无序充电策略，将使得其充电负荷特性下的储能配置方案经济性较差，而优化的有序充电策略将进一步提升储能配置方案下的经济性。在后续的算例分析中将进一步开展计算结果对比分析。为不失一般性，下面将以大量已运营公交充电站充电负荷数据为基础提取充电站典型运行场景。

统计某在营充电站建站 3 年来的充电负荷，结果表明公交充电站的充电负荷具有明显的季节性特征和周运行特征。图 5-6 展示了以小时为单位统计的夏季和冬季某日的充电负荷和交通流指数。

（1）季节性特征。由图 5-6 可知，公交车辆在不同季节能耗差异明显。公交车配备有夏季空调制冷、冬季电暖气供热的设施，夏季和冬季会产生大量附加能耗，且电暖气的耗电功率高于空调。另外，环境温度对电池的放电效率有影响。

对充电站运营车辆的耗电量进行测算表明，夏季能耗为 5.6～6.6kWh/km，冬季能耗为 6.5～7.4kWh/km，其他季节能耗为 4.5～5.4kWh/km。夏季和冬

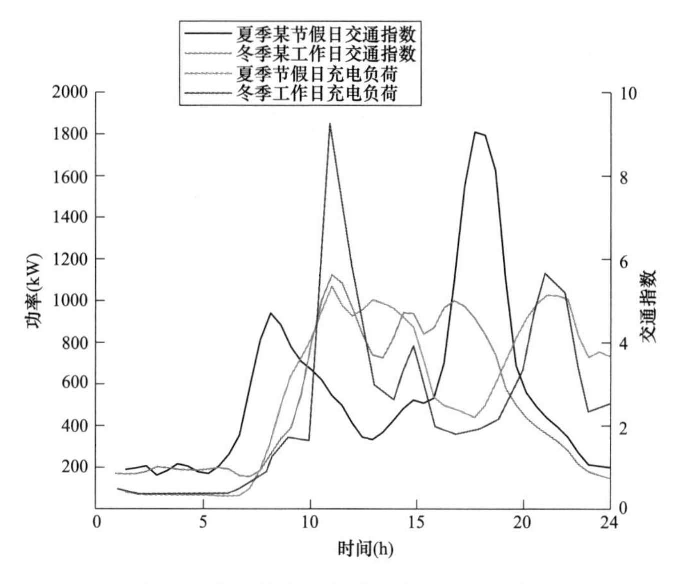

图 5-6 某日的交通指数及充电站充电负荷

季的用电量显著高于春季和秋季，其中以冬季充电负荷最大。基于以上分析，公交充电站负荷需按春季、夏季、秋季和冬季分别进行场景划分。

（2）周运行特征。由图 5-6 可以看出，充电负荷与交通流指数密切相关。图 5-6 中冬季工作日交通流有两个高峰，早高峰集中于 8：30 左右，晚高峰集中在 18:00 左右；假日交通流有多个高峰，图 5-6 中夏季假日第一个高峰大约在 11:00 出现，15:00 左右出现第二个高峰，第三个高峰则集中在 16:00 左右。相应地，充电负荷在相应的交通流高峰后出现。统计城市充电站公交运营区域的历史交通指数，发现交通指数周运行特性差异明显，相应地，充电负荷也呈现出明显的工作日和假日差异性。

充电负荷高峰值时间段出现在交通流高峰之后，且充电站负荷高峰与市区用电高峰区间重合，对电网的冲击增大。充电站充电负荷高峰还与电价高峰区间重合，增大了充电站向上级电网购电的费用。由上述分析可知，应按照节假日、工作日对充电站运行场景的划分。

综上所述，公交充电站典型运行场景的提取应同时考虑季节性特征和工作日、假日特征，对历史数据进行划分。

基于当前我国大力发展分布式光伏发电技术的背景，后续将以光伏充电站为例开展后续的分析和讨论。公交车充电站工程项目的规划周期一般长达 15～20 年，在配置储能时应充分考虑充电站的功率及容量需求，且公交车辆运行特性、储能电池衰退特性及峰谷电价差等因素的影响不容忽视。

5.2.2 公交充电站典型运行场景提取

储能优化配置场景与公交车充电负荷特性息息相关。充分考虑充电站负荷特性，在提取光伏充电站典型运行场景时，将公交充电站充电负荷的相关历史数据分类成春季工作日、春季假日、夏季工作日、夏季假日、秋季工作日、秋季假日、冬季工作日和冬季假日共 8 个数据集合。采用 K-means 算法，依据误差平方和和平均轮廓系数进行聚类，得到 8 个数据集的典型运行工况。

统计第 i 个充电负荷典型工况概率为

$$P^{\mathrm{load}}(i)=\frac{N_i^{\mathrm{load}}}{N^{\mathrm{load}}},\forall i\in\Gamma \tag{5-1}$$

式中 N_i^{load}——第 i 个充电负荷典型工况的负荷曲线数；

N^{load}——负荷曲线总数；

Γ——充电负荷典型工况曲线聚类数的集合；

A——充电负荷典型工况聚类总数。

同样，采用 K-means 算法对充电站光伏出力数据进行聚类，得到典型出力工况曲线。第 m 条典型曲线出现的概率为

$$P^{\mathrm{pv}}(m)=\frac{N_m^{\mathrm{pv}}}{N^{\mathrm{pv}}},m\in\Omega \tag{5-2}$$

式中 N_m^{pv}——第 m 个光伏出力典型曲线包含的曲线数目；

N^{pv}——光伏出力曲线总数；

Ω——光伏出力典型工况曲线聚类数的集合；

B——光伏出力典型曲线聚类总数。

同时考虑充电负荷典型工况及其分布概率和光伏出力典型工况及其分布概率，充电站典型运行场景有 K 个，即

$$K=A\cdot B \tag{5-3}$$

式中，由第 i 个负荷曲线和第 m 条光伏出力曲线组合形成的第 k 个典型工况出现的概率为

$$P^{z}(k)=P^{\mathrm{load}}(i)\times P^{\mathrm{pv}}(m) \tag{5-4}$$

充电站运行过程中遵循充用电功率平衡，即

$$\begin{aligned}&\nu_k^{\mathrm{dis}}(t)P_k^{\mathrm{dis}}(t)\eta_{\mathrm{dis}}\eta_{\mathrm{pcs}}+P_k^{\mathrm{grid}}(t)+P_k^{\mathrm{pv}}(t)-u\cdot P_k^{\mathrm{p2g}}(t)\\&=P_k^{\mathrm{EV}}(t)+\frac{\nu_k^{\mathrm{ch}}(t)P_k^{\mathrm{ch}}(t)}{\eta_{\mathrm{ch}}\eta_{\mathrm{pcs}}}\end{aligned} \tag{5-5}$$

$$\nu_k^{\mathrm{dis}}(t)+\nu_k^{\mathrm{ch}}(t)\leqslant 1,\nu_k^{\mathrm{dis}}(t),\nu_k^{\mathrm{ch}}(t)\in\{0,1\} \tag{5-6}$$

式中 $P_k^{\mathrm{dis}}(t)$——第 k 个典型场景下为储能电池放电功率；

$P_k^{ch}(t)$——第 k 个典型场景下为储能电池充电功率；

u——表征光伏出力余量上网状态变量，若有光伏余量上网，则 u 取值为 1；若没有光伏余量用于并网，则 u 取值为 0。

$\nu_k^{ch}(t)$——表征储能处于放电状态变量，其值为 1 表示电池处于充电状态；

$\nu_k^{dis}(t)$——表征储能处于充电状态变量，其值为 1 表示电池处于放电状态；

$P_k^{grid}(t)$——电网交换功率；

$P_k^{EV}(t)$——第 k 个典型场景下公交车充电负荷；

P_k^{pv}——第 k 个典型场景下光伏出力；

$P_k^{p2g}(t)$——光伏余量上网的功率。

充电站运行受到配电容量限制和上级电网允许的最大交换功率限制，即

$$\left[P_k^{EV}(t)+\frac{\nu_k^{ch}(t)P_k^{ch}(t)}{\eta_{ch}\eta_{pcs}}-\nu_k^{dis}(t)P_k^{dis}(t)\cdot\eta_{dis}\eta_{pcs}-P_k^{pv}(t)+u\cdot P_k^{p2g}(t)\right]\Delta t\leqslant S_{max} \tag{5-7}$$

$$0\leqslant P_k^{grid}(t)\leqslant P_{max}^{grid} \tag{5-8}$$

式中 S_{max}——并网变压器容量；

P_{max}^{grid}——接入点最大允许交换功率。

5.3 公交充电站储能优化配置模型

如前所述，公交充电站一般选择配置锂离子电池储能系统。结合公交充电站特有的运营特点，在分析公交充电站电池储能系统运行特性的基础，建立电池储能系统全生命周期成本模型，进而建立公交充电站储能优化配置模型。

5.3.1 储能系统运行特性模型

对于电池储能系统，设储能系统配置功率及容量分别为 P_R、E_R。设电池系统充电效率为 η_{ch}、放电效率为 η_{dis}，双向变流器（power conversion system，PCS）的能量转换效率为 η_{pcs}。第 k 个公交充电站典型场景下储能系统在单位时间 Δt 内的电量变化量 ΔE_t 可表示为

$$\Delta E_t=\left[\nu_k^{dis}(t)P_k^{dis}(t)\eta_{dis}\eta_{pcs}-\frac{\nu_k^{ch}(t)P_k^{ch}(t)}{\eta_{ch}\eta_{pcs}}\right]\Delta t \tag{5-9}$$

储能电池运行过程中各时段的电量 E_t 为

$$E_t=E_{t-1}+\Delta E_t \tag{5-10}$$

电池运行特性模型考虑储能电池的各项基本参数。储能电池在运行年限内

健康状态的不断衰减导致其可用容量不断减小。定义储能电池容量保持率为

$$\alpha = E_C / E_R \tag{5-11}$$

式中　α——储能电池容量保持率；

E_C——电池可用容量。

研究表明，在峰谷调节工况下，电池容量保持率会随着充放电次数增加而减小。在此考虑 α 在不同的工作周期内取不同的值，即设工作周期 j 内的电池容量保持率为 α_j，计及容量衰退的电池可用容量计算方法为

$$E_{R,j} = \alpha_{j-1} E_R, j \in J \tag{5-12}$$

式中　$E_{R,j}$——以日为一个工作周期的电池在第 j 天的电池可用容量；

α_{j-1}——第 $j-1$ 日后相对应的电池容量保持率；

J——工作日集合，$J=\{1，2，\cdots，N \times 365\}$。

充电站运营过程中，储能电池的 SoC 应保持连续，由于第 $j-1$ 日末尾时刻与第 j 日起始时刻为同一时刻，即

$$E_{t=0,j} = E_{t=24,j-1} \tag{5-13}$$

式中　$E_{t=0,j}$——第 j 日起始时刻的 SoC；

$E_{t=24,j-1}$——第 $j-1$ 日末尾时刻的 SoC。

为提高储能电池的运行安全性和延缓电池衰退，公交充电站配置温控设施以保证储能电池环境温度保持在一定范围内，并限定储能电池在一定 *SoC* 区间内充放，尽量避免满充满放，且需要对电池的充放电倍率进行限制，即

$$\underline{\mathrm{SoC}} \cdot E_{R,j} \leqslant E_t \leqslant \overline{\mathrm{SoC}} \cdot E_{R,j} \tag{5-14}$$

$$\Delta E_t \leqslant \varepsilon_t E_{R,j} \tag{5-15}$$

式中　E_t——运行过程中 t 时段的电池电量；

$\overline{\mathrm{SoC}}$——SoC 上限；

$\underline{\mathrm{SoC}}$——SoC 下限；

ε_t——电池充放电倍率上限，小倍率充电可延长电池寿命，如某品牌磷酸铁锂电池限制其充放电倍率不大于 1C(1 倍率)。

此外，电池充放电功率应满足功率上、下限约束，即

$$0 \leqslant P_k^{\mathrm{dis}}(t) \leqslant \nu_k^{\mathrm{dis}}(t) P_R \tag{5-16}$$

$$0 \leqslant P_k^{\mathrm{ch}}(t) \leqslant \nu_k^{\mathrm{ch}}(t) P_R \tag{5-17}$$

5.3.2　储能系统全生命周期成本模型

储能系统全生命周期可分为初始投资、运营及再退役三个阶段。相应地，将各阶段的成本称为初始投资成本、运营成本和再退役成本。其中，初始投资成本主要考虑电池初始购置成本、相关设备成本及土建成本；运营成本主要考

虑规划周期内运维成本、电池更新置换成本和购电成本；再退役成本主要考虑再退役阶段相关回收成本，鉴于当前回收机制尚不健全，在此不予考虑，设项目周期为 N(年)。

（1）初始投资成本。储能电池初始购置成本为初始投资阶段用于购置电池的成本，按市场单位容量价格计算，即

$$C_1 = c_b E_R \tag{5-18}$$

式中　C_1——初始投资阶段电池购置成本；

c_b——电池单位容量价格。

相关设备成本为除电池单元成本外，建设储能系统的相关设备成本，可表示为

$$C_2 = c_{pcs} P_R + (c_{bms} + c_{tra} + c_{bb} + c_{bc}) E_R + C_{ms} \tag{5-19}$$

式中　C_2——建设储能系统的相关设备成本；

c_{pcs}——储能 PCS 设备单位功率价格；

c_{bms}——储能电池监控系统单位容量价格；

c_{tra}——储能隔离变压器设备单位容量价格；

c_{bb}——储能电池箱等辅助设备单位容量价格；

c_{bc}——储能电池柜等并网设备单位容量价格；

C_{ms}——储能系统监控设备成本。

土建成本主要考虑土地成本、房屋建设成本、厂房设备安装成本等，即

$$C_3 = c_c E_R \tag{5-20}$$

式中　C_3——土建成本；

c_c——单位电池容量的土地建设成本。

（2）运营成本。储能系统运营成本包括运维成本和电池更新置换成本两部分。运维成本是为保证储能系统正常运行在全生命周期内的动态投入资金，通常包括设备检修、维护、保养和故障修复以及人工维护等费用。规划周期内第 y 年的储能运维成本为

$$C_{4,y} = c_M E_{R,y}[1 + \ell \cdot \Upsilon(y)], \forall y \in Y \tag{5-21}$$

式中　$C_{4,y}$——规划周期内第 y 年的储能运维成本；

c_M——储能电池单位容量的运行维护成本；

$E_{R,y}$——规划周期第 y 年的储能电池可用容量；

ℓ——电池运维成本年增加率；

$\Upsilon(y)$——规划周期第 y 年距离最近一次储能电池购置相隔的年数；

Y——规划年集合，$Y=\{1, 2, \cdots, N\}$。

电池更新置换成本是在规划周期内对已到寿命上限的储能电池进行更新的

成本。从安全性角度，选用处于技术成熟期的电池配置储能系统，设电池购置价格年下降率为λ，储能在规划周期内第y年的更新置换成本为

$$C_{5,y}=\sum_{k=1}^{L_N}c_{\mathrm{b}}E_{\mathrm{R}}\times(1-\lambda)^{xN/(L_N+1)},\forall y\in Y \tag{5-22}$$

式中　$C_{5,y}$——储能在规划周期内第y年的更新置换成本；

x——第x次置换电池；

L_N——规划周期N年内需要更换电池的总次数。

购电成本是公交车充电向上级电网的购电费用，规划周期内第y年的购电成本$E_{\mathrm{s}}(C_k^{\mathrm{op}})$为

$$E_{\mathrm{s}}(C_{m,i}^{\mathrm{op}})=\sum_{m\in\Omega}\sum_{i\in\xi}P^{\mathrm{load}}(i)P^{\mathrm{pv}}(m)C_{m,i}^{\mathrm{op}}\times 365 \tag{5-23}$$

式中　C_k^{op}——第i个典型负荷和第m种典型光伏出力组合而成的第k个场景下的日购电成本，日购电成本为

$$\begin{aligned}C_k^{\mathrm{op}}=\sum_{t=T}f_{\mathrm{te}}(t)\times[P_k^{\mathrm{EV}}(t)+V_k^{\mathrm{ch}}(t)P_k^{\mathrm{ch}}(t)\\-V_k^{\mathrm{dis}}(t)P_k^{\mathrm{dis}}(t)-P_k^{\mathrm{pv}}(t)+u\cdot P_k^{\mathrm{p2g}}(t)]\end{aligned} \tag{5-24}$$

式中　$f_{\mathrm{te}}(t)$——分时电价。

5.3.3　公交充电站储能优化配置模型

公交充电站配置储能考虑规划和运行两个层面的优化。其中，在规划层面，考虑增设储能的初始投资成本及规划周期内运营成本，以充电站配置储能总成本最低为目标；在运行层面，考虑日购电成本及充放电对储能电池寿命的影响，以充电站配置储能运行成本最低为目标。

综合考虑规划层面和运行层面的双层优化，建模思路如图5-7所示。

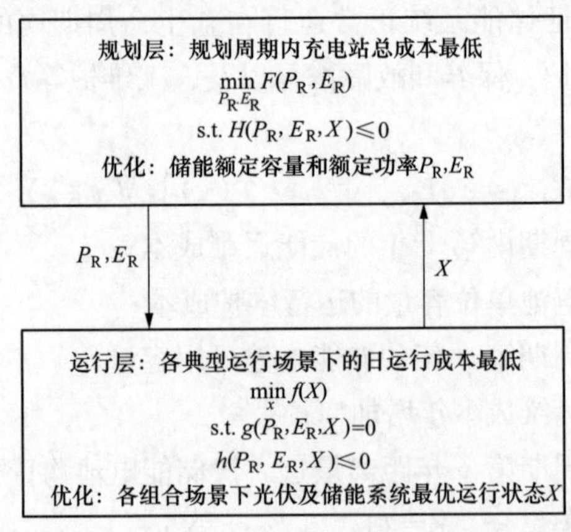

图5-7　公交充电站储能配置模型建模思路

储能优化配置双层模型中，上层为规划层，优化储能容量和功率，传递给下层运行场景；下层为运行层，优化给定场景下储能系统和光伏系统的日运行状态，反馈给上层模型。

1. 上层模型

目标函数设为规划周期 N(年) 内充电站增设储能后的总成本最低，约束考虑投资上限和储能设备运行约束。

(1) 目标函数，即

$$\begin{aligned}\min F = & N \cdot E_{\mathrm{S}}(C_k^{\mathrm{op}}) + C_1 + C_2 + C_3 \\ & + \sum_{y\in Y} C_{4,y}(1+r)^{-y} + \sum_{y\in Y}\sum_{k\in L} C_{5,y}\ (1+r)^{-x\Delta N}\end{aligned} \tag{5-25}$$

式中 r——资金折现率；

ΔN——储能电池的更新置换周期，年。

(2) 约束条件，即

$$C_1(E_{\mathrm{R}}) + C_2(E_{\mathrm{R}}, P_{\mathrm{R}}) + C_3(E_{\mathrm{R}}) \leqslant C_{\max}^{\mathrm{s}} \tag{5-26}$$

$$P_{\mathrm{R}} \geqslant P_{\min}^{\mathrm{R}} \tag{5-27}$$

$$E_{\mathrm{R}} \leqslant E_{\max}^{\mathrm{R}} \tag{5-28}$$

式中 $C_{\max}^{\mathrm{s}}$——初期储能投资上限值。

式 (5-26) 为储能初期投资上限约束；式 (5-27) 是储能配置功率下限约束，受制于商品标准系列的参数约束 $P_{\min}^{\mathrm{R}}$；式 (5-28) 是储能配置容量上限约束，受制于规划约束的最大允许容量约束 $E_{\max}^{\mathrm{R}}$。

2. 下层模型

目标函数设为充电站典型运行场景下的购电成本和储能充放电次数最少，考虑储能和光伏系统运行约束及并网点容量限制。

(1) 目标函数，即

$$\min f = \sum_{m\in\Omega}\sum_{i\in\xi}\left\{\omega_1 \times \frac{C_k^{\mathrm{op}}}{C_{\max}} + \omega_2 \times \frac{\sum_{t\in\Gamma}\left[\nu_\kappa^{\mathrm{dis}}(t) + \nu_\kappa^{\mathrm{ch}}(t)\right]}{24}\right\} \tag{5-29}$$

式中 ω_1——购电成本目标权重；

ω_2——储能充放电次数目标权重。

在此将购电成本和储能充放电次数双目标的权重比 $\omega=\omega_1/\omega_2$ 设置为 10。

(2) 约束条件。考虑储能电池特性约束和充电站运行约束，包括式 (5-9)～式 (5-17)。

5.4 配置模型求解算法

前述建立了公交充电站储能优化配置双层模型。其中，上层模型的求解是含有连续变量的线性规划问题，而下层模型的求解是混合整数线性规划问题。双层模型的上、下层模型之间存在耦合关系，难以直接进行求解，因此，采用将双层模型转化为单层模型的求解算法，求解步骤如下：

（1）将双层模型转化为单层模型。通过构建下层模型目标函数的拉格朗日函数，建立基于下层模型 KKT(Karush-Kuhn-Tucker) 互补松弛的日购电成本对偶模型，从而将双层模型转换为单层模型，即

$$\min F=\sum_{m\in\Omega}\sum_{i\in\xi}\sum_{t\in T}f_{\mathrm{te}}(t)P^{\mathrm{load}}(i)P^{\mathrm{pv}}(m)(C_{6,k}-I_k)N\times 365+C_1+C_2+C_3+\sum_{y\in Y}C_{4,y}(1+r)^{-y}+\sum_{y\in Y}\sum_{k\in L}C_{5,y}(1+r)^{-x\Delta N} \tag{5-30}$$

$$\text{s. t. 式(5-1)} \sim \text{式(5-17)，式(5-23)} \sim \text{式(5-29)}$$

式中 $C_{6,k}$——基于下层模型 KKT 互补松弛所得的日购电成本对偶值；

I_k——下层模型拉格朗日函数。

（2）将非线性约束转化为线性约束。采用大 M 法，通过引入最小罚因子 M，将原非线性约束等价转化为混合整数线性约束，即

$$0\leqslant P_k^{\mathrm{dis}}(t)\leqslant P_{\mathrm{R}} \tag{5-31}$$

$$0\leqslant P_k^{\mathrm{ch}}(t)\leqslant P_{\mathrm{R}} \tag{5-32}$$

$$0\leqslant P_k^{\mathrm{dis}}(t)\leqslant M\cdot\nu_k^{\mathrm{dis}}(t) \tag{5-33}$$

$$0\leqslant P_k^{\mathrm{ch}}(t)\leqslant M\cdot\nu_k^{\mathrm{ch}}(t) \tag{5-34}$$

$$\nu_k^{\mathrm{dis}}(t)+\nu_k^{\mathrm{ch}}(t)\leqslant 1 \tag{5-35}$$

式中，M 为满足约束的最小罚因子，基于所求解模型的维度，综合考虑求解速度和收敛效果，在此 M 取 2500。

（3）采用 MATLAB 中 YALMIP 工具建模，并采用 CPLEX 求解器求解。

5.5 算例分析

以北京某在营公交充电站为算例，采用前述提出的公交充电站储能优化配置模型及其求解算法，设计其储能配置方案，探讨影响充电站运营经济性的影响因素。

5.5.1 算例系统

北京某在营公交充电站结构示意图如图 5-8 所示。该公交光伏充电站由 10kV 交流配电网供电，配电容量 3000kW，光伏发电阵列有 500kWp，充电桩 9 个，公交车 106 辆，拟配置标称容量 280Ah、额定工作电压 3.2V 的磷酸铁

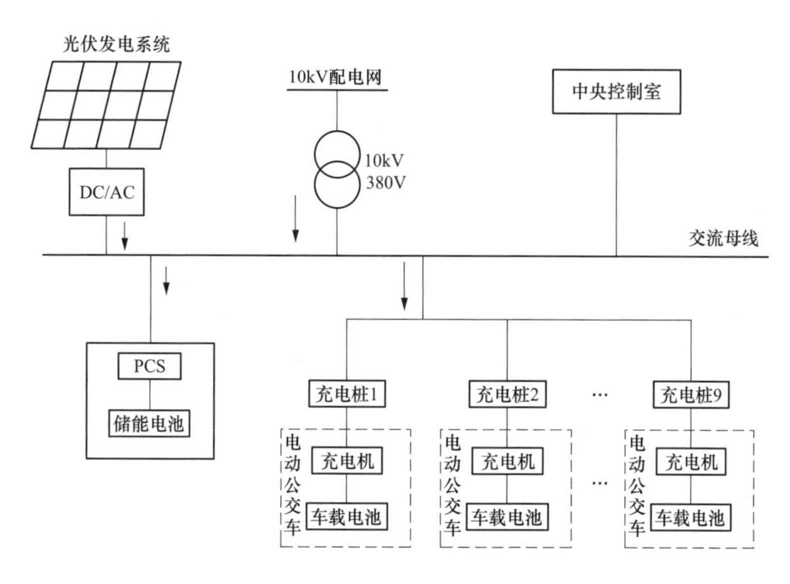

图 5-8　公交光伏充电站结构示意图

锂电池构建充电站储能系统，安装位置如图 5-8 所示。

该充电站充电负荷的工作日春、夏、秋、冬季节的聚类数分别为 3、4、3、5，共 15 类，假日春、夏、秋、冬季节的聚类数分别为 1、3、2、3，共 9 类。充电负荷典型工况 A 为 24 种，光伏出力典型工况 B 为 10 种，相应的概率分布如表 5-4 和表 5-5 所示。

表 5-4　充电负荷典型工况的概率分布

编号	1	2	3	…	22	23	24
概率	0.0603	0.0493	0.0466	…	0.0164	0.0658	0.0164

表 5-5　光伏出力典型工况的概率分布

编号	1	2	3	…	8	9	10
概率	0.0301	0.1885	0.0984	…	0.0902	0.0410	0.0545

依据在削峰填谷工况下的测试数据，基于雨流计数法，充放电循环 n 次后容量保持率 α_j 可拟合为

$$\alpha_j = 1 - 1.34 \times 10^{-4} n + 3.11 \times 10^{-8} n^2 - 3.04 \times 10^{-12} n^3$$

该储能系统的其他相关参数设置如表 5-6 所示。

表 5-6　　储能系统的相关参数

参数	数值	参数	数值
c_b(元/kWh)	1200	c_M(元/kWh)	60
c_{pcs}(元/kWh)	400	C_{ms}(元)	75 000
c_{bms}(元/kWh)	100	n_{max}(次)	3000
c_{bb}(元/kWh)	120	η_{ch}，η_{dis}，η_{pcs}	90%
c_{bc}(元/kWh)	340	r	5%
c_{tra}(元/kWh)	59.31	ℓ	5%
c_c(元/kWh)	1020	λ	10%

向上级电网购电费用按表 5-7 北京市一般工商业用户分时电价进行计算。

表 5-7　　一般工商业用户分时电价

时段	电价(元/kWh)
高峰时段（10:00～15:00，18:00～21:00）	1.2884
平时段（7:00～10:00，15:00～18:00，21:00～23:00）	0.7697
低谷时段（23:00～7:00）	0.3023

5.5.2　储能配置结果分析

采用上述模型及求解算法可得储能配置功率/容量，据此计算实际构建储能系统所需的电池模组串并联数，得到实际应用的工程化配置方案。

光伏余量上网和有序充电策略可在一定程度上降低充电站并网点的峰值负荷和提升充电站的运营经济性。为对比分析公交车充电策略和光伏发电余量上网带来的影响，以下将对以下 4 种类型充电站开展储能配置经济性的对比分析。

类型 1：无序充电，光伏余量不上网；

类型 2：无序充电，光伏余量上网；

类型 3：有序充电，光伏余量不上网；

类型 4：有序充电，光伏余量上网。

这里将无序充电策略设定为车辆回站有桩即充、充满为止的充电策略，有序充电策略按某篇文献中给出的方法设计；光伏余量上网协议的售电电价按照北京市一般工商业用户分时电价计算。各类型充电站储能配置结果如表 5-8 所示。

表 5-8　　各类型的充电站储能配置方案

类型	优化配置求解结果（kW/kWh）	工程化配置方案（kW/kWh）	运营成本（万元）	投资成本（万元）	总成本（万元）
类型 1	631.74/1743.2	645/1759	5629.4	0	5629.4
			4663.8	532.98	5169.78
类型 2	608.59/1472.65	623/1699	5602.03	0	5602.03
			4642.43	519.63	5156.06
类型 3	274.41/755.83	277/756	4416.11	0	4416.11
			3824.32	266.49	4090.81
类型 4	253.42/712.19	268/731	4293.67	0	4293.67
			3809.87	259.81	4061.68

由表 5-8 可知，充电站并网点的峰值负荷越大，需配置储能的容量越大。配置储能后，类型 1 充电站运营成本下降了 17.15%，总成本共下降了 8.16%；类型 2 充电站运营成本下降了 17.13%，总成本共下降了 7.96%；类型 3 充电站运营成本下降了 13.4%，总成本共下降了 7.37%；类型 4 充电站运营成本下降了 11.27%，总成本共下降了 5.43%。这表明配置储能可以降低充电站向上级电网的购电费用。

将不同类型的充电站的储能配置结果做横向对比，结果可知：在配置储能的基础上，若能与上级电网达成余量上网协议，可节省总成本 13.72 万元；若能开展有序充电，可节省总成本 1078.97 万元。若能同时开展余量上网和有序充电，可节省的总成本最多，为 1108.10 万元。

配置储能系统虽然带来了初始投资成本、运维成本以及电池更换成本，但节省了充电站向上级电网购电费用，考虑资金折现率后，充电站的运营成本和总成本有所下降。在此基础上，光伏发电余量上网和有序充电规划，可减小储能配置的容量，增加售电收益，提升充电站的经济性，这表明应在有条件的充电站开展有序充电运行和配置光伏。

投资回报率通常选作量化工程经济性的一项重要指标。在此，为了突出配置储能带来的积极作用，定义收益 R 为

$$R = R_S + R_C + R_G \tag{5-36}$$

式中 R_S——节能收益，是光伏充电站在储能配置前后运行节约的相关成本；

R_C——补偿收益，是相关部门对储能参与降峰的补偿，补偿标准为 0.05 万元/MWh；

R_G——光伏出力余量上网售电收益。

储能所带来的经济效益计算结果如表 5-9 所示。

表 5-9　　配置储能经济效益

类型	弃光量（kWh）	R_S（万元）	R_C（万元）	R_G（万元）	R（万元）
类型 1	0	965.60	26.90	0	992.50
类型 2	0	959.60	26.90	27.4	1013.9
类型 3	0	791.79	14.53	0	806.32
类型 4	0	783.80	14.53	49.32	847.65

由表 5-9 可知，配置储能后规划周期内弃光量为 0，充分消纳了光伏出力。充电站的负荷峰值越大，在无序充电条件下，若未达成余量上网协议，类型 1 的充电站配置储能的投资回报率为 23.03%，投资回收年限为 5.37 年。在此基础上，若能达成余量上网协议时，售电收益增加 27.4 万元，总收益增加 2.7%，投资回报率升至 23.67%，进一步缩短投资回收年限至 5.13 年；若只开展有序充电，投资回报率将大幅上升至 43.61%，投资回收年限为 3.32 年。同时开展余量上网和有序充电的收益最大，售电收益增加 49.32 万元，总收益增加 7.4%，投资回报率为 45.21%，回收年限缩至 3.19 年。可见，优化配置储能可提升充电站的运营经济效益，对无序充电的充电站效益的提升效果更加显著。

下面将对类型 1 充电站的储能系统运行过程开展分析，并探讨充电站运营经济性的影响因素。

5.5.3　储能系统运行策略分析

图 5-9 展示了储能系统典型运行状态。由图 5-9 可知，在 0～6 时时段公交车处于停运阶段，充电负荷很小，优化后该时段充电倍率为 0.16C，其他时段倍率不超过 1C，可延长电池寿命。6 时公交开始运营，7～9 时进入早高峰时段，回站充电需求快速上升，随后表现出波动性。其中，图 5-9（a）中充电负荷约在 12 时出现第一个峰值，光伏出力降低了充电站的负荷峰值，配合储能放电保证负荷峰值降低 30%。随后在平价时段内，充电负荷仅由光伏提供，节能效果显著。在 21 时左右出现了第二个负荷峰值，电价也进入了高峰和平价时间段，储能电池尽可能放电降低了负荷峰值。该运行场景下处于谷价的购电量提高了 42%，平价时段购电量下降了 9.7%，处于峰价时段的购电量下降了 19.89%，日购电费共下降了 30%。图 5-9（b）中，充电负荷约在 10 时虽然出现第一个峰值，但对电网的冲击尚在可接受范围内，在 19 时前，配置的光伏发电起到了很显著的节能作用。在 21 时左右，光伏出力为零，但对电网的冲击增加，储能电

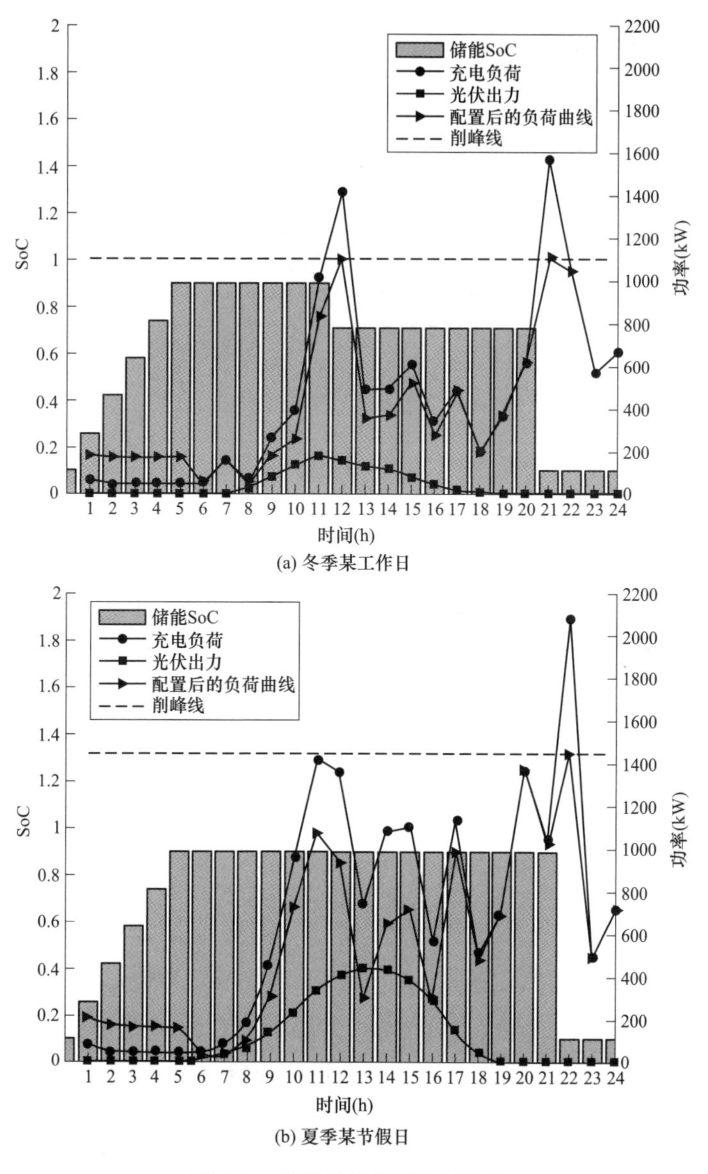

(a) 冬季某工作日

(b) 夏季某节假日

图 5-9　储能系统典型运行状态

池尽可能放电降低了负荷峰值。且该运行场景下处于谷价的购电量提高了30.95%，平价时段购电量下降了21.85%，处于峰值电价的购电量下降了17.27%，日购电费共下降了25.74%。

综上，公交充电站配置储能减轻了充电站并网点电网负载压力。特别是，设计方案中充分利用了公交车晚上停运的运营特点，在夜间长时间内采用小倍率进行储能电池充电，可延长储能系统寿命。

5.5.4 充电站运营经济性影响因素分析

峰谷电价差和电池单位容量价格是影响储能配置经济性的重要因素。下面将分析峰谷电价差和电池单位容量价格变化对公交光伏充电站经济性的影响。

1. 峰谷电价差

表 5-10 给出了不同峰谷电价差下的配置结果。

表 5-10　　不同峰谷电价差下的配置结果

峰谷电价差	配置功率（kW）	配置容量（kWh）	投资回报率（%）	回收年限（年）
4∶1	645.0	806.23	16.34	7.82
5∶1	933.4	2544.7	21.61	5.58
6∶1	1218.1	3374.0	24.13	4.76
7∶1	1394.2	3747.5	28.73	3.61
8∶1	1420.8	4097.4	31.26	3.34

由表 5-10 可知，随着峰谷电价差的增大，配置功率、容量和投资回报率均逐渐增大，回收年限逐渐减少。当峰谷电价差大于 6∶1 后，配置功率的增幅趋势较缓，并且投资回收年限下降至 5 年以下，工程具有较高的投资价值。

2. 电池单位容量价格

以表 5-4 中电池单位容量价格为基准，设置不同电池价格倍率，储能配置结果如表 5-11 所示。

由表 5-11 可知，电池单位容量价格越高，配置功率和容量逐渐减小，且当电池单位容量价格倍率达到 1.4，即电池单价达到 1680 元/kWh 时，配置功率和容量分别稳定到 645.0kW 和 806.3 kWh。随着电池单位容量价格及容量倍率的降低，回收年限逐渐降低，当降到 0.8 以下，即电池单价低于 960 元/kWh 时，回收年限缩至 5 年以内，具有较好的投资价值。

表 5-11　　不同电池单位容量价格下的配置结果

电池单位容量价格倍率	配置功率（kW）	配置容量（kWh）	投资回报率（%）	回收年限（年）
1.6	645.0	806.3	13.63	8.23
1.4	645.0	806.3	15.59	7.11
1.2	652.3	860.7	18.43	6.41
0.8	827.6	2386.4	22.72	4.88
0.6	929.6	2573.8	24.96	3.94
0.4	1178.1	2716.1	28.71%	3.57

5.6 小结

本章针对城市公交充电站开展了储能优化配置方法的研究。基于在营充电站的运行数据，分析公交充电站负荷特性，构建了基于场景概率方法的公交光伏充电站储能规划场景；综合考虑电池储能系统运行特性和充电站运营需求，建立了电池储能系统全生命周期成本模型；综合考虑充电站运营商利益、公共交通通勤需求以及并网点的容量限制，构建了公交充电站储能配置的双层优化模型；基于某实际公交充电站配置储能工程，对比分析了光伏发电余量上网协议、公交车有序充电策略、电网峰谷电价差和电池单位容量价格对储能配置经济性的影响，从而为有关部门推进城市交通电气化提供规划方案和投资决策的参考依据。研究结果表明：

（1）公交光伏充电站可通过合理配置储能，降低充电站运营成本和并网容量压力，提升充电站经济性。算例结果表明，该营充电站虽然未达成余量上网协议和开展有序充电，但配置储能可实现规划周期内运营成本下降 17.15%，总成本下降了 8.16%，投资回报率为 23.03%，投资回收年限为 5.37 年。峰谷电价差增大及电池购置单价下降有利于进一步发挥配置储能的作用。当谷电价差大于 6:1 和电池购置单价低于 960 元/kWh 时，具有较好的投资回报收益。

（2）建议现有充电站充分利用环境条件配置光伏发电系统，与电网企业达成余量上网协议并开展有序充电。算例系统中，在有序充电的条件下，充电站运营成本下降了 15.15%，总成本共下降了 11.38%，投资回收年限为 3.32 年。若在有序充电的基础上进一步达成余量上网协议，运营成本将降低 17.36%，总成本降低 12.58%，回收年限进一步缩短至 3.19 年。虽然光伏余量上网及有序充电有助于提升储能配置的经济性，但充电站配置储能可进一步提升充电站的运营经济性。

全面推动城市公交电气化需要多方共同努力。充电站运营商合理配置充电站储能，在有条件的充电站开展有序充电和光伏余量上网，相关部门放开峰谷电价差限制，合理调控电池价格，将有利于推动城市公交车全面电动化，有助于双碳目标的实现。充电站组网方式、充电站交易机制等也会影响充电站运营经济性，需要开展进一步研究。

6 电力储能产业发展趋势展望

在各国政府对节能减排的大力引导下，风力发电、光伏发电等可再生能源技术迅速发展。为了更好满足风光发电大规模接入需求，储能行业扮演着越来越重要的角色。在发电侧、电网侧、用户侧和可再生能源并网领域等，各类储能项目快速部署，储能装机规模屡攀新高，越来越多的企业以设备供应商或项目开发商的身份加入储能市场。从全球范围来看，驱动电力储能产业发展的有效模式为政策驱动和市场驱动。

6.1 国内外电力储能产业发展相关政策法规

为了更好地促进储能产业的健康持续发展，各国相应出台了相关政策和法规。这些储能政策法规旨在为储能产业提供法律依据，创造有利投资环境，激发创新动力，推动储能技术快速发展与大规模应用。

6.1.1 国外电力储能相关政策法规

国外储能产业的相关政策法规总体上可按储能发展阶段进行分类。在储能尚未推广或刚刚起步的国家或地区，政府制定储能的发展路线图，将发展储能纳入国家战略规划。在储能已具备一定规模或产业相对发达的国家或地区，政府多采用税收优惠或补贴的方式，以促进储能成本下降和规模应用。在储能已逐步深入参与辅助服务市场的国家或地区，政府通过开放区域电力市场，为储能应用实现多重价值、提供高品质服务创造平台。

1. 美国

2007年以来，美国联邦能源管理委员会（Federal Energy Regulatory Commission，FERC）陆续颁布法令推动新能源参与市场，推广储能应用。现阶段，业内正在促使美国政府出台针对储能的投资税抵免政策（investment tax credit，ITC）。据估计，如果独立的储能ITC政策出台，到2024年每年储能新增装机量将达到5.1GW，较基准预测值4.8GW增加0.3GW/年。

2020年12月21日，美国能源部（Department of Energy，DOE）发布了储

能大挑战路线图，这是美国发布的首个关于储能的综合性战略，旨在基于本土创新、本土制造和全球部署这三个基本原则加快储能技术的创新。该路线图提出到 2030 年，美国国内开发、制造储能技术能够满足美国所有市场需求。

美国越来越多的州将储能部署作为立法和监管讨论的主要问题之一，开始积极推进支持储能市场增长的方法和措施，包括通过州际互连规则和公用事业程序来为储能市场强劲增长奠定基础，致力于改善储能系统的整体成本和价值，将储能系统视为电网的关键组成部分与电网规划和运营中长期整合等。

2. 英国

自 2016 年以来，英国政府和英国国家电网开始系统性地审视储能业务的特性，在监管制度和电网运行规则等多个方面有针对性地推出更新的或独立适用的储能监管规则，旨在推动英国能源变革，构建智能灵活的电力系统。

2017 年 7 月，英国天然气与电力市场办公室（Office of Gas and Electricity Markets，Ofgem）与英国商业、能源和产业战略部（Department for Business，Energy & Industrial Strategy，BEIS）研究制定了英国智能灵活能源系统发展战略，推动英国打造智能灵活能源系统，促进储能实现真正的服务价值。2020 年 7 月 14 日，BEIS 允许储能开发商在英格兰地区部署装机容量为 50MW 以上的储能系统。

整体而言，英国拥有最为成熟和复杂的电力市场监管规则体系之一，英国在电力行业监管上的制度探索可以为中国发展储能业务、发展适合的法律监管框架提供借鉴。

3. 德国

自 2012 年以来，德国联邦政府的“储能资助倡议”已为约 250 个项目提供了约 2 亿欧元的资金支持。该倡议资助项目包括家用电池和兆瓦级储能系统，以及长期利用可再生能源电力进行氢电解的储能项目。资助重点包括风电制氢系统、电池在配电网中的应用以及储热系统等，见表 6-1。

表 6-1　　德国储能资助倡议

储能系统战略资助领域	具体项目
储电	电池、压缩空气储能、虚拟储能、冷凝器、飞轮以及抽水蓄能
材料储能	将电能转换为氢气和甲烷、地质储能、以高效释放存储材料中的电能
储热	针对太阳能光热电站的材料和设计原则以及概念，供应楼宇使用或者输入供热管网
综合领域	分布式储能设施的管理、制造工艺、系统分析和储能设施的公众接受度

2016 年 3 月 15～16 日，德国提出了《德国储能标准化路线图》，旨在确定

未来储能领域的工作计划，对于帮助德国奠定在欧洲的地位意义重大。

从德国储能行业的经验可以看出，德国在发展之初即对发展应用路径、战略顶层设计、规模布局进行了统筹科学规划，明确了商业模式、市场机制、政策体系和产业服务体系。德国利用政府手段确保新型电储能参与各类市场、提供多种服务并实现多重市场收益的叠加，加快提升新型电储能项目经济效益。

4. 法国

法国的核电技术极为发达，全国约有70%的发电量来自核电站。法国现有的制度制约了储能行业的发展，储能产业发展缓慢，但法国政府正在探索通过不断的市场化变革促进储能新商业模式的落地。

为了更好地实现法国政府的战略目标，法国能源监管委员会（commission de régulation de l' énergie，CRE）提出了"可再生能源+储能"项目，明确了超过130MW储能容量。同时，法国政府2019年举办了4次容量市场（capacity market，CM）拍卖活动，目的是部署更多的电池储能系统，以满足峰值电力需求或应对电力中断事故。

2020年，法国政府发布了2028年以前的法国能源转型行动时间表（programmation pluriannuelle de l' énergie，PPE），在时间上正式注明其发展可再生能源与削减电力生产中核能比例的意愿。同时，法国政府也通过了国家低碳战略（stratégie nationale bas-carbone，SNBC），其主旨是定下2050年前法国达到"碳中和"的目标。

5. 北欧

20世纪70年代石油危机爆发后，丹麦把保障能源稳定、安全和可持续发展作为国家战略，将可再生能源发展和可持续发展作为政府制定能源战略和政策的主要目标。重点资助风能开发利用、利用补贴引导储能发展成为丹麦能源发展的显著特点。

瑞典的光伏装机发展速度相对其他国家较为缓慢，2016年，瑞典发布针对户用储能的补贴支持计划，旨在提高光伏发电开发利用水平，实现2040年100%可再生能源发电的目标，建设更具使用弹性的智能电网系统。为此，瑞典政府一方面推出了255kW以上太阳能系统的租税减免制度，另一方面为家庭储能设备提供相当于成本60%的装置补贴。

在北欧，多个国家采用通过补贴来引导储能发展的思路。北欧的可再生能源发展的实践证明，政府在统筹规划、监管引导、经济扶持、沟通协调等方面的作用非常重要，有助于实现能源市场资源的优化配置。

6. 澳大利亚

2016年9月，南澳大利亚州发生大范围停电事故，引起了全国性能源安全的讨论，也使得电网大规模储能技术成为能源领域的焦点。在随后的两年里，澳大利亚各州政府相继推出一系列资金扶持性措施推动储能示范性项目的建立，如堪培拉地区政府2016年实施下一代储能示范项目，提供2000万美元为5000个家庭提供为期5年的光伏储能安装补贴；维多利亚州政府2017年投资2000万澳元建设1000MW储能项目，并投资500万澳元，支持电池、抽水蓄能、光热等项目；南澳大利亚州政府2017年通过可再生能源技术基金提供7500万澳元拨款和7500万澳元贷款，支持光热、生物质、氢能和抽水蓄能项目建设。

澳大利亚的储能市场以户用与商用储能为主。2017年，澳大利亚清洁能源协会向联邦政府提出了13项政策建议，涉及创造公平竞争环境、消除户用与商用储能市场管理障碍、户用与商用储能价值认可与投资回报和建立标准及保护用户等四个方面。目前，政府政策制定着力于规范户用与商用储能市场发展，鼓励各种储能参与电力市场、光伏设施加装储能设施、居民光伏加装储能等一系列措施。

6.1.2　国内电力储能相关政策法规

我国相关的储能政策法规主要集中在技术标准、市场引导以及电池回收政策等3个领域，旨在通过引导、规范和支持储能产业，以适应能源转型和可持续发展的需求。

技术标准制定为储能技术领域提供了具体规范和行业标准，通过发挥标准的规范和引领作用，以促进储能产业高质量发展。2018年发布了能源行业标准T/CEC 173—2018《分布式储能系统接入配电网设计规范》、GB/T 36547—2018《电化学储能电站接入电网设计规范》等。2020年，国家发展改革委、国家能源局发布了《关于加强储能标准化工作的实施方案》《能源领域行业标准修订计划和外文版翻译计划征求意见函》等。

与此同时，通过激励措施和市场机制的制定，积极引导企业投资储能项目，扩大储能市场空间。国家能源局、国家发展改革委、科技部和工信部发布了系列储能市场引导政策。《2020年能源工作指导意见》要求研究政策促进储能技术与产业发展，探索储能在可再生能源、电力辅助服务、分布式电力和微电网等领域的应用。《促进储能技术与产业发展的指导意见》2019—2020年行动计划中，强调加强先进储能技术研发、持续推进储能示范项目、建立储能标准化协调机制等推动储能产业发展。《推进电力源网荷储一体化和多能互补发展的指导意见》要求通过技术和机制创新，优化整合本地电源、电网和负荷资源，合理配置储能。市场引导与政策法规的支持相互补充，塑造了当前具备竞争活力和创新动力的储能市场。

电池回收相关政策强调电化学储能产业在全生命周期内的可持续性管理，

通过环保政策引导资源梯次利用，提高资源利用效率，从而降低对环境的不良影响。工信部于2020年陆续发布了《新能源汽车废旧动力蓄电池综合利用行业规范》《京津冀及周边地区工业资源综合利用产业协同转型提升计划》等，鼓励储能梯次利用退役动力电池，推动区域回收利用体系建设。

综合而言，技术标准制定、储能市场引导以及电池回收相关政策之间形成了一体化政策框架，相互协同推动储能产业的发展，促使其在可持续能源体系中发挥更为重要和有效的作用。

我国华北、东北等内陆七大区域在能源结构、气候条件等方面存在差异，在国家整体战略的引领下，各个区域结合地方特点制定了与储能技术与产业特点相契合地方政策法规。各区域的代表性省份部分相关储能政策法规总结如表6-2所示。

表6-2　　全国各地区相关储能政策法规

区域	省份/市区	政策/法规	发布时间	内容
华东地区	上海	上海市2020年节能减排和应对气候变化重点工作安排	2020年	强调推动绿色技术创新及应用
		关于深化5G供电服务和应用、促进5G发展和建设的通知		明确和鼓励5G基站安装储能设备，5G基站运行企业要主动优化设备用电负荷，应用储能设备，调整峰谷时段用电，降低基站用电成本
		关于同意进一步开展上海市电力需求响应和虚拟电厂工作的批复		要求积极探索分布式可再生能源、储能、蓄能技术、充电桩等新技术应用示范，进一步细化需求响应实施方式，丰富需求响应品种和应用场景
		关于印发上海市科学和技术发展“十二五”规划的通知	2021年	储能与智能输配电系统重点突破钠硫电池、磷酸铁储能电池等大容量电力储能系统的低成本、长寿命等关键技术，为钠硫电池生产能力提供技术支撑
		上海市关于加快建立健全绿色低碳循环发展经济体系的实施方案		建立新型储能价格机制，完善充换电设施
		上海市推进重点区域、园区等开展碳达峰碳中和试点示范建设的实施方案	2022年	发展可再生能源和新型储能，因地制宜发展低成本、大容量、高安全和长寿命的新型储能技术
		金山海上风电场一期项目竞争配置工作方案的通知		建设电化学等储能装置，且配置比例不低于20%、时长4h以上。储能系统应满足10年以上工作寿命、系统效率大于90%、电芯温度偏差小于7℃、年平均衰减率不大于2%
		上海市能源发展“十四五”规划		健全能源安全储备机制，明确各方责任分工，加快补齐储备短板，不断优化储备结构，构建规模合理、责任清晰、响应灵敏、应对有力的能源安全储备体系

续表

区域	省份/市区	政策/法规	发布时间	内容
华东地区	上海	上海市能源电力领域碳达峰实施方案	2022年	发挥储能调峰调频、应急备用、容量支撑等多元功能，鼓励储能为新能源和电力用户提供各类调节服务，有序推动储能和新能源协同发展
		上海市促进新型储能产业高质量创新发展行动方案（2023—2025年）（征求意见稿）	2023年	到2025年，实现新型储能由示范应用进入商业化应用初期并向规模化发展转变，全市新型储能整体规模达到2000亿元。打造2个以上新型储能产业园
	江苏	省政府关于推进绿色产业发展的意见	2020年	围绕储能、氢能等重点领域，培育一批引领绿色产业发展的新能源装备制造领军企业
		江苏省“十四五”可再生能源发展专项规划征求意见	2021年	探索在可再生能源场站侧合理配置储能设置，探索和完善可再生能源场站侧储能市场化商业模式
		关于组织开展整县（市、区）屋顶分布式光伏开发试点工作的通知		鼓励屋顶光伏配建分布式储能、支持电网企业在汇集处建分布式储能，探索建立屋顶光伏配套储能运营模式和投资回报机制
		省发改委关于我省2021年光伏发电项目市场化并网有关事项的通知		储能设施运行期内容量衰减率不应超过20%，交流侧效率不应低于85%，放电深度不应低于90%，电站可用率不应低于90%
		关于加快推进全市光伏发电开发利用的工作意见（试行）	2022年	鼓励装机容量2MW以上的光伏项目，按照不低于装机容量8%的比例配建储能系统
		加快推进分布式光伏发电项目开发建设的工作意见		推动光伏配建储能设施建设。鼓励装机容量2MW及以上的分布式光伏发电项目，按照不低于装机容量8%的比例配建储能系统
		江苏电力并网运行管理实施细则（征求意见稿）与江苏电力辅助服务管理实施细则（征求意见稿）		将储能纳入市场主体，并鼓励新型储能、可调节负荷等并网主体参与电力辅助服务，电力辅助服务补偿费用由发电企业、新型储能、售电公司及电网企业共同分摊
		关于加快培育发展未来产业的指导意见	2023年	加快高比能、高安全、长循环新一代储能电池技术研发，持续提升储能系统集成能力和智慧可控水平，拓展新型储能商业模式
	江西	江西省电力辅助服务市场运营规则（暂行）（征求意见稿）	2020年	鼓励发电企业配置适当规模的储能设施，实现储能设施与发电机组、电网的协调优化运行
		关于做好2021年新增光伏发电项目竞争优选有关工作的通知	2021年	申请参与全省2021年新增光伏竞争优选的项目，可自愿选择光储一体化建设模式，配置不低于10%容量1h，竞争评选中给予倾斜支持
		关于完善分时电价机制有关事项的通知（征求意见稿）		明确提出鼓励工商业用户通过配置储能、开展综合能源利用等方式降低高峰时段用电负荷、增加低谷用电量，通过改变用电时段来降低用电成本，最高电价差0.9元/kWh

续表

区域	省份/市区	政策/法规	发布时间	内容
华东地区	江西	关于做好2021年新增光伏发电项目竞争优选有关工作的通知	2021年	优先支持光储一体化项目，配置储能标准不低于光伏电站装机规模的10%容量1h，储能电站原则上不晚于光伏电站同步建成
华东地区	江西	江西省人民政府办公厅关于支持江西省电力高质量发展的若干意见	2022年	推动源网荷储一体化发展。通过风光储一体化模式，为系统提供调节支撑能力，重点推进抽水蓄能建设。开展抽水蓄能规划滚动调整，充分挖掘省内优质抽水蓄能资源
华东地区	安徽	安徽省实施长江三角洲区域一体化发展规划纲要行动计划	2020年	建设长三角绿色储能基地，开展风光储一体化等新能源微电网技术研发，实现分布式能源高效、灵活接入以及生产消费一体化
华东地区	安徽	关于公开征求对电化学储能电站参与安徽电力调峰辅助服务市场规则条款意见的公告	2020年	电储能可以分放电降功率和充电加功率不同情况报价，充电加功率报价应不低于放电降功率报价电储能报价时可分别申报放电降功率和充电加功率报价
华东地区	安徽	安徽省电力需求侧管理实施细则（修订版）（向社会公开征求意见稿）	2020年	通过建设能源互联网、新能源微电网、充电设施储能设施、配电网升级改造等，提高源网荷储协同调控能力，探索、推广多方共赢的需求响应与可再生能源电力消纳协同模式
华东地区	安徽	关于2021年风电、光伏发电开发建设有关事项的通知（征求意见稿）	2021年	申报竞争性配置光伏风电项目需承诺配置电化学储能，储能电站配置比例不低于10%、连续储能时长1h，循环次数不低于6000次，系统容量10年衰减不超过20%
华东地区	安徽	关于组织申报“十四五”电力源网荷储一体化和多能互补项目的通知	2021年	签约每年不低于2亿kWh新能源电量消纳能力且新能源电量消纳占比不低于整体电量50%的优先发展
华东地区	安徽	关于试行季节性尖峰电价和需求响应电价的通知（征求意见稿）	2021年	安徽执行峰谷电价政策，若按照此次尖峰电价执行，则最高峰谷电价差可超0.7元
华东地区	安徽	关于推动储能电池材料产业高质量发展的指导意见（征求意见稿）	2021年	到2025年，储能电池材料产业总产值达到1000亿元以上；建成1个“五百亿级”、2～3个“百亿级”储能电池材料优势产业集群
华东地区	安徽	安徽省电力供应保障三年行动方案（2022—2024）	2021年	结合全省集中式新能源项目布局，积极推动全省电化学储能建设鼓励电网侧储能项目建设，提高系统调节能力
华东地区	安徽	关于征求2022年第一批次光伏发电和风电项目并网规模竞争性配置方案意见的函	2022年	市场化并网条件主要通过申报项目承诺配置电化学储能装机容量占申报项目装机容量的比例进行评分，最低比例不得低于5%，时长不得低于2h
华东地区	安徽	安徽省新型储能发展规划（2022—2025）	2022年	新型储能累计装机规模发展目标：2022年达到800MW；2023年达到1.5GW；2024年达到2.1GW；2025年达到3GW

续表

区域	省份/市区	政策/法规	发布时间	内容
华东地区	福建	福建省电力调峰辅助服务交易规则（试行）（2020年修订版）（征求意见稿）	2020年	参与调峰交易的储能规模不小于10MW/40MWh。鼓励发电企业、售电企业、电力用户、电储能企业等投资建设电储能设施
		关于因地制宜开展集中式光伏试点工作的通知	2021年	优先落地一批试点项目，总规模为30万kW，储能配置不低于开发规模的10%
		福州都市圈发展规划		推动新能源产业发展。做大做强储能电池产业，着力推进负极材料产品，加强与汽车产业的对接
	浙江	2020年度电力需求响应工作通知	2020年	鼓励大用户和负荷集成商参与需求响应，实施削峰填谷，引入市场化竞价机制
		浙江省发展与改革专项资金管理办法的通知		明确储能等促进可再生能源开发应用的新技术新模式、新产业等其他事项将获专项资金支持
		关于开展2020年度电力需求响应工作的通知		鼓励储能设施等负荷量大的用户和负荷集成商参与电力需求响应，实现电力削峰填谷，促进可再生能源消纳，进一步加快源网荷储友好互动系统建设
		制造强省建设行动计划		加快构建清洁低碳的新能源及新能源装备产业体系。开展氢能应用试点，建成国内氢能产业高地
		浙江省循环经济发展“十四五”规划	2021年	加快推进温州、湖州储能与动力电池产业基地建设
		浙江省能源发展“十四五”规划（征求意见稿）		明确了先进储能技术与应用要实现跨越式发展，提出了当前储能发展面临的核心问题，有意推动储能技术研发和应用，并开展各类一体化工程建设
		浙江省第三方独立主体参与电力辅助服务市场交易规则（试行）（征求意见稿）		明确电储能、虚拟电厂等可参与，在高峰电价时段参与调峰、填谷补偿价格上限分别为0.5元/kWh，储能参与充放电一次最高可获1元/kWh补偿
		浙江省绿色电力市场化交易试点实施方案		年度交易电量不超过上一年度省内新能源总发电规模的50%。鼓励新能源发电企业绿电交易的收益，优先用于配置一定比例的电源侧储能设施，促进新能源全额消纳
		浙江省电力发展“十四五”规划（征求意见稿）		鼓励“储能＋”在电源侧、电网侧和用户侧应用，配置新型储能100万kW以上。完善电价形成机制，建立有利于新型储能、虚拟电厂等价格体系
		关于组织申报“十四五”电力源网荷储一体化和多能互补项目方案的通知		提出源网荷储一体化项目实施后每年不低于2亿kWh新能源电量消纳能力，且新能源电力消纳占比不低于整体电量50%的项目列为发展重点

续表

区域	省份/市区	政策/法规	发布时间	内容
华东地区	浙江	关于浙江省加快新型储能示范应用的实施意见	2021年	2021—2023年，全省建成并网100万kW新型储能示范项目"十四五"力争实现200万kW左右新型储能示范项目发展目标
		浙江省能源发展"十四五"规划	2022年	到2025年，新型储能装机规模超过100万kW
		浙江省绿色低碳转型促进条例)（征求意见稿）（草案）	2023年	合理规划布局新型储能项目，推进新型储能项目建设，加强监督检查，建设新型储能示范项目，积极参与调峰、调频等电力辅助服务
		浙江省用户侧电化学储能技术导则（征求意见稿）		适用于采用0.4kV及以上电压等级接入，额定功率100kW及以上的用户侧储能。储能电池方面，储能电池类型包括但不限于锂离子电池、钠离子电池、铅酸（炭）电池、液流电池
		浙江省新型储能项目管理办法（暂行）（征求意见稿）		规定额定功率低于5MW的用户侧新型储能不纳入规模管控，电源侧、电网侧以及额定功率5MW及以上的用户侧新型储能项目须纳入年度建设计划管理
华南地区	广东	关于港口岸电用电价格的通知	2019年	容量在315kVA及以上的港口岸电运营商执行大工业电价
		广东省培育新能源战略性新兴产业集群行动计划（2021—2025年）	2020年	加快培育氢能、储能、智慧能源等新兴产业，计划到2025年，形成储能规模约200万kW；储能初步实现规模化发展，形成源—网—荷—储全面布局
		南方（以广东起步）电力现货市场实施方案（征求意见稿）意见的通告	2021年	提出可再生能源发电、西电及外来电、抽水蓄能电站，以及储能示范应用项目、可调节负荷等第三方资源逐步参与电力市场交易
		广东省电网企业代理购电实施方案（试行）		明确现阶段辅助服务费用主要包括储能、抽水蓄能电站的费用和需求侧响应等费用，相关费用由直接参与市场交易和电网企业代理购电的全体工商业用户共同分摊
		广东省能源发展"十四五"规划	2022年	到2025年，建设发电侧、变电侧、用户侧及独立调频储能项目200万kW以上，力争到2025年电力需求侧响应能力达到最高负荷的5%左右
	海南	海南省推行生产者责任延伸制度实施方案	2020年	重点围绕通信基站、储能、新能源分布式发电等领域开展动力蓄电池梯次利用商业化试点示范
		海南能源综合改革方案		支持用户侧储能、虚拟电厂等资源参与市场化交易，享有与一般发电企业同等收益权
		关于开展2021年度海南省集中式光伏发电平价上网项目工作的通知	2021年	每个申报项目规模不得超过10万kW，且同步配套建设备案规模10%的储能装置

续表

区域	省份/市区	政策/法规	发布时间	内容
华南地区	海南	2022年度省集中式光伏发电平价上网项目工作	2022年	单个申报项目规模不得超过10万kW，且同步配套建设不低于10%储能
	广西	新时代广西加快完善社会主义市场经济体制实施方案	2020年	推进建设统一开放、竞争有序的电力市场体系，深化电力体制改革
		关于征求2021年度平价风电、光伏项目竞争性配置办法有关意见的函	2021年	风电、光伏项目评分体系中，配置储能设施和风光储一体化发展共占25分（满分100分），这意味着在广西地区建设光伏、风电项目，如果不配置储能将有可能拿不到项目
		关于第二次征求广西2021年度风电、光伏竞争性配置评分及申报方案有关意见的函		承诺在本次申报项目上新增配置本次申报项目装机容量10%储能装置的得15分，储能配置比例低于5%的不得分，配置比例介于5%～10%区间的按照插值法计算得分
		“十四五”时期深化价格机制改革实施方案		落实风电、光伏发电、抽水蓄能和新型储能价格机制，完善小水电上网电价形成机制；强化分时电价政策执行，研究完善广西居民阶梯电价制度
		2021年市场化并网陆上风电、光伏发电及多能互补一体化项目建设方案的通知		列入2021年市场化并网光伏发电建设方案的项目共17个，总规模395.4万kW，2021年安排330.4万kW，配15%×2h储能
华中地区	湖北	中共湖北省委关于制定全省国民经济和社会发展第十四个五年规划和二〇三五年远景目标的建议	2020年	提高能源安全保障能力，建设一批大型支撑电源，有序发展新能源和可再生能源。加快油气产供储销体系和煤炭输送储配体系建设
		关于开展2020年平价风电和平价光伏发电项目竞争配置工作的通知		风电场项目申报需填写“风电场与储能相结合”的承诺，风储项目配备的储能容量不得低于风电项目配置容量的10%，且必须与风电项目同时建成投产，以满足储能要求
		湖北电力调峰辅助服务市场运营规则（试行）		鼓励发电企业、售电企业、电力用户、独立辅助服务提供商等投资建设电储能设施。具备独立计量装置的电储能设施以独立市场主体身份参与调峰辅助服务市场
		湖北省电力中长期交易规则（征求意见稿）	2021年	明确储能企业可作为市场成员参与，并定义了储能企业的权利和义务
		湖北省2021年新能源项目建设工作方案（征求意见稿）		对于可配置规模小于基地规模（1GW）的按照容量的10%、2h以上配置储能
		关于开展新型储能电站试点示范工作的通知	2023年	明确了今后湖北储能产业发展的重点技术路线
		关于做好工商业分时电价机制有关工作的通知（征求意见稿）		此次调整将导致每日出现2次低谷，每次低谷持续时间3h，因此，可供储能进行2次各3h的低谷充电，储能配置时长可增至3h

续表

区域	省份/市区	政策/法规	发布时间	内容
华中地区	河南	关于组织开展2020年风电、光伏发电项目建设的通知	2020年	在平价风电项目中，优先支持已列入以前年度开发方案的存量风电项目自愿转为平价项目，优先支持配置储能的新增平价项目
		关于2020年申报平价风电和光伏发电项目电网消纳能力的报告		到2025年，全省风电、光伏发电弃电率已超过消纳上限，无新增规模空间；同时建议今后新纳入政府开发方案的风电、光伏发电项目应配置足够的储能设施提高调峰能力
		关于加快推动河南省储能设施建设的指导意见	2021年	对储能配置比例不低于10%、连续储能时长2h以上的新能源项目，在同等条件下优先获得风光资源开发权，由电网企业优先并网优先保障消纳
		河南省加快推进屋顶光伏发电开发行动方案		建立屋顶光伏、储能设施安全管理和消防应急预案，增强整体开发方案的可操作性。开展配套储能相关论证，通过共享储能和分布式储能并举
		关于进一步完善分时电价机制有关事项的通知（征求意见稿）		鼓励工商业电力用户通过配置储能、开展综合能源利用等方式降低高峰时段用电负荷、增加低谷用电量，通过改变用电时段来降低用电成本
		关于2021年风电、光伏发电项目建设有关事项的通知		Ⅰ类区域消纳规模为3GW，要求配置项目10%，可正常运行2h的储能设备；Ⅱ类区域消纳规模为1GW，要求配置项目15%，可正常运行2h的储能设备；Ⅲ类区域要求配置项目20%规模，可正常运行2h的储能设备
		关于促进民营经济发展壮大十条措施（试行）	2023年	降低市场主体经营成本，鼓励企业优化调整生产时序错峰用电，支持民营企业投资建设分布式光伏和分布式储能项目，综合降低用电成本
		“十四五”现代能源体系和碳达峰碳中和规划		探索发展各类型储能设施，发展“新能源＋储能”，新建新能源发电项目应按照不低于“30%装机容量、2h”规模配置储能设备，提高新能源消纳存储能力
	湖南	关于发布全省2020～2021年度新能源消纳预警结果的通知	2020年	要求电网企业要通过加强电网建设、优化网架结构、研究储能设施建设等措施，切实提高新能源消纳送出能力，为省新能源高比例发展提供容量空间
		关于组织申报2020年光伏发电平价上网项目的通知		2020年，湖南电网新增建设规模80万kW。2020年拟新建平价项目，单个项目规模不超过10万kW，鼓励同步配套建设储能设施
		关于加快推动湖南省电化学储能发展的实施意见	2021年	集中规划建设一批电网侧储能电站，力争到2023年建成电化学储能电站150万kW/300万kWh以上
		关于公布2021年市场化并网项目名单的通知		在落实灵活调节能力方面，应根据企业承诺，按不低于10%比例（时长不低于2h）配建或租赁储能（制氢）设施

续表

区域	省份/市区	政策/法规	发布时间	内容
华中地区	湖南	湖南省电力辅助服务市场交易规则（试行）的通知	2021年	将补偿标准报价上限调回500元/MWh，运营单位只可通过现有租赁模式下的租赁费尽可能回收项目投资，保证稳定收益
		2021年全省能源工作指导意见		要求建立独立储能共享和储能优先参与调峰调度机制，新能源场站原则上配置不低于10%储能设施
		湖南省先进储能材料及动力电池产业链三年行动计划（2021—2023年）		力争到2023年，全产业链年产值突破1000亿元。电芯制造企业产能突破30GWh；泡沫镍、钴酸锂的国内市场占有率超过60%
		郴州市大力推进产业发展“千百十”工程实施方案	2022年	统筹全市风电、光伏、生物质发电等新能源开发，配套建设电化学储能和抽水蓄能项目，积极推进多能互补基地建设
		关于进一步推动新型储能参与电力市场和调度运用的通知		规定新型储能可作为独立储能参与电力市场，鼓励配建新型储能与所属电源联合参与电力市场，加快推动独立储能参与电力市场配合电网调峰，建立电网侧储能价格机制
华北地区	河北	关于推进风电光伏发电科学有序发展的实施方案（征求意见稿）	2020年	支持风电、光伏发电项目按10%左右比例配套建设储能设施
		关于印发承德市清洁能源产业融合发展指导意见的通知		加快推动电池储能技术与风电、光伏等新能源领域应用，通过示范应用逐步形成大规模储能电站设计、安装、维护、运营和控制能力，为储能技术全面推广应用积累经验、创造条件
		关于下达河北省2021年风电、光伏发电市场化并网项目计划的通知	2021年	河北南网区域所有光伏发电项目按照10%、4h配置储能装置（或20%、2h）配置储能装置。配套储能项目应与风电、光伏发电项目同期建设、同期投产
		关于组织申报“十四五”电力源网荷储一体化和多能互补项目方案的通知		张家口申报源网荷储一体化和多能互补项目不超过3个，承德申报项目不超过2个，其他地市如有符合条件项目也可申报，项目涉及风、光建设规模占用本地“十四五”期间开发规模
		河北南网电力辅助服务市场运营规则		明确提出储能装置、电动汽车（充电桩）、电采暖以及其他电力柔性负荷资源等第三方独立主体可按照经营主体独立参与市场
		关于做好2021年风电、光伏发电市场化并网规模项目申报工作的补充通知		2021年，市场化并网项目需配建调峰能力，原则上，南网、北网市场化项目配建调峰能力分别不低于项目容量的10%、15%，连续储能时长不低于3h
		河北省2021年风电、光伏发电保障性并网项目计划的通知		南网、北网保障性并网项目分别由开发企业按照不低于项目容量10%、15%配置储能装置，连续储能时长不低于2h

续表

区域	省份/市区	政策/法规	发布时间	内容
华北地区	河北	屋顶分布式光伏建设指导规范（试行）	2022年	配套储能以不出现长时间大规模反送、不增加系统调峰负担为原则，提升系统调节能力。配套储能装置应满足10年（5000次循环）以上工作寿命，系统容量10年衰减率不超过20%
		河北省“十四五”新型储能发展规划	2022年	到2025年，全省布局建设新型储能规模400万kW以上。在电网侧储能建设方面，要求锂离子电池独立储能电站原则上建设规模为5万～30万kW，时长2h以上
		关于制定支持独立储能发展先行先试电价政策有关事项的通知	2024年	明确独立储能充电电量承担相关电价的要求及范围；建立独立储能容量电价机制；明确独立储能容量电价属于临时性支持政策
	内蒙古	2020年风电、光伏发电项目建设有关事项的通知（征求意见稿）	2020年	通知要求涉及储能项目将优先参与2020年竞价
		关于新时代推进西部大开发形成新格局的实施意见		指出将启动大规模储能等科技专项，坚持风光火储打捆外送，最大限度输送可再生能源，推动建设面向中东部地区的绿色电力外送通道
		2020年光伏发电项目竞争配置工作方案		支持以自发自用为主的工商业分布式电站，优先支持光伏+储能项目建设
		关于报送分布式新能源项目建设三年行动计划（2021—2023年）的通知	2021年	积极推动分布式光伏与储能、微电网等融合发展，加快分布式光伏发电推广和利用
		关于加快推动新型储能发展的实施意见（征求意见稿）		要求配建储能规模不低于15%、2h；新建市场化并网新能源项目，时长4h；探索发展集中共享式新型储能电站，集中共享式新型储能电站功率不低于2万kW、2h
		关于2021年风电、光伏发电开发建设有关事项的通知		电化学储能容量应为不低于项目装机容量15%(2h)，充放电不低于6000次(90%DOD)，单体电芯容量不低于150Ah
		关于征求工业园区可再生能源替代、全额自发自用两类市场化并网新能源项目实施细则意见建议的公告	2022年	要求新增负荷所配置的新能源项目配建储能比例不低于新能源配置规模的15%(4h)
		内蒙古自治区新能源倍增行动实施方案	2023年	在源、网、荷侧规划布局储能电站，推进新型储能试点示范，推动在电网关键节点和偏远地区建设独立储能电站。力争“十四五”后三年每年完成新增新型储能并网300万kW
	山东	山东省政府新闻办召开新闻发布会	2020年	基本形成符合山东实际的储能技术路径，储能系统配置规模基本满足经济社会发展需求，储能产业规模和企业竞争实力大幅提升

续表

区域	省份/市区	政策/法规	发布时间	内容
华北地区	山东	关于开展储能峰谷分时电价政策试点的通知	2020年	参与储能峰谷分时电价政策试点的用户，电力储能技术装置低谷电价在现行标准基础上，每千瓦时再降低3分钱（含税）
		关于公布2021年市场化并网项目名单的通知	2021年	在落实灵活调节能力方面，应根据企业承诺，按不低于10%比例（时长不低于2h）配建或租赁储能（制氢）设施
		2021年全省能源工作指导意见		新能源场站原则上配置不低于10%储能，并提到山东新型储能设施规模达到20万kW左右
		关于2021年风电、光伏发电项目建设有关事项的通知		2021年风电、光伏发（受）电量占全社会用电量的比重达到10%以上，以后逐年提高，建立并网多元保障机制，并网条件主要包括配套新增的抽水蓄能、火电调峰、新型储能等灵活性调节能力
		关于我省化学储能电站项目督导检查的工作方案		明确了山东化学储能电站项目的督导检查对象、督导检查时间、督导检查内容、督导检查方式及有关要求
		落实“六稳”“六保”促进高质量发展政策清单（第三批）		提出对符合条件的商业综合体、写字楼等用户开展储能峰谷分时电价政策试点，其电力储能技术装置低谷电价在现行标准基础上，每千瓦时再降低3分（含税）
		关于开展储能示范应用的实施意见		新增集中式风电、光优发电项目，原则上按照不低于10%比例配建或租赁储能设施，连续充电时间不低于2h
		关于促进全省可再生能源高质量发展的意见（征求意见稿）		开展电化学储能示范试点，完善储能商业盈利市场机制
		山东省能源发展“十四五”规划		到2025年，建设450万kW左右的储能设施
		风电、光伏发电项目并网保障实施办法（试行）	2022年	户用、工商业直接纳入，整县分布式需配置储能；2023年底并网的海上风电、2025年底并网的海上光伏可免于配储
		“十大扩需求”2022年行动计划、基础设施“七网”2022年行动计划		推进先进储能技术规模化应用，推动新能源场站合理配置储能设施，支持枣庄储能产业基地项目建设。全省新型储能规模达到200万kW以上。完成年度投资40亿元
		山东发电机组进入及退出商业运营实施细则	2023年	发电机组和独立储能按电力市场规则规定参与电能量市场交易，独立新型储能自首台机组或逆变器并网发电之日起纳入电力并网运行和辅助服务管理
		支持新型储能健康有序发展若干政策措施		鼓励新能源场站与配建储能全电量参与电力市场交易。新能源场站与配建储能自愿全电量一体化联合参与电力市场交易，促进新能源与配建储能联合主体健康发展

续表

区域	省份/市区	政策/法规	发布时间	内容
华北地区	山东	山东省建设工程消防设计审查验收技术指南（电化学储能电站）	2023年	以独立储能电站形式建设、额定功率为500kW以下或额定能量为500kWh以下的固定式电化学储能电站，其消防设计审查验收参照本指南执行，实行备案抽查制度
	天津	2021—2022年风电、光伏发电项目开发建设和2021年保障性并网有关事项的通知	2021年	规模超过50MW的项目要承诺配套建设一定比例的储能设施或提供相应的调峰能力，光伏为10%，风电为15%，且储能设施须在发电项目并网后两年内建成投运
		天津电力“碳达峰、碳中和”先行示范区实施方案		实施“新能源＋储能”发展模式，积极推动新建集中式光伏等新能源项目按照一定比例配置储能装置
		关于开展2021年度电力需求响应工作的通知		提出要不断挖掘工商业、电动汽车、非工空调、储能等响应资源，形成占全市年度最大用电负荷3%左右的需求侧机动调峰能力
		天津市独立储能市场交易工作方案	2023年	独立储能在合同时段以外对电网送电电量、合同时段超发电量以及交易结算电量与合同电量的偏差电量，按照天津地区燃煤基准电价上浮20%结算，合同时段少发电量按照交易合同价格的2%向电力用户支付偏差补偿费用
	北京	关于加强自由贸易试验区生态环境保护推动高质量发展的指导意见	2020年	推动新型储能产业化、规模化示范，促进储能技术装备和商业模式创新。支持海南建设清洁能源岛
		公开征集朝阳区2020年节能专项资金支持项目的通知		明确储能技术项目等将纳入专项资金的支持范围
		北京市“十四五”时期能源发展规划	2022年	推动新型储能项目建设，到2025年，本市形成千万千瓦级的应急备用和调峰能力，电力应急资源配置能力大幅提升，进一步提高新能源消纳水平
		北京市关于支持新型储能产业发展的若干政策措施	2023年	鼓励新型储能企业面向长寿命、高安全性压缩空气储能、飞轮储能等重点领域，组织实施新型储能产业“筑基工程”，给予最高3000万元补助资金
	山西	山西省电力直接交易工作方案	2019年	鼓励售电公司打捆交易、新能源企业参与交易，强调用电企业加强电力需求侧管理
		关于2020年拟新建光伏发电项目的消纳意见	2020年	建议新增光伏发电项目应统筹考虑具有一定用电负荷的全产业链项目，配备15%～20%储能，落实消纳协议
		山西独立储能和用户可控负荷参与电力调峰市场交易实施细则（试行）		明确目标为提升风电、光伏等新能源消纳空间降低全社会用能成本，规范独立储能和用户可控负荷参与电力调峰市场的组织和实施

续表

区域	省份/市区	政策/法规	发布时间	内容
华北地区	山西	山西省电力中长期交易实施细则	2020年	独立储能可参与辅助服务，电力用户拥有储能，或者电力用户参加特定时段的需求侧响应，由此产生的偏差电量，由电力用户自行承担
		关于2020年拟新建光伏发电项目的消纳意见		建议新增光伏发电项目应统筹考虑具有一定用电负荷的全产业链项目，配备15%～20%的储能，落实消纳协议
		2021年风电、光伏发电开发建设竞争性配置工作方案	2021年	风电配置10%储能，光伏配置10%～15%储能
		关于做好2021年风电、光伏发电开发建设有关事项的通知		大同、朔州、忻州、全州市建议项目在安全的前提下配置10%及以上的储能设施
		山西省“十四五”新业态规划的通知		指出大力开展“新能源＋储能”试点示范。积极开展电源侧、电网测、用户侧多场景应用示范，大力开展新能源跨省跨区交易，推进全省的储能布局
		大同市关于支持和推动储能产业高质量发展的实施意见		“十四五”期间，大同市增量新能源项目全部配置储能设施，配置比例不低于5%
西北地区	甘肃	关于全面深化价格机制改革的实施意见	2020年	完善可再生能源价格机制，实施风电、光伏等新能源标杆上网电价退坡机制
		甘肃省电力辅助服务市场运营暂行规则（2020年修订版）		在新能源场站或虚拟电厂中的储能设施参与调峰辅助服务交易，申报价格由原来2018年版本的上限价格0.2元/kWh、下限0.1元/kWh，2020年版提高到上限0.5元/kWh
		关于“十四五”第一批风电、光伏发电项目开发建设有关事项的通知	2021年	河西地区最低按电站装机容量的10%配置，其他地区最低按电站装机容量的5%配置，储能设施连续储能时长均不低于2h，储能电池等设备满足行业相关标准
		关于组织申报“十四五”电力源网荷储一体化和多能互补发展项目的通知		甘肃源网荷储一体化项目分为区域、省、市（县）级和园区（居民）级等具体模式；多能互补项目分为风光储一体化、风光水（储）一体化、风光火（储）一体化等具体模式
		甘肃省电力辅助服务市场运营暂行规则的通知		鼓励发电企业、售电企业、电力用户、辅助服务提供商等投资建设电储能设施，参与电网侧调峰的电储能设施要求充电功率在1万kW及以上，持续充电时间4h以上
		甘肃省电力辅助服务市场运营规则（征求意见稿）		在电储能资源交易中，明确参与电网调峰的电储能设施要求规模在10MW/40MWh及以上
		关于加快推进全省新能源存量项目建设工作		鼓励全省在建存量600万kW风光电项目按河西5市（酒泉、嘉峪关、张掖、金昌、武威）配置10%～20%、其他地区按5%～10%配置配套储能设施，储能设施连续储能时长均不小于2h

续表

区域	省份/市区	政策/法规	发布时间	内容
西北地区	甘肃	甘肃省"十四五"能源发展规划	2022年	重点发展新一代储能设备，支持不同类型的储能示范，预计到2025年，全省储能装机规模达到600万kW
	青海	青海电力辅助服务市场运营规则（试行）	2020年	在新能源弃电时对未能达成交易的储能进行调用，价格为0.7元/kWh
		青海省电力辅助服务市场运营规则（征求意见稿）		调整了储能参与电网调峰的价格，补偿价格由0.7元/kWh下调至0.5元/kWh，电网调用调峰费用计算方式也由之前的充电电量换成放电电量结算
		关于印发支持储能产业发展若干措施（试行）的通知	2021年	新建新能源项目配置储能比例不低于10%、储能时长2h以上。并对储能配比高、时间长的一体化项目给予优先支持
		青海省国民经济和社会发展第十四个五年规划和二〇三五年远景目标纲要		加强锂系细分领域产业布局，构建从资源—初级产品碳酸锂—锂电材料·电芯—电池应用产品的全产业链及废旧储能电池回收利用基地提升锂电产业品牌影响力和国际市场份额
		青海省"十四五"能源发展规划	2022年	到2025年，力争建成电化学等新型储能600万kW
	宁夏	关于加快促进自治区储能健康有序发展的指导意见（征求意见稿）	2021年	"十四五"期间，按照不低于新能源装机的10%连续储能时长2h以上的原则逐年配置
		自治区发展改革委关于核定2022年宁夏电网优先发电优先用电计划的通知		提出新能源发电企业按照装机容量10%，连续储能2h以上建设储能设施的，经验收并网后，次月1日起按该发电类别年度优先发电计划标准（按日折算）10%给予奖励
		关于开展新型储能项目试点工作的通知（征求意见稿）		给予储能试点项目0.8元/kWh调峰服务补偿
		2022年光伏发电项目竞争性配置方案	2022年	2022年，宁夏保障性光伏并网规模为4GW，需配套10%、2h储能
	新疆	新疆电网发电侧储能管理暂行规则	2020年	鼓励发电企业、售电企业、电力用户、独立辅助服务提供商等投资建设电储能设施，要求充电功率在0.5万kW及以上、持续充电时间2h以上
		自治区发展改革委关于组织申报2020年国家补贴光伏发电项目的通知		对符合要求的申报项目，结合预期上网电价、电网相关规划、地区消纳情况、项目接入条件、储能调峰措施等
		关于做好2020年风电、光伏发电项目建设有关工作的通知		要求各地发改委组织新能源企业参与电力市场化交易和储能设施建设，继续推进南疆光伏储能等光伏侧储能和新能源汇集站集中式储能试点项目的建设

续表

区域	省份/市区	政策/法规	发布时间	内容
西北地区	新疆	新疆电网发电侧储能管理办法	2020年	鼓励发电、售电、电力用户、独立辅助服务供应商等投资建设电储能设施，要求储能容量在10MW/20MWh以上
		关于2022年新疆电网优先发电优先购电计划的通知	2021年	列入第一批发电侧光伏储能联合运行试点的项目再增加100h
		关于推进电力源网荷储体化和多能互补项目示范有关工作的通知		多能互补项目应开展充分发挥电源侧灵活调节作用、合理配置储能的研究
		阜康市1亿kW光伏产业发展概念性规划（征求意见稿）	2022年	提出新能源发展7条路径，包含配套储能推进路径（储能类型）、新增负荷消纳路径（源网荷储类）、多能互补协同路径（调峰类）等
	陕西	公开征求光伏产业发展意见的修改意见	2020年	对光伏储能系统实施补贴政策
		关于进一步促进光伏产业持续健康发展的意见（征求意见稿）		支持光伏储能系统应用：投运次月起对储能系统按实际充电量给予投资人1元/kWh补贴，同一项目年度补贴最高不超过50万元
		关于促进陕西省可再生能源高质量发展的意见（征求意见稿）	2021年	实行可再生能源倍速发展计划。明确关中、陕北新增10万kW（含）以上集中式风电、光伏发电项目按照不低于装机容量10%配置储能设施，榆林地区不低于20%
		2021年陕西省电力需求响应工作方案		鼓励具备条件的电能替代用户、储能（热）用户、电动汽车充电服务用户参与需求响应
		陕西省新型储能建设方案（暂行）（征求意见稿）		储能系统应按照连续储能时长2h及以上，系统工作寿命10年及（5000次循环）以上，系统容量10年衰减率不超过20%
西南地区	云南	中共云南省委关于制定云南省国民经济和社会发展第十四个五年规划和二〇三五年远景目标的建议	2020年	加快能源基础设施建设，优先布局绿色能源开发，加快建设金沙江、澜沧江等国家水电基地加强“水风光储”一体化多能互补基地建设
		关于印发云南省工业绿色发展“十四五”规划的通知	2021年	积极培育氢能和储能产业，发展“风光水储一体化”，巩固和扩大清洁能源优势。促进能源消费绿色转型，大力推进工业厂房屋顶分布式光伏发电和储能系统建设
		云南省国民经济和社会发展第十四个五年规划和二〇三五年远景目标纲要		加快推动以先进锂离子电池为核心的锂全产业链发展
		关于贯彻落实加快光伏发电发展若干政策措施实施意见的通知	2022年	光伏项目按照装机的一定比例精准配置储能，鼓励采用共享模式，保障电力系统安全稳定运行

续表

区域	省份/市区	政策/法规	发布时间	内容
西南地区	四川	关于加快推动四川省新型储能示范项目建设的实施意见	2023年	规定了新能源项目的配储要求，明确独立储能项目的3种盈利方式，提出了对独立储能项目的要求
		四川省电力并网运行管理实施细则（征求意见稿）		新型储能应具有AGC功能，对新型储能实施一次调频动作正确性考核
		四川新建电源接入电网监管实施细则		分布式电源项目需按国家和地方政府要求配置新型储能，鼓励分布式电源配置一定比例和时长的新型储能，提升分布式电源的消纳和并网友好性
		四川省电力辅助服务管理实施细则（征求意见稿）		电力调度机构结合系统调峰需要调用，要求含配建储能的新能源和独立新型储能电站进入充电状态时，对其充电电量进行补偿，具体补偿标准为300元/MWh
		关于开展新型储能示范项目遴选工作的通知		对2023年7月20日后核准或备案的单独开发的风电、集中式光伏项目，原则上按照不低于装机容量10%、储能时长2h以上配置新型储能
	贵州	关于上报2021年光伏发电项目计划的通知	2020年	在送出消纳受限区域，计划项目需配备10%的储能设施
		贵州省国民经济和社会发展第十四个五年规划和2035年远景目标纲要	2021年	创新发展新材料产业，大力发展锂离子动力电池、储能电池、消费电池和电池原材料
		关于下达贵州省2021年第一批风电项目开展前期工作计划的通知		提出在配置一定比例储能、经济可行情况下加快项目建设，储能设施具体配置比例根据电网调度需要、项目年可利用小时数和建设时序而定
		贵州省新能源和可再生能源发展“十四五”规划	2022年	加快数字新能源发展。推进新能源网络与物联网在数字层面实现互联互通，推进储能多元化应用支撑能源互联网应用示范，实现“源网荷储”的智能化调度与交易
		贵州省新型储能项目管理暂行办法	2023年	建立“新能源＋储能”机制，对集中式风电、光伏发电项目暂按不低于装机容量10%的比例（时长2h）配置储能电站
	西藏	关于促进西藏能源高质量发展的指导意见	2022年	要求提升本地能源保障能力，加快清洁能源基地建设，推动能源消费转型升级，改善民生用能条件，落实配套支持政策，强化精准帮扶和技术支持
东北地区	辽宁	辽宁省风电项目建设方案辽宁省光伏发电项目建设方案	2020年	辽宁风电项目建设方案指出，优先考虑附带储能设施、有利于调峰的项目
		省风电项目建设方案（征求意见稿）	2021年	本次新增风电项目1220万kW，全部用于支持无补贴风电项目建设，作为保障性规模，由电网企业实行保障性并网

续表

区域	省份/市区	政策/法规	发布时间	内容
东北地区	辽宁	全省风电建设规模增补方案	2021年	拥有调峰调频能力、具备源网荷储、风电配储能不少于15%的新型储能设施优先申报
		辽宁沿海经济带高质量发展规划		支持优势科研力量参与相关国家实验室建设，谋划建设超大容量（GW）储能系统、分离测量化学、高端精密制造、无人船舶系统及设备关键技术等重点实验室
		2022年光伏发电示范项目建设方案（征求意见稿）	2022年	优先鼓励承诺按照建设光伏功率15%的挂钩比例（时长3h以上）配套安全高效储能（含储热）设施，并按照共享储能方式建设
		辽宁省加快推进清洁能源强省建设实施方案		要求开展新型储能技术试点示范，通过示范应用带动新型储能技术进步和产业升级，完善产业链，增强产业竞争力
	黑龙江	中共黑龙江省委关于制定国民经济和社会发展第十四个五年规划和二〇三五年远景目标的建议	2020年	落实国家2030年前碳排放达峰行动方案，新能源装机比重和消费占比大幅提升，合理降低碳排放强度
		关于黑龙江省风电、光伏和抽水蓄能开发领域不当市场干预行为问题线索征集的公告	2023年	重点收集通过印发文件或口头强制要求等形式，对新能源发电和抽水蓄能项目强制要求配套产业或强制投资落地，包括获取或限制项目的附加收益
	吉林	关于做好2020年风电、光伏发电项目申报有关工作的通知	2020年	要重点支持带产业项目，大力支持为落户吉林储能、氢能等战略性新兴产业及装备制造业等有带动作用的项目
		吉林省能源发展“十四五”规划	2022年	加快储能设施建设，引导新能源开发主体在电网侧联合开展集中式储能电站建设，储能规模不低于新增新能源装机容量的10%，储能时长不低于2h
		吉林省新型储能建设实施方案（试行）	2023年	新增新能源项目，原则上按15%装机规模配置储能，充电时长2h以上；鼓励采用集中共享方式；市场化并网新能源项目，配建新型储能的容量比例和时长适度加大
		吉林省人民政府办公厅关于印发抢先布局氢能产业、新型储能产业新赛道实施方案的通知	2023年	加强新型储能调度合规性管理，支持储能电站参与调峰辅助服务市场，鼓励开展储能技术应用示范

当前，共享储能发展方兴未艾。青海省、山东省和河南省在共享储能探索方面走在前列，利用市场化运营模式，打破储能电站独资、独建、独享，形成“共享储能”解决方案。

（1）青海省。2018年，青海公司创新性提出“共享储能”理念，于当年4

月启动了青海共享储能调峰辅助服务市场试点。同年 9 月，发布《青海电力调峰辅助服务市场运营规则》，将共享储能纳入电力辅助服务市场。2019 年 1 月，鲁能海西州 50MW 储能电站投运，采用磷酸铁锂电池系统，参与共享储能市场试运行。2019 年 6 月，青海电力辅助服务市场正式试运行，首次启动储能电站与光伏电站之间的市场化交易。至 2020 年 11 月底，共享储能市场平台成交 1801 笔，充放电效率 79.65%，获得补偿费用 2095 万元。

2020 年 12 月 1 日，国家能源局西北监管局发布《青海省电力辅助服务市场运营规则》征求意见稿，规定共享储能电站准入条件：发电企业、用户计量出口外并网的储能电站需具备作为独立主体参与市场交易资质；充电功率在 10MW 以上、持续充电时间在 2h 以上；需具备自动发电控制（AGC）功能。市场化交易模式分为双边协商和市场竞价，可适用于不同期限的辅助服务。储能调峰服务费用按月结算，由风电、太阳能发电企业共同分摊。共享储能调峰市场采用出清机制，考虑发电约束、储能速率等条件。已并网项目的电网调用储能调峰价格为 0.5 元/kWh。整体结算费用包括储能结算费用、储能双边市场化交易分摊费用、储能单边调用分摊费用等。

（2）山东省。2021 年 4 月 8 日，山东省发布了储能示范应用实施意见，首批规模约 50 万 kW，政策执行 5 年。新建风电、光伏项目原则上按不低于 10% 比例租赁储能设施，连续充电不低于 2h。示范项目参与电网调峰时，每充电 1h 获得 1.6h 调峰奖励。鼓励市场主体投资共享储能设施，尤其鼓励风电、光伏项目优先租赁共享储能设施，租赁容量等同于其配建储能容量。同时，鼓励风电、光伏项目进行制氢，制氢装机运行容量也视同配建储能容量。

（3）河南省。2021 年 6 月 15 日，河南省发展改革委、河南能源局发布《推动河南省储能设施建设的指导意见》，强调储能是提升电力系统灵活性、经济性和安全性的关键手段，有助于提高可再生能源消纳水平。该意见提倡创新储能合作共享模式，鼓励市场主体与储能产业领军企业合作，共同建设储能电站。新能源企业可通过租赁或购买服务等方式使用储能，租赁容量等同于其配建储能容量，发挥储能的多功能共享作用。

我国从国家层面的储能政策法规制定，延伸至各省市的实施方案，形成了全面、分层次能源管理体系。这些政策的出台有助于储能产业规模化、商业化应用，对节能减排以及实现碳中和意义重大。

6.2 储能参与电力市场建设情况

2017 年 11 月 22 日，国家能源局发布《完善电力辅助服务补偿（市场）机制工作方案》。该方案明确了 2017～2020 年的三阶段实施目标和任务。第一阶段（2017—2018年）强调完善规则、监督检查，确保公正；第二阶段（2018—2019年）提出建立电力中长期交易中用户参与电力辅助服务分担共享机制；第三阶段（2019—2020年）配合现货交易试点，推动电力辅助服务市场建设。该方案推动了市场需求，为用户需求响应和储能参与电力市场创造了条件。

以《完善电力辅助服务补偿（市场）机制工作方案》为指导，随后多个省份相继发布有关电力辅助服务和储能参与的专项政策。表6-3梳理了储能参与电力市场的相关政策法规。

表6-3　　储能参与电力市场的相关政策

序号	政策	发布单位	适用地区	储能相关要点	发布日期
1	关于全面放开经营性电力用户发用电计划的通知	国家发展改革委	全国	全面放开经营性电力用户发用电计划，进一步开放电力市场交易；要求做好保障新能源消纳工作等	2019-06-22
2	关于做好2019年能源迎峰度夏工作的通知	国家发展改革委、国家能源局	全国	指出不断提高供给侧和需求侧系统调峰能力，引导和激励电力用户参与系统调峰，形成占年度最大用电负荷3%左右的需求响应能力等	2019-06-25
3	工业领域电力需求侧管理工作指南	工信部	全国	用能单位可通过峰谷电价、可再生能源等激励，合理配置储能设备，降低电费。储能设备在可再生能源消纳方面发挥关键作用	2019-07-10
4	关于深化电力现货市场建设国家发展改革委试点工作的意见	国家能源局	全国	统筹协调电力辅助服务市场与现货市场：建立电力用户参与承担辅助服务费用的机制，鼓励储能设施等第三方参与辅助服务	2019-08-07
5	关于2019年上半年电力辅助服务有关情况的通报	国家能源局	全国	从电力辅助服务补偿总费用来看，补偿费用最高的三个区域依次为南方、东北和西北区域	2019-11-05
6	电力中长期交易基本规则	国家发展改革委	全国	储能企业在市场化交易后，应继续执行峰谷电价，各地需进一步完善峰谷分时交易和调峰补偿机制	2020-06-10
7	东北区域发电厂并网运行管理实施细则和东北区域并网发电厂辅助服务管理实施细则	东北能监局	东北区域	AGC调频补偿120元/W，增加新能源发电一次调频、虚拟惯量响应服务等	2019-09-29
8	东北电力辅助服务市场运营规则	东北能监局	辽宁、吉林、黑龙江、蒙东	用户侧储能可与风电、光伏企业协商开展双边交易，市场初期交易价格上下限为0.2、0.1元/kWh。在用户侧建设的电储能设施不得在尖峰时段充电，不得在低谷时段放电，否则不予补偿	2020-09-22

续表

序号	政策	发布单位	适用地区	储能相关要点	发布日期
9	华北区域并网发电厂“两个细则”（2019年修订版）及华北电力调峰辅助服务市场运营规则	华北能监局	华北区域	已投运的大型储能装置（兆瓦级及以上）与光伏发电站、风电场相结合，以光伏发电站和风电场上网出口为脱网容量考核点。考核值设定为光伏发电站、风电场与储能装置实际发电及计划电力	2019-09-29
10	第三方独立主体参与华北电力调峰辅助服务市场试点方案	华北能监局	华北区域	满足准入条件的储能装置、电动汽车（充电桩）等第三方独立主体可参与电力调峰辅助服务市场等	2019-11-15
11	华东区域并网发电厂辅助服务管理实施细节	华东能监局	华东区域	对风电场和光伏电站发电、调峰调频费用计算规则等做了详细规定	2019-03-28
12	关于在江西省实施华中区域“两个细则”通知	华中能监局	华中区域	提出已开展辅助服务市场的品种在辅助服务市场运行期间执行辅助服务市场规则相关规定，本规则中不重复补偿等规定	2019-05-04
13	关于继续开展第三方独立主体参与华北电力调峰辅助服务市场试点工作的通知	华北能监局	北京、天津、河北	分布式储能可独立参与调峰市场，主体具备稳定提供不少于10MW/30MWh的调节能力。第三方独立主体申报价格上限为600元/MWh	2020-11-11
14	福建省电力调频辅助服务市场交易规则（试行）（2019年修订版）	福建能监办	福建	储能设备、电站装机容量不超过1万kW。每月按照机组AGC的投运率和可调节容量的乘积，补偿价格为240元/MW（华东网调调度管辖范围）、960元/MW（省市调度管辖范围）	2020-01-07
15	福建省电力调峰辅助服务交易规则（试行）（2020年修订版）	福建能监办	福建	参与调峰交易的储能规模不小于10MW/40MWh。对火电配储能机组补偿为负荷率60%，核电配储能机组为75%。申报价格从下调容量比率以5%为梯度，为0～20%，以此为100～600元/MWh的申报上限（2019版停用）	2020-06-28
16	甘肃省电力辅助服务市场运营规则（暂行）	甘肃能监办	甘肃	电储能用户参与调峰辅助服务交易，申报价格上限0.2元/kWh，下限0.1元/kWh	2019-09-24
17	甘肃省电力辅助服务市场运营暂行规则（2020年修订版）	甘肃能监办	甘肃	储能设施参与调峰辅助服务交易，申报价格提高到上限0.5元/kWh（修改了2019年申报价格上、下限）	2020-01-20
18	广东省2019年电力需求响应方案（征求意见稿）	广东能源局	广东	2019工作目标在全省形成峰时一般地区负荷约3%，全省用户侧机动调峰能力总体达到500万kWh左右等。参与需求响应可获10～20元（kW·天）	2019-04-28

续表

序号	政策	发布单位	适用地区	储能相关要点	发布日期
19	关于征求南方（以广东起步）电力现货市场配套监管实施办法及监管指引意见的函	南方能监局	广东	明确了广东电力市场监管实施主体和原则对各市场成员的监管内容、监管措施以及法律责任等	2019-05-07
20	广东调频辅助服务市场交易规则	南方能源监管局	广东	调频里程申报价格（单位：元/MW）分别设置上、下限暂定为 15 元/MW、5.5 元/MW，其中下限较原来的标准下降 0.5 元/MW；中标的调频市场发电单元 AGC 容量补偿标准由原来的 12 元/MWh	2020-08-02
21	广西电力调峰辅助服务交易规则（征求意见稿）	南方能监局	广西	鼓励发电企业通过利用储能等新技术、开展灵活性改造等方式提升作为调峰能力参与交易，具备一定规模的储能设备的主体可参与需求侧调峰享受收益均摊	2019-07-05
22	贵州省可再生能源电力消纳实施方案	贵州能源局	贵州	开展综合性储能技术应用示范，推进储能设施建设，促进“源—网—荷—储”协调发展	2020-01-01
23	贵州电力调峰辅助服务市场交易规则（试行）	贵州能监办	贵州	当所有涉及的燃煤机组基本调峰调用完毕后，优先按申报价格从低到高依次调用储能调峰。储能调峰限价 0～0.15 元/kWh	2020-04-17
24	河北南部电网电力调峰辅助服务市场运营规则（征求意见稿）	华北能监局	河北南网	火电机组报价上限为 500 元/MWh	2019-10-22
25	河南省电力需求侧管理实施细则（试行）	河南发展改革委	河南	提出推动需求响应资源、储能资源、分布式可再生能源等，开展大容量机电储能、熔盐蓄热储能多种储能示范应用等	2018-12-28
26	关于 2019 年开展电力需求响应工作的通知	河南发展改革委	河南	鼓励电力用户参与需求响应，响应能力 500kW 及以上的工业用户和 200kW 及以上的非工业用户等，可自愿参与需求响应	2019-03-27
27	河南电力调峰辅助服务交易规则（试行）	河南能监办	河南	电储能可在电源侧和负荷侧或电网侧和用户侧独立电储能设施为系统提供调峰等辅助服务；在发电企业计量出口内建设的电储能设施，与发电机组联合参与调峰，按深度调峰交易管理	2019-08-17
28	关于组织申报 2020 年光伏发电平价上网项目的通知	湖南发展改革委	湖南	2020 年湖南电网新增建设规模 80 万 kW。2020 年拟新建平价项目，单个项目规模不超过 10 万 kW，鼓励同步配套建设储能设施	2020-04-08

续表

序号	政策	发布单位	适用地区	储能相关要点	发布日期
29	湖南省电力辅助服务市场交易模拟运行规则	湖南能监办	湖南	在深度调峰方面，储能电站按充电电量报价，报价上限为500元/MWh；在紧急短时调峰交易，满足技术标准、符合市场相关条件的10MW及以上的储能电站可参与，储能电站报价上限600元/MW	2020-05-15
30	长沙市先进储能材料产业发展专项资金管理办法	长沙市发展改革委、财政局	长沙	2020～2022年，每年设立先进储能产业发展专项资金5000万元，用于支持先进储能材料产业集聚重大平台、重点企业、示范项目、行业交流活动等	2020-03-30
31	关于做好辅助服务（调峰）市场试运行有关工作的通知	江苏省能监办江苏省工信厅	江苏	深度调峰报价的最高限价暂定为600元/MWh；鼓励机组根据市场需求积极参与报价，市场需求时段，未报价机组的临时调用价格暂按150元/MWh执行	2019-02-01
32	江苏电力辅助服务（调峰）市场启停交易补充规则（征求意见稿）	国家交通部、工信部等十二部门	江苏	市场开展初期，参与启停调峰辅助服务的市场主体暂定为统调公用燃煤电厂、燃气电厂，各类电网侧、电源侧、用户侧储能设施，以及提供综合能源服务的第三方	2019-09-18
33	江苏省分布式发电市场化交易规则（试行）	江苏能监办	江苏	分布式发电项目应采取安装储能设施等手段提升供电灵活性和稳定性，也可采取多能互补方式建设等	2019-12-09
34	关于进一步促进新能源并网消纳有关意见的通知	江苏能监办	江苏	鼓励新能源发电企业配置一定比例的电源侧储能设施，支持储能项目参与电力辅助服务市场，推动储能系统与新能源协调运行，进一步提升系统调节能力	2019-12-10
35	江苏电力辅助服务（调频）市场交易规则	江苏能监办	江苏	交易主体为满足准入条件且具备AGC调节能力的各类并网发电企业、储能电站及提供综合能源服务的第三方：满足条件的储能电站可直接注册电力调频辅助服务成员	2019-12-15
36	江苏电力辅助服务（调频）市场交易规则（试行）	江苏能源监管办	江苏	储能电站以及综合能源服务商依据调频性能、调频容量及投运率计算基本补偿费用，补偿标准K_{agc}=2元/MW	2020-06-30
37	江西省电力辅助服务市场运营规则（暂行）	华中能源监管局	江西	申报价格从下调容量比率以5%为梯度，为0～20%，以此为100～600元/MWh的申报上限	2020-11-05
38	辽宁省风电项目建设方案	辽宁省发展改革委	辽宁	优先考虑附带储能设施、有利于调峰的项目。拿出一部分利用小时数实行低价结算（0.1元/kWh）	2020-05-14
39	蒙西电力市场调频辅助服务交易实施细则	华北能监局	蒙西	申报调频里程价格的最小单位是0.1元/MW，申报价格范围暂定为0～15元/MW	2019-04-28

续表

序号	政策	发布单位	适用地区	储能相关要点	发布日期
40	蒙西电力市场系列规则	华北能监局	蒙西	其中蒙西电力市场运营基本规则指出蒙西电力市场辅助服务交易包括电网调频、调压、备用等辅助运行相关的交易	2019-06-17
41	蒙西电网火电“两个细则”条款修订（征求意见稿）	华北能监局	蒙西	AGC辅助服务补偿规则和一次调频考核规则变更，其中AGC调节性能补偿系数，火电机组值取0.01h；水电机组值取0.005h	2019-06-17
42	青海电力辅助服务市场运营 规则（试行）	西北能监局	青海	储能电站可作为市场主体参与调峰等辅助服务，电网调用储能设施参与青海电网调峰价格暂定0.7元/kWh。准入条件为发电企业、用户侧或电网侧储能设施，充电功率在10以上、持续充电时间2h以上	2019-06-03
43	青海省电力辅助服务市场运营规则	西北能监局	青海	满足10MW/20MWh以上、具备AGC功能等条件的发电企业、用户侧或电网侧储能电站，并网的共享储能电站项目电网调用调峰价格为0.5元/kWh	2020-11-30
44	关于印发支持储能产业发展若干措施（试行）的通知	西北能监局	青海	对“新能源＋储能”和“水电＋新能源＋储能”项目中自发自储设施的省内售电，提供0.10元/kWh运营补贴。若项目被认定使用本省产储能电池60％以上，将在上述基础上再增加0.05元/kWh的补贴	2021-01-18
45	2019年全省电力迎峰度夏预案	山东能源局	山东	2019年迎峰度夏期间全网最高用电负荷约9000万kW。将调度抽水蓄能机组应急调峰；执行峰谷电价政策、组织需求响应等	2019-05-20
46	山东电力现货市场建设试点实施方案（征求意见稿）	山东能源局	山东	第一阶段将建立与现货市场衔接的辅助服务市场机制，符合条件的独立参与辅助服务的发电侧、用户侧电储能设施可参与	2019-06-10
47	关于山东电力现货市场结算试运行期间有关价格政策的通知	山东发展改革委	山东	山东电力现货市场结算试运行，有效期至2020年8月31日。现货试结算电里，其交易价格、省级电网输配电价不再执行峰谷分时电价等	2019-09-29
48	关于修订山东电力辅助服务市场运营规则（试行）	山东能监局	山东	降出力调峰暂按150元/MWh执行，停机调峰暂按400元/MWh执行；最高上限6元/MW，AGC调节指标K_1（调节速率）实行最高限值，超过1.2以上的均按照1.2计算	2019-11-12
49	关于开展储能峰谷分时电价政策试点的通知	山东发展改革委	山东	参与储能峰谷分时电价政策试点的用户，电力储能技术装置低谷电价在现行标准基础上，再降低0.03元/kWh（含税）	2020-06-01

续表

序号	政策	发布单位	适用地区	储能相关要点	发布日期
50	山东省电力现货市场交易规则（试行）	山东能源局	山东	调频辅助服务上限价格由6元/MW变为8元/MW（调整了2019政策）	2020-07-31
51	关于5G基站低谷电价有关事项的函	山东烟台发展改革委	山东烟台	对电网企业直供到户并安装总容量在2.5kW及以上储能设备的5G基站，其低谷电价在现行标准基础上再降低0.03元/kWh（含税）	2020-06-01
52	山西省大数据发展应用促进条例（草案）	山西省政府	山西	县级以上人民政府应当支持可再生能源发电和大型储能项目，形成园区并网型微电网，并支持数据中心全电量优先参加电力直接交易，鼓励新能源电力交易，降低用电成本；县级以上人民政府可通过制定目标电价、给予电价补贴等措施	2020-04-16
53	山西独立储能和用户可控负荷参与电力调峰市场交易实施细则（试行）	山西能监办	山西	储能准入条件为不小于20MW/40MWh，其中独立储能市场主体申报价格为750～950元/MWh	2020-08-12
54	四川自动发电控制辅助服务市场交易细则（试行）	四川能监办	四川	市场主体为四川省调直调水电、火电机组所属的发电企业，风电、太阳能机组暂不参与AGC辅助服务市场；AGC辅助服务市场申报价格最小单位是0.1元/MWh，上限为50元/MWh	2019-05-28
55	新疆电网发电侧储能管理暂行规则	新疆发展改革委	新疆	对根据电力调度机构指令进入充电状态的电储能设施所充电的电量进行补偿，补偿标准为0.55元/kWh	2020-5-26
56	云南调频辅助服务市场运营规则（试行）	云南能监办	云南	储能电站可与风电、光伏等发电厂联合参与，调频里程申报价格上、下限为8、3元/MW。未中标、未被调用的发电单元可获得4元/MWh调节容量补偿，中标或被调用的按5元/MWh进行补偿	2020-09-16
57	关于做好2019年全省有序用电和电力需求侧管理工作的通知	浙江发展改革委、能源局	浙江	指出要继续发挥市场机制的调节作用，缓解电网调峰压力；大力推广储能等节能环保技术，优先选用电能等清洁能源	2019-06-05
58	关于开展2019年度浙江省电力需求响应工作的通知	浙江发展改革委	浙江	鼓励具备智能控制系统的中央空调、储能设施等负荷重大的用户和负荷集成商参与报名参加“电力需求响应”的企业，在用电高峰时补贴单价为4元/kWh	2019-07-31

续表

序号	政策	发布单位	适用地区	储能相关要点	发布日期
59	关于开展2020年度电力需求响应工作的通知	浙江发展改革委	浙江	鼓励大型用户和负荷集成商参与电力需求响应，实现削峰填谷。补贴标准为削峰日前需求响应按照出清价格进行补贴，价格上限为4元/kWh；填谷日前需求响应补贴1.2元/kWh；实时需求响应补贴4元/kWh	2020-07-02
60	重庆电网辅助服务（调峰）交易规则	华中能监局、重庆经信委	重庆	当网外清洁能源消纳困难需要购买重庆调峰辅助服务时，开展深度调峰交易	2019-04-28
61	关于印发支持储能产业发展若干措施（试行）的通知	青海发展改革委	青海	对“新能源＋储能”“水电＋新能源＋储能”项目中自发自储设施所发售的省内电网电量，给予0.10/kWh元运营补贴，如果经省工业和信息化厅认定使用本省产储能电池60%以上的项目，在上述补贴基础上，再增加0.05元/kWh补贴	2021-02-02
62	湖南省电力辅助服务市场交易规则（试行）	湖南发展改革委、湖南能源局	湖南	湖南电网内符合相关技术条件的火电、水电、风电、光伏等发电企业、抽水蓄能电站均应进入市场，鼓励符合相关技术标准的储能服务提供商进入市场交易	2021-01-05
63	江苏省“十四五”可再生能源发展专项规划征求意见	江苏能源局	江苏	探索在可再生能源场站侧合理配置储能设置，探索和完善可再生能源场站侧储能市场化商业模式	2021-01-08
64	关于印发支持储能产业发展若干措施（试行）的通知	青海省发展改革委、科技厅工信厅、能源局	青海	对“新能源十储能”“水电十新能源储能”项目中自发自储设施所发售的省内电网电量，给予0.10元/kWh运营补贴	2021-01-18
65	2021年能源监管工作要点	国家能源局	全国	提出大力推进电力市场建设，积极推进储能设施、虚拟电厂等参与辅助服务市场，推动建立电力用户参与辅助服务的费用分担共享机制	2021-02-02
66	湖北省电力中长期交易规则（征求意见稿）	华中能源局	湖北	明确储能企业可作为市场成员参与，并定义了储能企业的权利和义务	2021-02-24
67	甘肃省电力辅助服务市场运营规则（征求意见稿）意见的函	国家能源局甘肃监管办公室	甘肃	在电储能资源交易中，明确参与电网调峰的电储能设施要求规模在10MW/40MWh及以上。新能源场站储能或虚拟电厂在调峰辅助服务平台开展集中交易	2021-04-10
68	关于加快推动新型储能发展的指导意见（征求意见稿）	国家能源局	全国	该意见稿建立了保障性并网和市场化并网机制。保障性并网中未明确指出需要配制储能，但配置储能可增加光伏风电项目市场性并网，且发展规模没有上限，确保“能并尽并”	2021-04-19

续表

序号	政策	发布单位	适用地区	储能相关要点	发布日期
69	关于进一步完善抽水蓄能价格形成机制的意见	国家发展改革委	全国	完善容量电价核定机制，容量电价体现抽水蓄能电站提供调频、调压、系统备用和黑启动等辅助服务的价值，抽水蓄能电站通过容量电价回收抽发运行成本外的其他成本并获得合理收益	2021-04-30
70	广西壮族自治区峰谷分时电价方案（试行）	广西发展改革委	广西	峰谷时段电价浮动比例为高峰时段电价在基础电价上上浮 21%，低谷时段电价在基础电价上下浮 21%。最大峰谷电价差为 0.2454 元/kWh	2021-05-07
71	关于加快促进自治区储能健康有序发展的通知（征求意见稿）	宁夏发展改革委	宁夏	提出电网企业应与储能电站企业签订并网调度协议，在同等条件下确保优先调用储能设施，原则上每年调用完全充放电次数不低于 450 次	2021-05-08
72	关于“十四五”时期深化价格机制改革行动方案的通知	国家发展改革委	全国	明确提出“落实新出台的抽水蓄能价格机制”，完善风电、光伏发电、抽水蓄能价格形成机制，建立新型储能价格机制	2021-05-18
73	关于进一步提升充换电基础设施服务保障能力的实施意见（征求意见稿）	国家发展改革委、国家能源局	全国	研究完善新能源汽车消费和储放绿色电力的交易和调度机制，促进新能源汽车与电网能量高效互动	2021-05-20
74	浙江省第三方独立主体参与电力辅助服务市场交易规则（试行）（征求意见稿）意见的函	浙江能监办	浙江	储能装置在高峰电价时段参与调峰、填谷补偿价格上限分别为 0.5 元/kWh，储能参与充放电一次最高可获 1 元/kWh 补偿	2021-05-20
75	浙江省电力发展“十四五”规划（征求意见稿）	浙江发展改革委、浙江能源局	浙江	完善电价形成机制，建立有利于新型储能、虚拟电等价格体系	2021-06-10
76	关于加快推动新型储能发展的指导意见	国家发展改革委、国家能源局	全国	制订了到 2025、2030 年新型储能发展目标，首次提出“明确新型储能独立市场主体地位”	2021-07-15
77	关于进一步完善分时电价机制的通知	国家发展改革委	全国	鼓励工商业电力用户通过配置储能、开展综合能源利用等方式降低高峰时段用电负荷、增加低谷用电量，通过改变用电时段来降低用电成本	2021-07-26
78	关于鼓励可再生能源发电企业自建或购买调峰能力增加并网规模的通知	国家发展改革委、国家能源局	全国	在电网企业承担可再生能源保障性并网责任的基础上，鼓励发电企业通过自建或购买调峰储能能力的方式，增加可再生能源发电装机并网规模	2021-08-10

续表

序号	政策	发布单位	适用地区	储能相关要点	发布日期
79	“十四五”时期深化价格机制改革实施方案	广西发展改革委	广西	落实风电、光伏发电、抽水蓄能和新型储能价格机制，完善小水电上网电价形成机制；强化分时电价政策执行，研究完善广西居民阶梯电价制度	2021-09-02
80	山东电力辅助服务市场运营规则（试行）（2021年修订版）（征求意见稿）	山东能监办	山东	储能设施可作为主体参与电力辅助服务市场，其中充电功率不低于5MW，持续充电时间不低于2h，即储能规模不小于5MW/10MWh	2021-09-03
81	关于完善分时电价机制有关事项的通知（征求意见稿）	江西发展改革委	江西	明确提出鼓励工商业用户通过配置储能、开展综合能源利用等方式降低高峰时段用电负荷、增加低谷用电量，通过改变用电时段来降低用电成本。最高电价差0.9元/kWh	2021-09-18
82	新型市场主体参与华中电力调峰辅助服务市场规则（试行）	国家能源局、华中监管局	华中地区	在华中区域首次建立了储能、电动汽车充电桩及其他负荷侧可调节资源跨省参与电网运行调节和提供电力辅助服务的市场化机制	2021-11-23
83	关于印发华北电力调峰容量市场运营规则（暂行）的通知	国家能源局、华北监管局	华北地区	配置储能的新能源电站，其所配置储能单独签订并网调度协议，参与京津唐电网统一优化。储能装置应单独作为市场主体参与调峰市场，并根据相关规则获得调峰费用	2021-10-20
84	河北南网电力辅助服务市场运营规则	国家能源局、华北监督局	河北	明确提出储能装置、电动汽车（充电桩）、电采暖以及其他电力柔性负荷资源等第三方独立主体可按照经营主体独立参与市场	2021-10-20
85	关于完整准确全面贯彻新发展理念做好碳达峰碳中和工作的意见	国务院	全国	加快推进抽水蓄能和新型储能规模化应用。统筹推进氢能“制储输用”全链条发展。加快形成以储能和调峰能力为基础支撑的新增电力装机发展机制	2021-10-24
86	关于强化市场监管有效发挥市场机制作用促进今冬明春电力供应保障的通知	国家能源局	全国	全面推动新型储能、电动汽车充电网络、虚拟电厂等参与辅助服务市场	2021-11-12
87	广东省电网企业代理购电实施方案（试行）	广东发展改革委	广东	明确现阶段辅助服务费用主要包括储能、抽水蓄能电站的费用和需求侧响应等费用，相关费用由直接参与市场交易和电网企业代理购电的全体工商业用户共同分摊	2021-12-01
88	华东电力调峰辅助服务市场运营规则（修订稿）	国家能源局、华东监管局	华东地区	新型储能和可调节负荷主体独立参与或以聚合方式参与市场可提供的单次调节容量不应小于2.5MWh，最大调节功率不应小于5MW，调节可持续时间2h及以上	2021-12-11

续表

序号	政策	发布单位	适用地区	储能相关要点	发布日期
89	南方区域电力辅助服务（备用）市场建设方案	国家能源局、南方监管局	南方区域	各省区可以建设单独的省内备用辅助服务市场，也可以建设与省级现货电能量市场联合运行的省内备用辅助服务市场	2021-12-21
90	电力并网运行管理规定和电力辅助服务管理办法	国家能源局	全国	鼓励新型储能、可调节负荷等并网主体参与电力辅助服务	2021-12-24
91	加快农村能源转型发展助力乡村振兴的实施意见	国家能源局、农业农村部、国家乡村振兴局	全国	积极培育配售电、储能、综合能源服务等新型市场主体	2021-12-29
92	山西独立储能电站参与电力一次调频市场交易实施细则（试行）	山西能监办	山西	独立储能电站一次调频服务报价范围为5～10元/MW，报价的最小单位是0.1元。中标的一次调频容量在提供一次调频服务后，可以获得一次调频服务收益	2021-12-30
93	2022年能源监管工作要点	国家能源局	全国	要建立用户参与的辅助服务分担共享机制，全面推动高载能工业负荷、工商业可调节负荷、新型储能、电动汽车充电网络、虚拟电厂等参与提供辅助服务	2022-01-02
94	山东省电力现货市场交易规则（试行）	山东能监办、山东发展改革委、山东能源局	山东	山东省独立储能在现货市场电能量交易中按照报量不报价原则出清，上网电量价格按照市场出清价格结算，并享受容量补偿费新增独立储能设施参与市场要求、容量补偿机制、结算原则	2022-01-29
95	“十四五”新型储能发展实施方案	国家发展改革委、国家能源局	全国	提出加快新型储能市场化步伐。包括加快推进电力中长期交易市场、电力现货市场、辅助服务市场等建设进度，推动储能作为独立主体参与各类电力市场	2022-01-29
96	加快建设全国统一电力市场体系的指导意见	国家发展改革委、能源局	全国	持续推动电力中长期市场建设；积极稳妥推进电力现货市场建设；持续完善电力辅助市场	2022-01-29
97	关于完善能源绿色低碳转型体制机制和政策措施的意见	国家发展改革委、国家能源局	全国	支持储能和负荷聚合商等新兴市场主体独立参与电力交易。完善支持储能应用的电价政策	2022-02-10
98	西北区域省间调峰辅助服务市场运营规则补充修订条款（征求意见稿）	国家能源局、西北监管办	西北区域	储能调峰的报价区间为0～0.6元/kWh。由西北网调根据电网运行需要，与其他市场主体竞价出清，并形成储能的正式调峰曲线	2022-03-02

续表

序号	政策	发布单位	适用地区	储能相关要点	发布日期
99	关于完善居民分时电价政策的通知	山东发展改革委	山东	2022年5月1日起执行居民家庭分时电价政策。居民家庭电费在现行阶梯电价标准基础上，峰段电价每千瓦时提高0.03元（含税）；谷段电价降低0.17元。即第一挡峰段电价为0.5769元、谷段电价为0.3769元	2022-03-02
100	山西省电力市场规则汇编（试运行V13.0）	山西省能源局	山西	山西省独立储能按月自主选择以“报量报价”或“报量不报价”的方式参与现货市场。独立储能的容量租赁以金融结算的方式开展，向新能源企业租赁的容量不影响独立储能作为整体参与现货市场	2022-03-06
101	南方区域电力并网运行管理实施细则南方区域电力辅助服务管理实施细则（征求意见稿）	南方能源监管局	南方区域	新型储能、直控型可调节负荷、抽水蓄能等纳入并网主体管理，增加了电力辅助服务种类，首次建立用户参与辅助服务分担共享机制，补偿标准也有大幅提升	2022-03-22
102	南方区域电力辅助服务管理实施细则（征求意见稿）	广东电力交易中心	南方区域	抽水蓄能、新型储能不参与电力辅助服务费用分摊，而且也不参与电力并网运行考核费用返还	2022-03-23
103	关于进一步完善峰谷分时电价政策措施	黑龙江发展改革委	黑龙江	峰谷分时电价比例暂按以下标准执行：平时段电价包括市场交易价格（电网代理购电价格）和输配电价	2022-03-24
104	2022年能源工作指导意见	国家能源局	全国	健全分时电价、峰谷电价，支持用户侧储能多元化发展，充分挖掘需求侧潜力，引导电力用户参与虚拟电厂、移峰填谷、需求响应	2022-03-29
105	福建省电力调峰辅助服务市场交易规则（试行）（2022年修订版）	福建能监办	福建	明确独立新型储能电站参与深度调峰交易模式，发挥市场引导作用，推动新型储能发展	2022-04-19
106	关于促进新时代新能源高质量发展实施方案	国家发展改革委、国家能源局	全国	研究储能成本回收机制。鼓励西部等光照条件好的地区使用太阳能热发电作为调峰电源	2022-05-30
107	“十四五”可再生能源发展规划	国家发展改革委、能源局	全国	明确新型储能独立市场主体地位，促进储能在电源侧、电网侧、用户侧多场景应用	2022-06-01
108	关于进一步推动新型储能参与电力市场和调度运用的通知	国家发展改革委、国家能源局	全国	提出加快推动独立储能参与电力现货市场和中长期市场；鼓励配建新型储能与所属电源联合参与电力市场	2022-06-07

续表

序号	政策	发布单位	适用地区	储能相关要点	发布日期
109	甘肃电力现货市场运营规则修订汇总（结算试运行暂行 V2.5）	甘肃能源局	甘肃	甘肃省采用报量不报价方式，电网侧独立储能和共享储能电站作为价格接受者按照节点边际电价参与现货市场结算，满足条件可予以优先出清	2022-08-01
110	青海电力现货市场结算实施细则（初稿）	青海能源局	青海	电网供需宽松时，储能电站在放电电量执行发电侧结算电价，充电电量执行用户侧结算电价；电网供应紧张时，储能电站由调度机构统一调度，按实时市场最高出清价结算	2022-08
111	推动新型储能参与电力市场和调度运用工作方案	广西发展改革委	广西	加快推动独立储能参与中长期市场和现货市场，推动独立储能签订顶峰时段和低谷时段市场合约，发挥移峰填谷和顶峰发电的作用	2022-11-07
112	西北区域电力并网运行管理实施细则（征求意见稿）	西北监管局	西北地区	当电网发生频率超过风电、光伏、新型储能死区时，开展风电、光伏、新型储能一次调频考核。单次扰动并网主体一次调频合格率不应小于60%，低于60%时机组按0.05元/万kW考核	2022-12
113	西北区域电力并网运行管理实施细则（征求意见稿）	西北能监局	西北地区	各省（区）调及时将直调火电厂（企业）、新型储能、可调节负荷的市场申报信息上报至西北网调	2022-12
114	陕西省2023年电力中长期市场化交易实施方案	陕西发展改革委	陕西	鼓励新能源发电参与市场交易，原则上除优先发电之外的电量全部进入市场，通过市场化方式进行消纳	2022-12-01
115	2023年全省电力市场交易工作方案	山西能源局	山西	根据实际运行情况，持续优化独立储能、虚拟电厂等新兴市场主体参与现货市场机制。研究出台新型储能共享容量租赁交易机制	2022-12-13
116	2023年能源监管工作要点	国家能源局	全国	建立健全用户参与的辅助服务分担共享机制，推动调频、备用等品种市场化，不断引导虚拟电厂、新型储能等新型主体参与系统调节	2023-01-18
117	广东省新型储能参与电力市场交易实施方案	广东能源局、国家能源局、南方监管局	广东	广东省独立储能（电网侧储能）作为独立主体参与现货市场，充放电价格均采用所在节点的分时电价。此外，电源侧储能联合发电机组，在现货市场以报量报价的方式参与交易	2023-03-31
118	河南新型储能参与电力调峰辅助服务市场规则（试行）	河南能监办	河南省	储能调峰辅助服务补偿费用计算周期为15min，补偿电量为其计算周期内参与电网调峰的充电电量，补偿价格为出清结算价格，储能调峰补偿费用为补偿电量×补偿价格	2023-05-26

续表

序号	政策	发布单位	适用地区	储能相关要点	发布日期
119	贵州省新型储能参与电力市场交易实施方案（征求意见稿）	贵州能源局	贵州	现货电能量交易独立储能全电量参与现货市场出清，具备条件时采用报量报价方式参与，不具备条件时可考虑采用报量不报价等其他方式参与	2023-08-18
120	关于进一步加快电力现货市场建设工作的通知	国家发展改革委、国家能源局	全国	通过市场化方式形成分时价格信号，推动储能、虚拟电厂、负荷聚合商等新型主体在削峰填谷、优化电能质量等方面发挥积极作用，探索“新能源＋储能”等新方式	2023-10-12
121	浙江省新型储能项目管理办法（暂行）（征求意见稿）	浙江发展改革委	浙江	电网侧储能项目满足规定的准入条件，并在交易中心完成注册手续后，可参与市场化交易。电源侧储能项目应与发电项目为同一整体，用户侧储能项目应与用电项目为同一整体，参与市场化交易	2023-11-03
122	天津市独立储能市场交易工作方案	天津工信局	天津市	电力用户超出储能交易结算电量的用电量按照中长期批发市场或零售市场交易规定结算，少用电量按照储能交易合同价格的2%向独立储能支付偏差补偿费用	2023-11-07
123	关于做好工商业分时电价机制有关工作的通知（征求意见稿）	湖北发展改革委	湖北	对于储能来说，此次调整将导致每日出现2次低谷，每次低谷持续时间3h，因此，可供储能进行2次各3h的低谷充电，储能配置时长可增至3h。	2023-11-17
124	西北区域省间调峰辅助服务市场运营规则补充修订条款	西北能监局	西北地区	参与储能调峰的储能设施要求充电功率在10MW以上且持续充电时间2h以上，并具备自动发电控制功能（AGC），调节性能需满足相关要求并接入西北网调，实现充、放电等信息实时监控	2023-11-21
125	西北区域电力辅助服务管理实施细则	西北能监局	西北地区	备用电源和独立新型储能的辅助服务费用分摊标准原则上应当高于商业运营机组分摊标准，暂按调试运行期或退出商业运营后月度上网电量的1.2倍参与发电侧分摊，但不超过当月调试期电费收入的10%	2023-11-22
126	关于建立健全电力辅助服务市场价格机制的通知	国家发展改革委、国家能源局	全国	未来储能调峰功能的实现将通过电能量市场下价格信号引导进行的充放电操作实现	2024-02-08

梳理全国关于储能参与电力市场的政策法规，储能参与电力市场更多的政策集中于补贴方式差异。例如，各地储能参与调频补偿采取不同方式，如福建采用容量补偿＋里程补偿，广东、蒙西采用调频里程＋调频容量，山西采用投运时间＋调节里程，京津唐、山东、甘肃和四川采用调节里程，江苏采用基本

补偿+调用里程。相似补偿方式下，有些省份设定的单位价格也可能不同。例如山西省投运时间补偿为10元/h，调节里程补贴为［调节深度×调节性能×(5～10元/MW)］，而山东省仅按调节路程补贴为［调节深度×调节性能×(0～6元/MW)］。

目前，储能参与电力市场的政策法规还在进一步建设。不同地区政策的制定应与当地经济社会发展相适应，才能更好地促进整个行业健康持续发展。

6.3 电力储能产业发展趋势展望

储能在高渗透率可再生能源接入系统中拥有广泛的应用场景，具有平抑功率波动、参与系统峰荷管理和参与系统调频等多种功能。当前需要从装置研发、优化规划、运行控制、运营模式以及能源互联网建设等方面大力推进储能技术高效化、多样化及规模化应用。

1. 装置开发方面

先进的储能装置技术是储能大规模应用发展的前提。储能在电力系统中的应用逐步规模化、多样化，开发高效低成本的新型储能势在必行。当前应用最广泛的电池储能装置的使用寿命和应用安全性亟待提升。基于材料本身的改进、储能材料体系的匹配以及研发性能更好的储能装置材料等，可有效降低储能装置成本，如钠硫电池和液流电池的极化材料和低成本超导体等。我国压缩空气储能技术已与世界先进水平并跑，但中宽负荷压缩机、高负荷透平膨胀机和紧凑式蓄热蓄冷换热器等核心部件的结构与强度设计技术等方面亟须加强创新研究。另外，新型储热装置在提高综合能源效率、增强可再生能源接纳能力方面的研发价值也应高度关注。

2. 优化规划方面

储能选型、容量配置和布点设计方法等是长期以来的研究热点。分析储能技术经济特性，可从电能存储环节和电能变换环节入手，其中，电能存储环节需要考虑的因素包括能量密度、功率密度、循环寿命、能量转换效率、充/放电效率等；电能变换环节主要涵盖响应速度、电网电压频率适应范围、注入电网电流谐波含量、充放电转换时间、工作效率以及功率因数等。在充分考虑储能特性的基础上，针对不同的应用场景需求，以经济性最优、系统稳定性最好、运行风险最低等为目标，设计储能优化规划方案，最大限度提升系统对可再生能源的接纳能力，改善能源结构，改善供电质量。

3. 运行控制方面

新型大容量储能优化控制、广域分散储能协调控制以及源网荷储协同控制等运行控制技术有助于提高储能装置的利用效率。针对不同应用场景，分析风光等可再生能源接入电网前后有功频率、无功电压特性以及电网紧急状态下的有功、无功需求，建立与应用场景和控制目标相适应的电能存储环节充放电模型、电能变换环节输入输出特性模型及其控制器模型，从参与方式、时间和深度等全面优化设计源—网—荷—储协调优化运行控制策略，并建立响应参数动态优化调整方法，从而促进可再生能源大规模消纳，有效改善可再生能源并网电能质量，提升能源系统安全稳定水平。

4. 运营模式方面

合理的运营模式是驱动投资主体积极推动储能大规模开发利用的关键。储能因其快速响应功率变换的特性在电网辅助服务市场中具有多重技术价值。在现货交易市场下定量评估储能参与调频调峰等辅助服务价值，保证储能参与辅助服务市场补偿与交易机制的公平性，与其他辅助服务参与者共享收益，是电网可再生能源接纳能力的重要影响因素。立足于国内可再生能源及储能技术的发展现状，借鉴国外可再生能源快速发展的相关机制和措施，在市场准入条件和价格机制等方面推动合理的运营模式改革，建立储能市场交易机制和平台，扩大储能市场盈利空间，培育具有盈利能力的市场主体，将有利于加速储能产业规模化与商业化发展。

5. 能源互联网

能源互联网通过电能、热能、化学能等多种能源的相互转换，将电网、气网、热力网和交通网等多种能源网络紧密结合，最终用户端共享多种能源高效利用。优化配置多类型储能并优化控制可实现多能源能量时空平移、多能源灵活转换和综合利用，将不可控可再生能源转变为可控可调友好能源，弱化多能源间的制约关系，提高多能源间的配合度，提高多能源的综合利用效率，从而保证能源互联网的运行经济性。储能通过增加能源生产、传输和消费各方的能源市场交易自由度，可促进资源合理分配，提升资源配置效率，进一步推动多能源系统安全稳定经济运行。

参 考 文 献

[1] 罗星，王吉红，马钊．储能技术综述及其在智能电网中的应用展望［J］．智能电网，2014，2（1）：7-12.

[2] 蒋凯，李浩秒，李威，等．几类面向电网的储能电池介绍［J］．电力系统自动化，2013，37（1）：47-53.

[3] 张建军，周盛妮，李帅旗，等．压缩空气储能技术现状与发展趋势［J］．新能源进展，2018，6（02）：140-150.

[4] 戴兴建，邓占峰，刘刚，等．大容量先进飞轮储能电源技术发展状况［J］．电工技术学报，2011，26（7）：133-140.

[5] 韩晓娟，程成，籍天明，等．计及电池使用寿命的混合储能系统容量优化模型［J］．中国电机工程学报，2013，33（34），91-97.

[6] CARDENAS R，PENA R，ASHER G，et al. Power smoothing in wind generation systems using a sensorless vector controlled induction machine driving a flywheel［J］. IEEE Transactions on Energy Conversion，2004，19（1）：206-216.

[7] 张新松，顾菊平，袁越，等．基于电池储能系统的风功率波动平抑策略［J］．中国电机工程学报，2014，34（28）：4752-4760.

[8] 王海波，杨秀，张美霞．平抑光伏系统波动的混合储能控制策略［J］．电网技术，2013，37（9）：2452-2458.

[9] LI X，HUI D，LAI X. Battery energy storage station（BESS）-based smoothing control of photovoltaic(PV) and wind power generation fluctuations［J］. IEEE Transactions on Sustainable Energy，2013，4（2）：464-473.

[10] 肖峻，张泽群，张磐，等．用于优化微网联络线功率的混合储能容量优化方法［J］．电力系统自动化，2014，38（12）：19-26.

[11] 尹忠东，朱永强．基于超级电容储能的统一负荷质量调节器的研究［J］．电工技术学报，2006，21（5）：122-126.

[12] 陈满，陆志刚，刘怡，等．电池储能系统恒功率削峰填谷优化策略研究［J］．电网技术，2012，36（9）：232-237.

[13] 董力通，徐隽，刘海波．DSM 与储能技术在峰值负荷管理的应用及效果［J］．中国电力，2012，45（4）：47-50.

[14] 盛四清，孙晓霞．利用风蓄联合削峰的电力系统经济调度［J］．电网技术，2014，38（9）：2484-2489.

[15] 李振文，颜伟，刘伟良，等．变电站扩容和电池储能系统容量配置的协调规划方法［J］．电力系统保护与控制，2013，41（15）：89-96.

[16] 丁明，陈忠，苏建徽，等．可再生能源发电中的电池储能系统综述［J］．电力系统自动

化，2013，37（1）：19-25.

[17] VIRULKAR V B，AWARE M V. Voltage flicker mitigation using STATCOM and ESS [J]. International Journal of Oncology，2009，46（2）：798-808（11）.

[18] ZHANG B，ZENG J，MAO C. Improvement of power quality and stability of wind farms connected to power grid by battery energy storage system [J]. Power System Technology，2006，30（15）：54-58.

[19] AMMAR M，JOOS G. A short-term energy storage system for voltage quality improvement in distributed wind power [J]. IEEE Transactions on Energy Conversion，2014，29（4）：997-1007.

[20] OUREILIDIS K O，BAKIRTZIS E A，DEMOULIAS C S. Frequency-based control of islanded microgrid with renewable energy sources and energy storage [J]. Journal of Modern Power Systems & Clean Energy，2016，4（1）：1-9.

[21] AGHAMOHAMMADI M R，ABDOLAHINIA H. A new approach for optimal sizing of battery energy storage system for primary frequency control of islanded microgrid [J]. International Journal of Electrical Power & Energy Systems，2014，54（1）：325-333.

[22] 王彩霞，李琼慧，雷雪姣. 储能对大比例可再生能源接入电网的调频价值分析 [J]. 中国电力，2016，49（10）：148-152.

[23] 胡泽春，谢旭，张放，等. 含储能资源参与的自动发电控制策略研究 [J]. 中国电机工程学报，2014，34（29）：5080-5086.

[24] 廖怀庆，刘东，黄玉辉，等. 考虑新能源发电与储能装置接入的智能电网转供能力分析 [J]. 中国电机工程学报，2012，32（16）：9-16.

[25] LI J，MA X Y，LIU C C，et al. Distribution system restoration with microgrids using spanning tree search [J]. IEEE Transactions on Power Systems，2014，29（6）：3021-3029.

[26] CHEN C，WANG J，QIU F，et al. Resilient distribution system by microgrids formation after natural disasters [J]. IEEE Transactions on Smart Grid，2016，7（2）：958-966.

[27] XU Y，LIU C C，SCHNEIDER K，et al. Microgrids for service restoration to critical load in a resilient distribution system [J]. IEEE Transactions on Smart Grid，2018，9（1）：426-437.

[28] ZOU P，CHEN Q，XIA Q，et al. Evaluating the contribution of energy storages to support large-scale renewable generation in joint energy and ancillary service markets [J]. IEEE Transactions on Sustainable Energy，2016，7（2）：808-818.

[29] OLEK B，WIERZBOWSKI M. Local energy balancing and ancillary services in low-voltage networks with distributed generation，energy storage，and active loads [J]. IEEE Transactions on Industrial Electronics，2014，62（99）：2499-2508.

[30] 李建林，田立亭，来小康. 能源互联网背景下的电力储能技术展望 [J]. 电力系统自动

化，2015，39（23）：15-25.

[31] 刘晓明，牛新生，王佰淮，等．能源互联网综述研究 [J]. 中国电力，2016，49（3）：24-33.

[32] 姜海洋，杜尔顺，朱桂萍，等．面向高比例可再生能源电力系统的季节性储能综述与展望 [J]. 电力系统自动化，2020，44（19）：194-207.

[33] 雷金勇，郭祚刚，陈聪，等．考虑不确定性及电/热储能的综合能源系统两阶段规划-运行联合优化方法 [J]. 电力自动化设备，2019，39（08）：169-175.

[34] 门向阳，曹军，王泽森，等．能源互联微网型多能互补系统的构建与储能模式分析 [J]. 中国电机工程学报，2018，38（19）：5727-5737.

[35] ZHAO D，XIA X，TAO R. Optimal configuration of electric-gas-thermal multi-energy storage system for regional integrated energy system [J]. ENERGIES，2019，12（13）.

[36] ZHANG Y，HUA Q S，SUN L，et al. Life Cycle optimization of renewable energy systems configuration with hybrid battery/hydrogen storage：a comparative study [J]. Journal of Energy Storage，2020，30：101470.

[37] 许周，孙永辉，谢东亮，等．计及电/热柔性负荷的区域综合能源系统储能优化配置 [J]. 电力系统自动化，2020，44（02）：53-63.

[38] NGUYEN-HONG N，NGUYEN-DUC H，NAKANISHI Y. Optimal sizing of energy storage devices in isolated wind-diesel systems considering load growth uncertainty [J]. IEEE Transactions on Industry Applications，2018，54（3）：1983-1991.

[39] CAO M，XU Q，CAI J，et al. Optimal sizing strategy for energy storage system considering correlated forecast uncertainties of dispatchable resources [J]. International Journal of Electrical Power & Energy Systems，2019，108：336-346.

[40] 温丰瑞，李华强，温翔宇，等．主动配电网中计及灵活性不足风险的储能优化配置 [J]. 电网技术，2019，43（11）：3952-3962.

[41] 崔杨，张家瑞，仲悟之，等．计及电热转换的含储热光热电站与风电系统优化调度 [J]. 中国电机工程学报，2020，40（20）：6482-6494.

[42] XIE H，TENG X，XU Y，et al. Optimal energy storage sizing for networked microgrids considering reliability and resilience [J]. IEEE Access，2019，7：86336-86348.

[43] 赵冬梅，夏轩，陶然．含电转气的热电联产微网电/热综合储能优化配置 [J]. 电力系统自动化，2019，43（17）：46-54.

[44] REN Z，GUO H，YANG P，et al. Bi-level optimal allocation of flexible resources for distribution network considering different energy storage operation strategies in electricity market [J]. IEEE Access，2020，8：58497-58508.

[45] DING Y，XU Q，HUANG Y. Optimal sizing of user-side energy storage considering demand management and scheduling cycle [J]. Electric Power Systems Research，2020，184：106284.

[46] 郭亦宗，王楚通，施云辉，等．区域综合能源系统电/热云储能综合优化配置 [J]. 电网

技术，2020，44（05）：1611-1623.

[47] 刁涵彬，李培强，吕小秀，等．考虑多元储能差异性的区域综合能源系统储能协同优化配置［J］. 电工技术学报，2021，36（01）：151-165.

[48] GABRIELLI P，POLUZZI A，KRAMER G J，et al. Seasonal energy storage for zero-emissions multi-energy systems via underground hydrogen storage［J］. Renewable and Sustainable Energy Reviews，2020，121：109629.

[49] GABRIELLI P，GAZZANI M，MARTELLI E，et al. Optimal design of multi-energy systems with seasonal storage［J］. Applied Energy，2018，219：408-424.

[50] 潘光胜，顾伟，张会岩，等．面向高比例可再生能源消纳的电氢能源系统［J］. 电力系统自动化，2020，44（23）：1-10.

[51] 曹蕃，郭婷婷，陈坤洋，等．风电耦合制氢技术进展与发展前景［J］. 中国电机工程学报，2021，41（06）：2187-2201.

[52] REUß M，GRUBE T，ROBINIUS M，et al. Seasonal storage and alternative carriers：A flexible hydrogen supply chain model［J］. Applied Energy，2017，200：290-302.

[53] PETKOV I，GABRIELLI P. Power-to-hydrogen as seasonal energy storage：an uncertainty analysis for optimal design of low-carbon multi-energy systems［J］. Applied Energy，2020，274：115197.

[54] LI J，LIN J，ZHANG H，et al. Optimal investment of electrolyzers and seasonal storages in hydrogen supply chains incorporated with renewable electric networks［J］. IEEE Transactions on Sustainable Energy，2020，11（3）：1773-1784.

[55] PAN G，GU W，QIU H，et al. Bi-level mixed-integer planning for electricity-hydrogen integrated energy system considering levelized cost of hydrogen［J］. Applied Energy，2020，270：115176.

[56] G. D，A. E，R. S S，et al. A data-driven stochastic optimization approach to the seasonal storage energy management［J］. IEEE Control Systems Letters，2017，1（2）：394-399.

[57] PAN J，WU X，FENG Q，et al. Optimization of electric bus charging station considering energy storage system［C］. 2020 8th International Conference on Power Electronics Systems and Applications（PESA），2020：1-5.

[58] YI T，CHENG X，CHEN Y，et al. Joint optimization of charging station and energy storage economic capacity based on the effect of alternative energy storage of electric vehicle［J］. Energy. 2020，208：118357.

[59] SUN B. A multi-objective optimization model for fast electric vehicle charging stations with wind，PV power and energy storage［J］. Journal of Cleaner Production，2021，288：125564.

[60] 韩晓娟，程成，籍天明，等．计及电池使用寿命的混合储能系统容量优化模型［J］. 中国电机工程学报，2013，33（34）：91-97.

[61] 蔡子龙，束洪春，杨博，等．电动公交区域调度计划与有序充电策略研究［J］. 电网技

术.2021：1-10.

[62] 滕靖，林琳，陈童．纯电动公交时刻表和车辆排班计划整体优化［J］. 同济大学学报（自然科学版），2019，47（12）：1748-1755.

[63] 谢桦，任超宇，郭志星，等．基于聚类抽样的随机潮流计算［J］. 电工技术学报，2020，35（23）：4940-4948.

[64] 王荔妍，陈启鑫，何冠楠，等．考虑电池储能寿命模型的发电计划优化［J］. 电力系统自动化，2019，43（08）：93-100.

[65] 史林军，杨帆，刘英，等．计及社会发展的多场景用户侧储能容量优化配置［J］. 电力系统保护与控制，2021，49（22）：59- 66.

[66] 吴盛军，李群，刘建坤，等．基于储能电站服务的冷热电多微网系统双层优化配置［J］. 电网技术，2021，45（10）：3825-3832.

[67] 蔡子龙，束洪春，杨博，等．计及行车计划编制的电动公交车有序充电策略［J］. 电力自动化设备，2021，41（06）：45-56.

[68] BARTON J P，INFIELD D G. Energy storage and its use with intermittent renewable energy ［J］. IEEE Transactions on Energy Conversion，2004，19（2）：441-448.

[69] 杨扬，关伟，马继辉．基于列生成算法的电动公交车辆调度计划优化研究［J］. 交通运输系统工程与信息，2016，16（05）：198-204.

[70] 北京市交通委员会．交通指数［EB/OL］. http：//jtw. beijing. gov. cn/bmf w/jtzs.

[71] 陈曦，陈国华，张溪，等．街道级小区域交通指数计算方法设计与分析［J］. 公路交通科技，2019，36（7）：136-142.

[72] 王德顺，薛金花，马林康．磷酸铁锂电池组典型储能工况循环老化研究［J］. 电源技术，2022，46（04）：371-375.

[73] 高飞，杨凯，惠东，等．储能用磷酸铁锂电池循环寿命的能量分析［J］. 中国电机工程学报，2013，33（05）：41-45，8

[74] 胡娟，杨水丽，侯朝勇，等．规模化储能技术典型示范应用的现状分析与启示［J］. 电网技术，2015，39（4）：879-885.

[75] 张雅茹．储能系统应用及前景展望［J］. 低碳世界，2020，10（12）：162-163.

[76] 杨新法，苏剑，吕志鹏，等．微电网技术综述［J］. 中国电机工程学报，2014，34（1）：57-70.

[77] 王成山，武震，李鹏．微电网关键技术研究［J］. 电工技术学报，2014，29（2）：1-12.

[78] WU Z P，GAO D W，ZHANG H G，et al. Coordinated control strategy of battery energy storage system and PMSG-WTG to enhance system frequency regulation capability ［J］. IEEE Transaction on Sustainable Energy，2017，8（3）：1330-1343.

[79] 李建林，田立亭，来小康．能源互联网背景下的电力储能技术展望［J］. 电力系统自动化，2015，39（23）：15-25.

[80] 孙伟卿，裴亮，向威，等．电力系统中储能的系统价值评估方法［J］. 电力系统自动化，2019，43（8）：47-58.

[81] 王彩霞，李琼慧，雷雪姣，等．储能对大比例可再生能源接入电网的调频价值分析[J]. 中国电力，2016，49（10）：148-152.

[82] 孙振新，刘汉强，赵喆，等．储能经济性研究［J］. 中国电机工程学报，2013，33（S1）：54-58.

[83] 陈达鹏，荆朝霞．美国调频辅助服务市场的调频补偿机制分析［J］. 电力系统自动化，2017，41（18）：1-9.

[84] 何永秀，陈倩，费云志，等．国外典型辅助服务市场产品研究及对中国的启示［J］. 电网技术，2018，42（9）：2915-2922.

[85] 陈中飞，荆朝霞，陈达鹏，等. 美国调频辅助服务市场的定价机制分析［J］. 电力系统自动化，2018，42（12）：1-10.

[86] KRISHNAMURTHY D，UCKUN C，ZHOU Z，et al. Energy storage arbitrage under day-ahead and real-time price uncertainty［J］. IEEE Transactions on Power Systems，2018，33（1）：84-93.

[87] ZHANG Z，ZHANG Y，HUANG Q，et al. Market-oriented optimal dispatching strategy for a wind farm with a multiple stage hybrid energy storage system［J］. CSEE Journal of Power and Energy Systems，2018，4（4）：417-424.

[88] CHEN Y，KETSER M，TACKETT M，et al. Incorporating short-term stored energy resource into midwest ISO energy and ancillary service market［J］. IEEE Transactions on Power Systems，2011，26（2）：829-838.

[89] TAYLOR J. Financial storage rights［J］. IEEE Transactions on Power Systems，2015，30（2）：997-1005.

[90] 姜欣，郑雪媛，胡国宝，等．市场机制下面向电网的储能系统优化配置［J］. 电工技术学报，2019，34（21）：4601-4610.

[91] 陈大宇，张粒子，王澍，等．储能在美国调频市场中的发展及启示［J］. 电力系统自动化，2013，37（1）：9-13.

[92] 包铭磊，丁一，邵常政，等．北欧电力市场评述及对我国的经验借鉴［J］. 中国电机工程学报，2017，37（17）：4881-4892.

[93] GOMEZ T，HERRERO I，RODILLA P，et al. European union electricity markets：current practice and future review［J］. IEEE Power and Energy Magazine，2019，17（1）：20-31.

[94] PAPALEXOPOULOS A，ANDRIANESIS P. Performance-based pricing of frequency regulation in electricity markets［J］. IEEE Transactions on Power Systems，2014，29（1）：441-449.

[95] 陈中飞，荆朝霞，陈达鹏，等．美国调频辅助服务市场的定价机制分析［J］. 电力系统自动化，2018，42（12）：1-10.